今日から
モノ知り
シリーズ

トコトンやさしい

切削工具の本

第2版

澤 武一

切削工具はものを切ったり削ったりし、所定の形に近づけていくための道具です。私たちが日常生活で使用する包丁やカッターなどの刃物や、大根おろしなども切削工具の立派な仲間です。

B&Tブックス
日刊工業新聞社

はじめに

刃物について調べてみると、木材加工で使用するノコギリも刃物の一種ですが、日本のノコギリは持ち手の方向に刃が付いているので引く時に力を加えます。カンナも同じで引く時に力を加えると表面を削ることができます。しかし、欧米のノコギリは持ち手と逆方向に刃が付いているので、押す時に力を加えると木材が切断でき、カンナも押す時に力を加えると表面を削ることができます。日本の侍は「引いて使う刀」を使い、欧米の騎士や剣闘士は「突いて刺す剣（フェンシング）」を使っていました。日本では刃物は引いて使うものというのが常識だと考えていましたが、欧米では刃物は押して使うものというのが当たり前のようです。

さて、機械加工で使用する刃物を「切削工具」といいます。本著では切削工具とは何か、切削工具の種類、切削工具を上手に使うポイント、加工効率を向上させる特徴的な切削工具など常識的な観点にとらわれず多角的な視点から解説しました。本著を読んでいただければ、切削工具が本来持つ性能を100％発揮させて使用することができるようになると思います。本著が皆さんの知性の一助になり、付加価値の高い内容であったなら著者として大変幸せです。

2023年7月

澤　武一

目次 CONTENTS

第3章 旋盤で使われる切削工具

第4章 フライス盤で使われる切削工具

第5章 特別な機能を持つ切削工具

【コラム】

第1章

切削工具は身近にある!?

1 切削工具とは?

人間の進化はものづくりの進化

古代より人間は道具を作り、道具を使い、いろいろな「もの」をつくりながら進化してきました。人間の進化はものづくりの進化といっても過言ではありません。道具には、農作業で使用する「農具」、狩りで使う「狩猟具」、魚を釣る時に使う「漁具」など使用する目的と分野に応じてさまざまなものがありますが、「ものづくり」を行うために使用する道具を「工具」といいます。よく知られている工具には、日曜大工などで使用されるノコギリやハンマ、ヤスリ、ドライバなどがあります。そして、工具の中でもっとも重要な工具が、材料を削り、形をつくる「刃物」です。私たちの身の回りにも「刃物」があふれています。たとえば、料理に使用する包丁やナイフ、文房具であるカッターは刃物の代表例です。

私たちが日常生活で使用する包丁やカッターを総称して「刃物」といいますが、木材や金属、樹脂など工業材料を加工するために使用する刃物を総称して「切削工具」といいます。切削工具は木材や金属、樹脂などを削る業界で使われる「刃物」を示す業界用語で、ノコギリや鑿（ノミ）などは「切削工具」の一種です。

木材加工は木材を削って製品をつくる作業で、北海道のお土産の定番である木彫りの熊や伝統工芸品である「こけし」などは木材加工でつくられた製品です。金属加工は金属を削って製品をつくる作業で、締結で使用する「ねじ」や動力を伝える「歯車」などは金属加工でつくられた製品です。

切削工具に第一に求められる性質は「硬さ」で、工作物（材料）よりも硬くなければいけません。また、第二に求められる性能は「粘り強さ（靭性）」で、欠けにくくなければいけません。切削工具は一般にはあまり知られていませんが、その種類は多種多様です。本書では切削工具をさまざまな視点からキーワードに基づいて紐解きます。

要点BOX

- 「ものづくり」で使用する道具を「工具」という
- 包丁やカッターを総称して「刃物」という
- 木材加工や金属加工で使う刃物を「切削工具」という

生活に欠かせない道具

人間は道具をつくり、道具を使って進化してきた

さまざまな分野で使われる便利な道具や工具

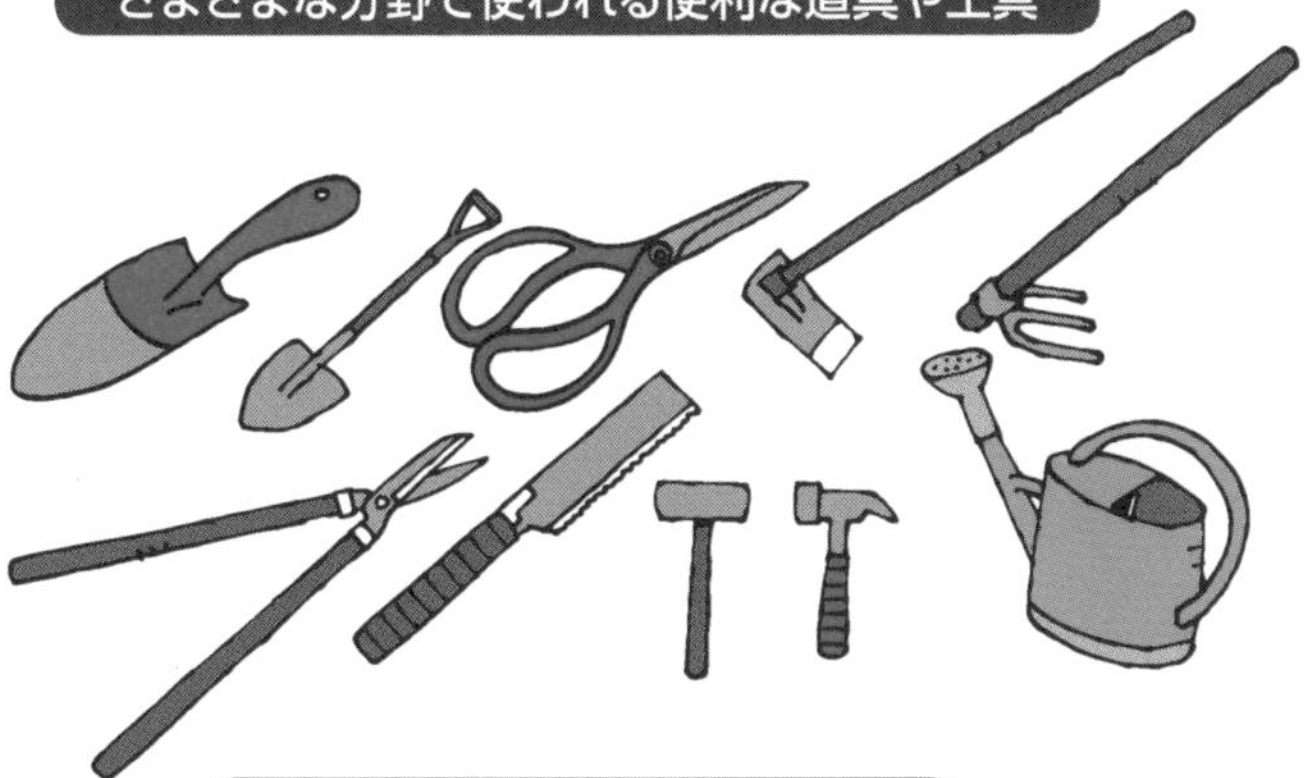

金属加工で使用される切削工具

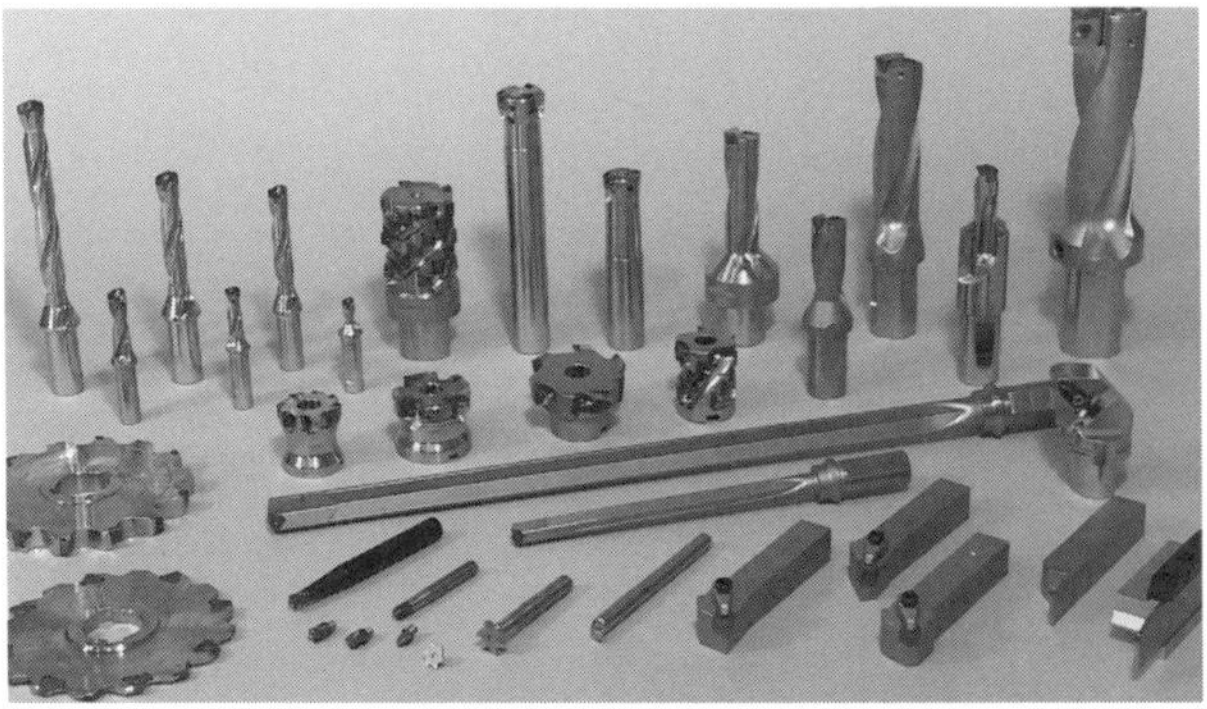

金属加工で使用される刃物を切削工具という

写真引用:DVD「金属加工シリーズ」(日刊工業新聞社)
工具提供：株式会社タンガロイ

2 「切削」に隠された本当の意味を知る

「切る!」と「削る!」は違う

「切削」は「切る」と「削る」という言葉が足し合わさった言葉です。野菜や果物を料理する時には「切る」といい、金属加工や木材加工の時には「削る」といいます。料理もものづくりも材料から新しいものをつくるという観点では同じ作業ですが、野菜や果物を「削る」とはいいません。リンゴの皮むき、大根の桂むき、鉛筆削り、旋盤加工はいずれも、回転する材料に刃物（切削工具）を押し当て、材料の表面を剥ぎ取る作業です。しかし、リンゴの皮むきや大根の桂むきでは「むく（切る）」といい、鉛筆削りや旋盤加工では「削る」といいます。このような言葉の使い分けは親や小学校の先生に教わったわけではなく、いつの間にか習慣になっているのではないでしょうか。

「切る」と「削る」は切りくずの変形によって使い分け、「切りくずが変形しない場合は切る」、「切りくずが変形する場合は削る」といいます。リンゴの皮むきや大根の桂むきでは、切りくずが変形しないため「切る」、一方、鉛筆削りや旋盤加工では、切りくずが変形するため「削る」といっています。「切りくずが変形する」とは「切りくずの組織が歪むこと」を意味します。金属を削る際に発生する切りくずは変形し、変形することによって熱が発生します。これは針金をくねくねと折り曲げた時に変形部が熱くなるのと同じです。リンゴの皮むきや大根の桂むきで熱が発生しないのは切りくずが変形しないからです。金属加工の理想はリンゴの皮むきや大根の桂むきのように、「切りくずを変形させず」に削ること、言い換えれば、切りくずが変形する「削る」という領域でなく、切りくずが変形しない「切る（むく）」という領域に近づけることが大切です。誰から教えられたわけでもなく「切る」と「削る」を使い分けている日本人はものづくりの感性と適性に優れた人種です。金属加工の神髄は「切削」という言葉に隠れた本当の意味を知ること、「切る」と「削る」の違いをしっかりと理解することです。

要点BOX

●「切削」は「切る」+「削る」の造語
●切りくずが変形すると「削る」
●切りくずが変形しないと「切る」

「切る」と「削る」の違いを理解することが金属加工の基本

切削＝切る＋削る

切削は「切る」と「削る」が足し合わさった言葉

材料の表面を剥ぎ取る作業

りんごの皮をむく
（皮を剥ぎ取る作業）

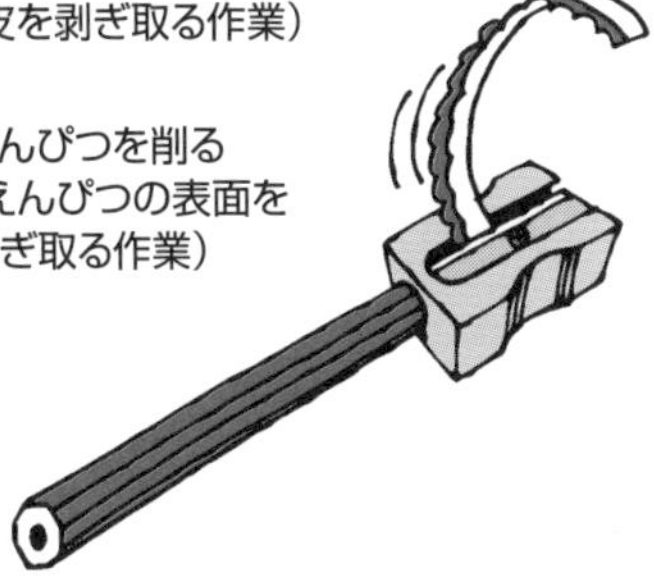

えんぴつを削る
（えんぴつの表面を
剥ぎ取る作業）

金属を削る（金属の表面を剥ぎ取る作業）

「切る」と「削る」の違いは切りくずの変形にあり

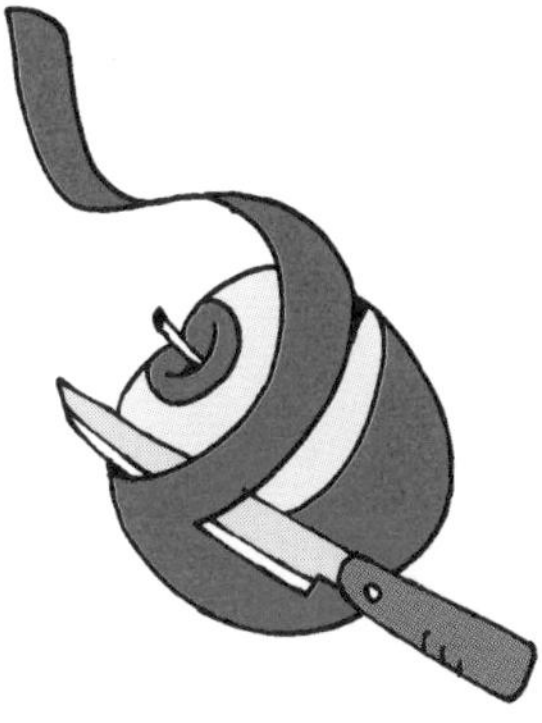

切りくずが変形しない＝「切る」

加工点の様子（ハイスピードカメラ）

切りくずが変形する＝「削る」

3 切断とせん断の違い

切削工具を上手に使う極意

私たちは1枚の紙を2枚にしたい場合、一般に、「カッターかハサミ」を使います。両方とも1つのものを2つに分離する目的で使用することは同じですが、分離するしくみに違いがあります。カッターは刃で紙の組織を2つに裂く作業（組織を離す作業）で、ハサミは上下の刃の位置がずれているため、紙の組織を上下にずらす作業（組織をずらして分離する作業）になります。このように、刃で紙の組織を裂く作業を「切断」といい、組織を上下にずらす作業を「せん断」といいます。カッターは「切断」で、ハサミは「せん断」です。

さて、料理で使用する包丁はカッターと同じ「切断」作業を行う刃物ですが、包丁を材料の真上から押し付けても材料を上手く切ることができません。一方、包丁を材料の真上から引きながら（または押しながら）押し付けると、材料を上手に切ることができます。このことを料理用語では「引き切り、押し切り」といっています。包丁をわずかに引きながら（または押しながら）押し付けると、小さな力で切断することができ、材料の組織を傷めず、鮮度も高く維持できます。これは包丁の刃が断面に対し垂直（真下）に進むよりも、引いた場合（または押した場合）のほうが見かけ上、刃の角度が鋭くなるからです。つまり、「引き切り（押し切り）」を行うことによって、実際の包丁の刃の角度よりも鋭い角度の包丁で切っていることになり、材料に対する抵抗が小さくなるため切断されやすくなります。手品の仕掛けで見かける「ギロチン」の刃は斜めになっています。これも包丁の使い方と同じで、刃を斜めにすることにより仮想的に「引き切り（押し切り）」を実現しています。

金属加工でも「引き切り（押し切り）」の考え方は重要で、切削工具には「引き切り（押し切り）」の考え方が適用されています。金属加工は人間の知恵を集結したもので、身近な原理から金属加工や切削工具の原理を学べます。

要点BOX

- ●刃で紙の組織を裂く作業は「切断」
- ●組織を上下にずらす作業が「せん断」
- ●引き切り（押し切り）の原理が重要

「切断」と「せん断」の違い

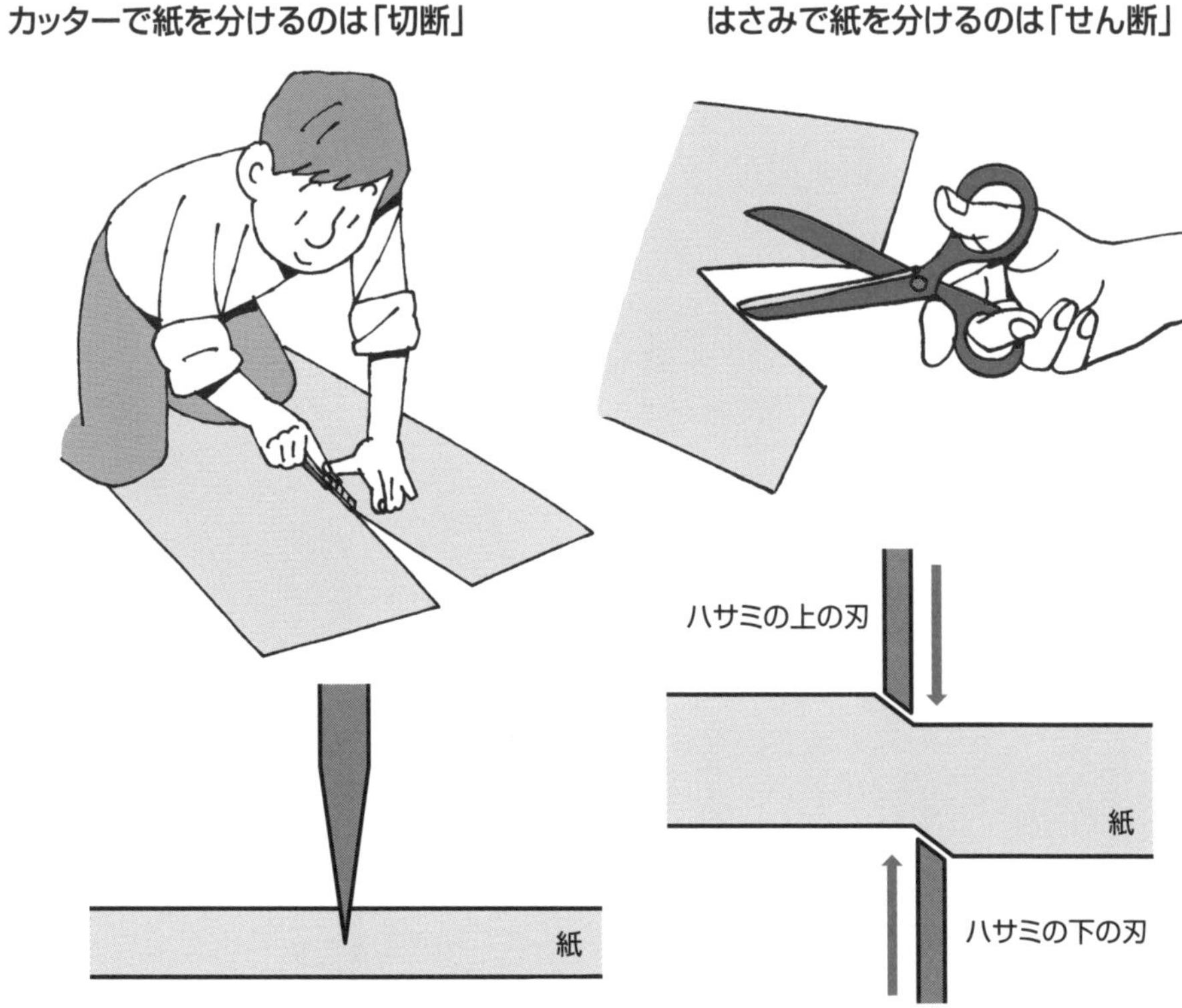

カッターで紙を分けるのは「切断」
はさみで紙を分けるのは「せん断」

引き切り（押し切り）は金属加工の極意

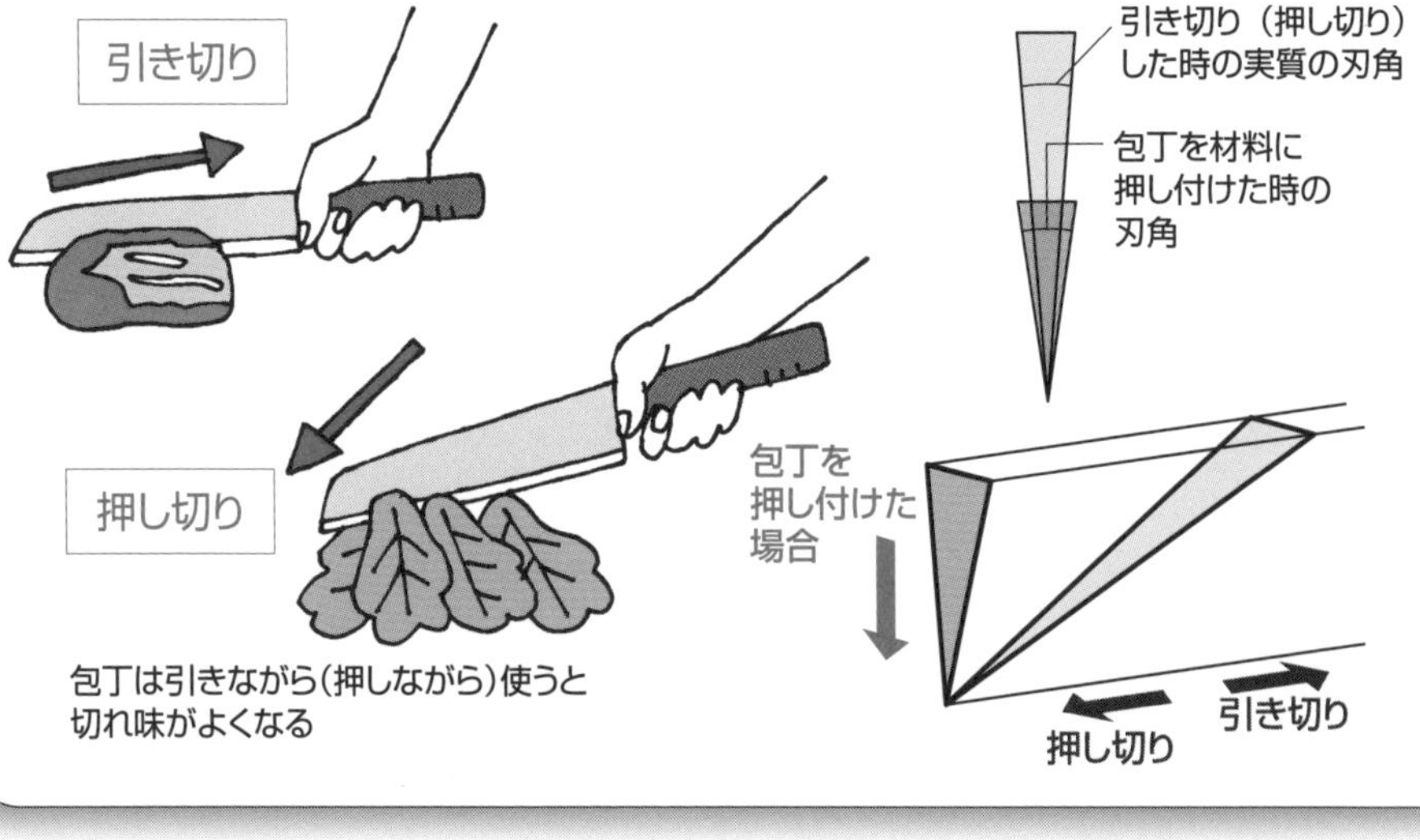

包丁は引きながら(押しながら)使うと
切れ味がよくなる

4 切削工具の切れ味

切りくずが熱いというのは常識ではない

私たちが日常的に使用する包丁やカッター、ナイフなどの刃物の切れ味は「刃先の鋭さ」によって評価します。たとえば、刃先が摩耗した（丸まった）包丁でトマトを切ると、トマトがクシャッとつぶれてしまいますが、刃先が鋭く尖った包丁でトマトを切ると、スパッときれいに切れます。つまり、「刃先の鋭さ＝切れ味が良い」という評価になります。しかし、金属加工で使用される切削工具の切れ味は「刃先の鋭さ」に加えて、評価の指標がもう1つあります。

切削工具を使用して金属を削るときに発生する切りくずは熱くなります。また、加工後の製品も熱くなることもあります。金属加工で発生する切りくずや加工後の製品はなぜ熱くなるのでしょうか。針金をくねくねと曲げると、曲げている部分は熱を帯び熱くなります。金属は変形すると熱を発する性質があり、変形の度合いが大きいほど発生する熱は高くなります。切削工具の刃先が金属を削り取る切削点（切削工具の刃先と金属の接触点）では切りくずが変形し、温度は約600～1200℃に達します。切削点で発生した熱が製品に伝わるため、加工直後の製品は高温になるのです。

ここで考え方を変えると、切削工具を使って金属を削る時、切りくずの変形を抑えることができれば、発生する熱は低くなります。さらにいえば、切りくずの変形を抑え、発生する熱を低くできれば、切りくずは熱くならず、また製品に伝わる熱は少なくなるため、熱影響の小さい良品をつくることができます。金属加工はいかに切りくずの変形を抑えながら削るかという観点が重要です。

切りくずの変形を抑えることができる切削工具は「切れ味がよい切削工具」といえます。金属加工で使用する切削工具は「刃先の鋭さ」に加えて、「切りくずの変形が小さい」という両者が切れ味の評価指標になります。

要点BOX

- ●金属加工で排出される切りくずは熱くなる
- ●刃先が鋭い＝切れ味が良い
- ●切りくずの変形が小さい＝切れ味が良い

切削工具の切れ味

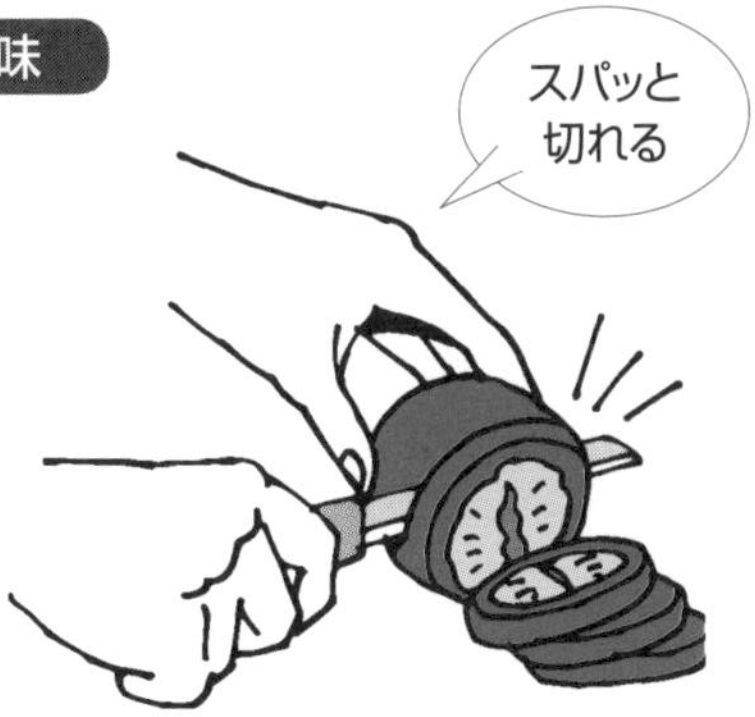

包丁の切れ味は「刃先の鋭さ」で評価する

金属の特性

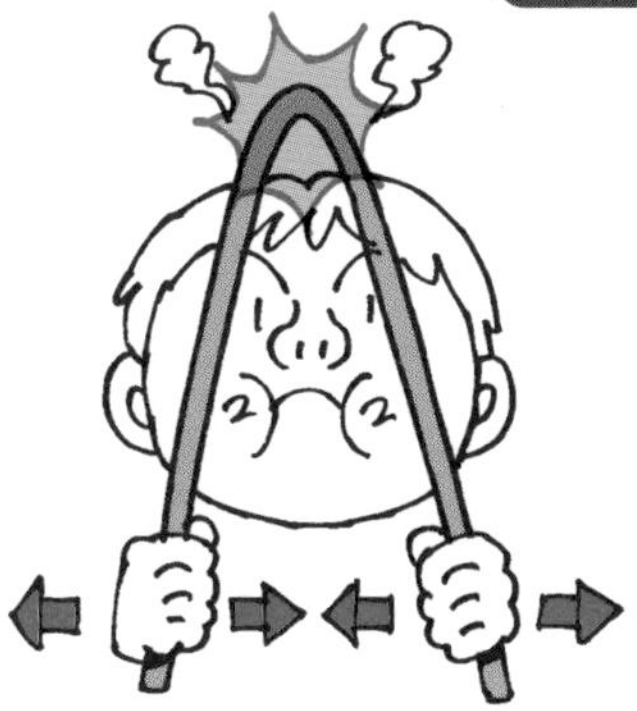

針金をくねくね曲げると
変形部は熱くなる

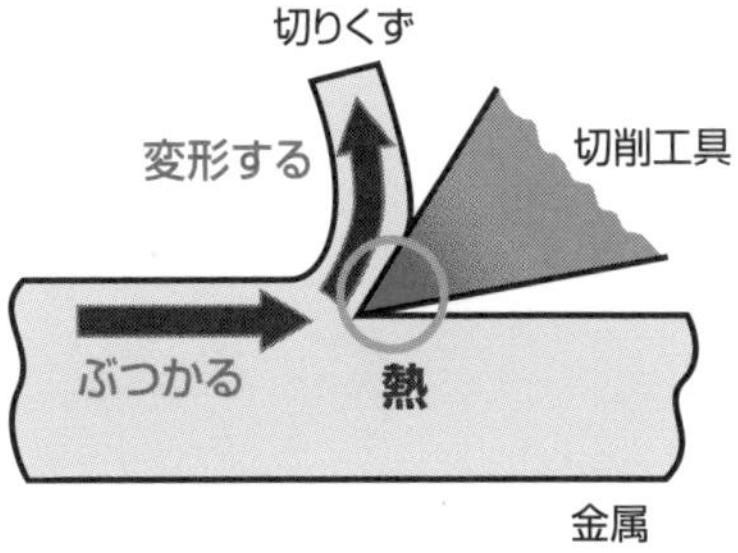

金属は変形すると熱を発する

すくい角と切りくず厚さの関係

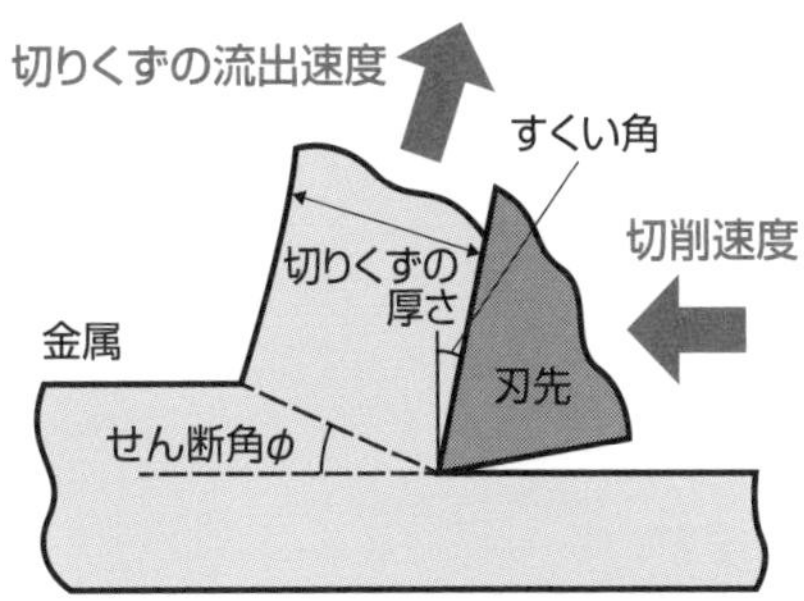

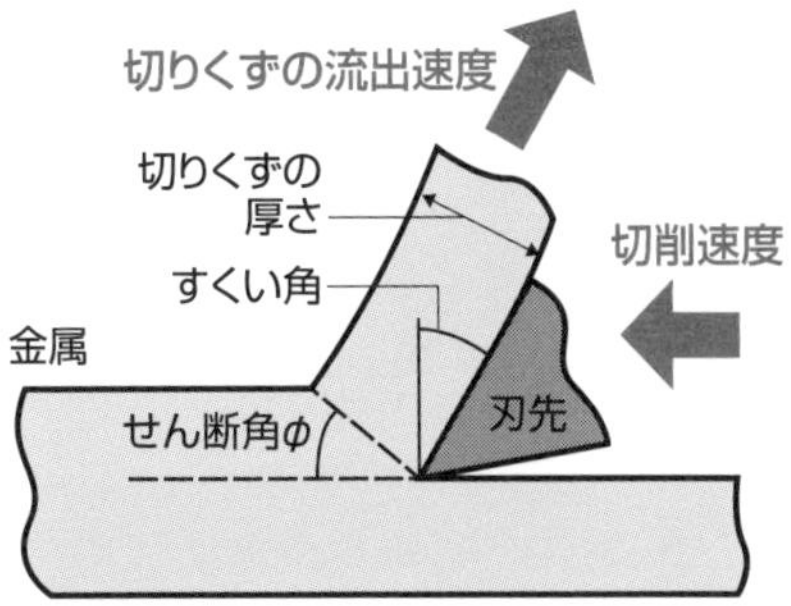

切削工具の切れ味は切りくずの変形の大小で評価する

5 「スローアウェイ」から「インサート」へ

「MOTTAINAI」は世界共通語

切削工具は使用するにともない刃先が摩耗します。刃先が摩耗しない刃物はありません。刃先の摩耗が大きくなると、切れ味が悪くなり、上手に金属を削れなくなるため新しい切削工具に交換しなければいけません。

旧来、刃先が摩耗した切削工具は作業者が研削といしを使って研ぎ、刃先の鋭さをよみがえらせていました。しかし、刃先を研ぐのは手間で面倒なことや、研ぐ技能（研ぎ方）によって切削工具の切れ味が異なるという問題があることから、現在では、ねじなどの機械的な締結により刃先のみを交換できる切削工具が多用されるようになっています。切削工具の刃先のみを交換することで、切削工具の柄の部分（本体）は再利用でき、初心者が刃先を交換しても切れ味が変わるようなことはなく、安定して金属を削ることができます。イメージは文房具のカッターと同じで、刃先が摩耗したら刃のみを交換し、カッター本体は半永久的に使用することができます。

刃先交換式の切削工具を「スローアウェイ式切削工具」、交換式の刃を「スローアウェイチップ」と呼んでいます。「Throw away（スローアウェイ）」は直訳すると「遠くへ投げる」という意味になりますが、スローアウェイと名付けられた由来は「使い捨て」という意味があったようです。しかし近年、「もったいない‥MOTTAINAI」が世界共通語として使用されるようになるなど環境問題に対する意識が高まり、「使い捨て」を意味する「スローアウェイ」は呼称として使われないようになってきました。最近では、「挿入する（取り付ける）」という意味から「Insert（インサート）」が使用されるようになり、刃先交換式の切削工具は「インサート式切削工具」、交換式の刃は「インサートチップ」と呼ばれるようになっています。人類が直面する問題はさまざまありますが、科学技術の発展が地球を救う手段といえます。

要点BOX

- 刃先のみを交換できる切削工具が主流
- 「Throw away（スローアウェイ）」は使い捨ての意味
- 最近は「インサート」と呼ばれる

「使い捨て」は時代に合わない言葉

スローアウェイ(Throw away)
=遠くへ投げる=「使い捨て」の意味

MOTTAINAI(もったいない)
は世界共通語

刃先を交換する刃物と切削工具

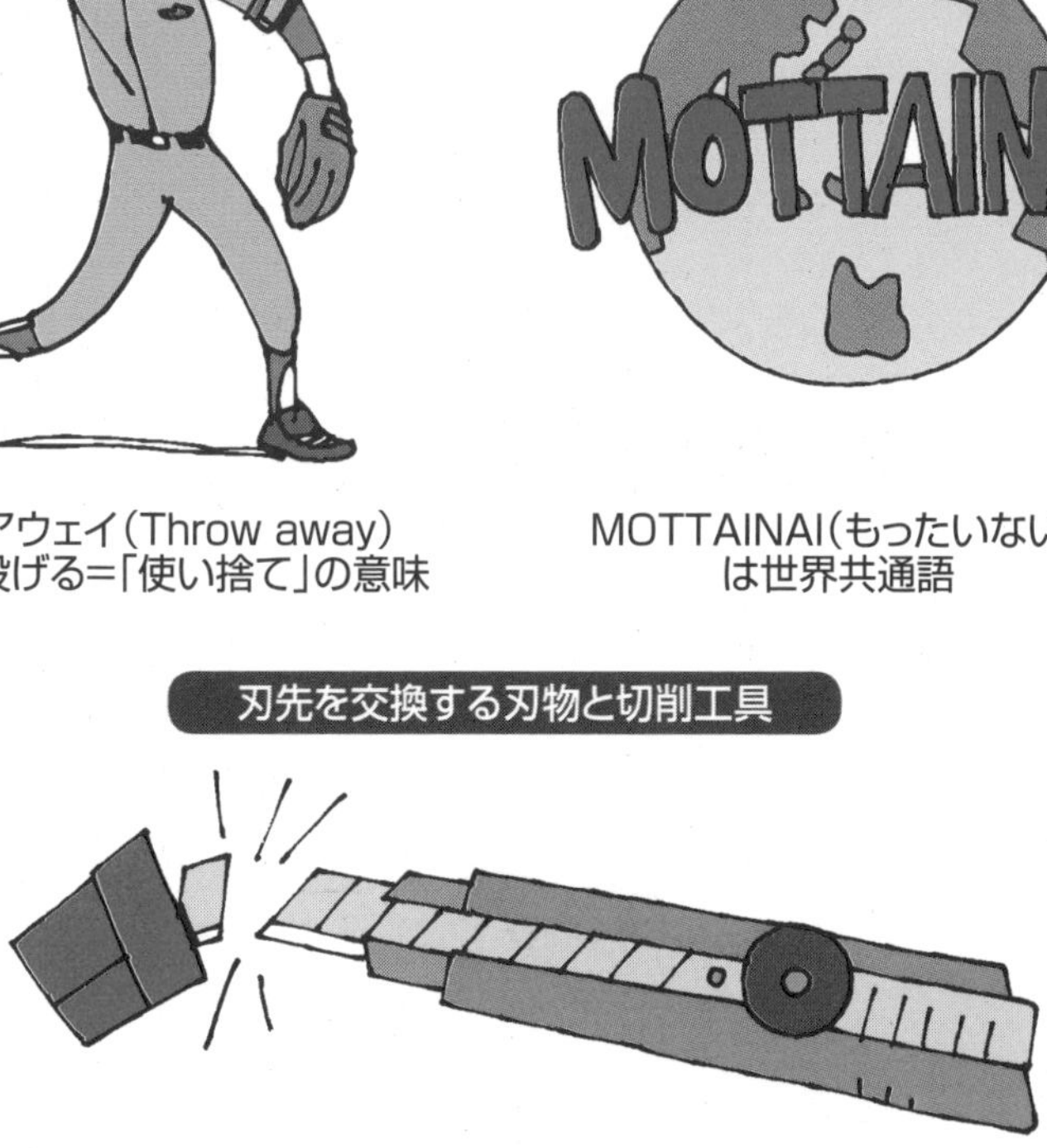

カッターは刃先を折って刃先を交換する

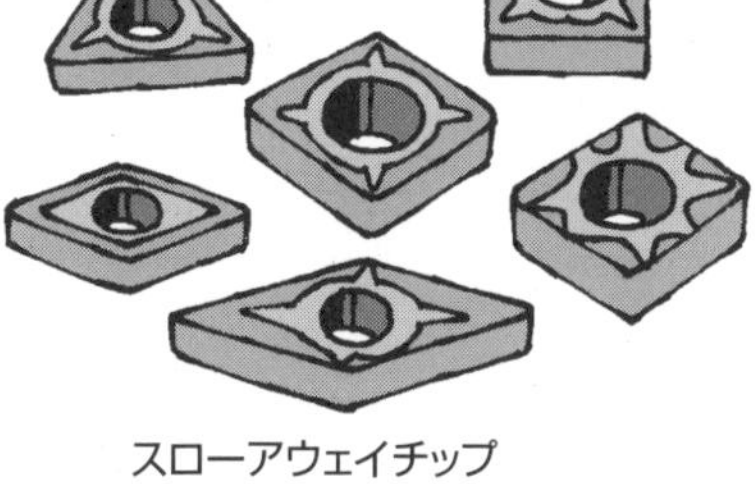

スローアウェイチップ

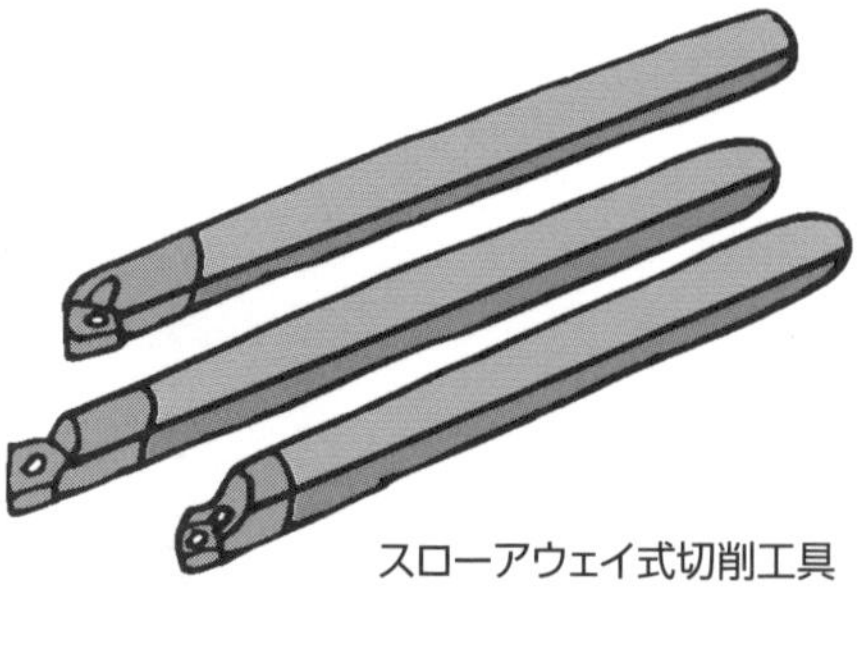

スローアウェイ式切削工具

刃先交換式の切削工具

Column

地球と生命を支える鉄

地球上で方位磁石を持つとN極は北をS極は南を指します。不思議だと思った人はどのくらいいるでしょうか。常識を常識として捉えてはダメです。常に不思議に思う目線を養ってください。地球は外側から中心に向かって地層、マントル、外核、内核と大別して4層が積み重なってできています。地層とマントルには鉄は重量比で7％程度しか含有していませんが、外核と中核の主成分は鉄です。外核は液体、内核は固体の鉄です。地球の中心部は高圧のため鉄が圧縮され固体になります。地球の自転と地球内部の温度変化にともない外核の液体（鉄）が対流することにより電流と磁力が発生するため、方位磁石のN極は北をS極は南を指すのです。詳しいことは「ダイナモ理論」を勉強してください。

地球上の鉄をすべて集めると地球の重量の3分の1を占め、鉄は重量比で地球上にもっとも多い元素です。一般に地球は水の惑星といわれますが、実は鉄の惑星という方が正しいかもしれません。私たちの体内にも鉄はあり、体重70kgの成人男性には5g程度（釘1本分）が含まれ、約65％は血液中のヘモグロビンに存在しています。女性に多い貧血は鉄の不足が主因です。体に必要な酸素を運搬しているのはヘモグロビンで、鉄が不足するとヘモグロビンがつくられなくなり、その結果体内に酸素が行き渡らず貧血になります。植物も組織中の鉄が不足すると花が咲きません。生物は進化の過程で海から陸に上がりました。海は陸の10億分の1程度しか鉄を含有していないので、生物が海から陸に上がった理由が鉄にあるのかもしれません。鉄は生命のすべてに大きく関わっており、神秘的なことだといえます。そして、改めて身の回りに目を向けると、鉄を利用した製品が多いことに気づかされます。鉄は地球上の最大の資源であり、科学技術によって進化してきました。ものづくりの力が鉄を有効活用し、私たちの生活を豊かに便利にしているといえます。つまり、人類の未来は鉄とともにあるといっても過言ではないでしょう。

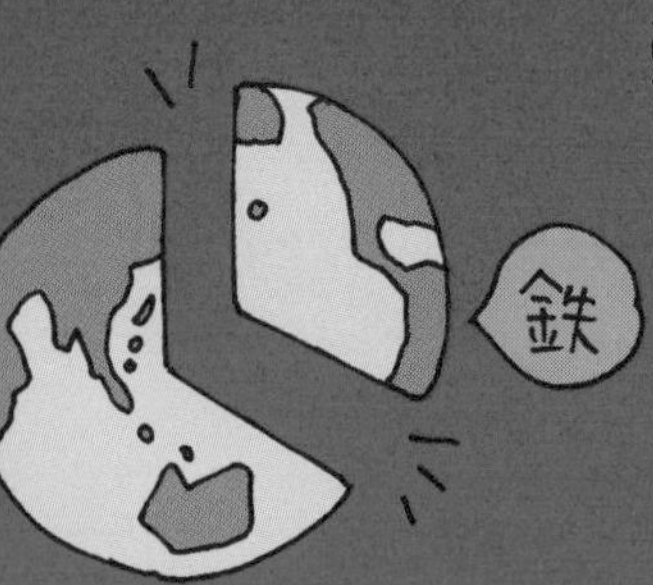

第2章

切削工具は材料界のスーパースター

6 切削工具の材質

「硬さ」と「粘り強さ」は相反する関係

切削工具は削る金属（材料）よりも3〜4倍程度の硬さが必要です。切削工具が削る金属（材料）と硬さが同じであれば、材料を削ることはできません。ダイコンでダイコンは切れませんし、ニンジンでニンジンは切れません。この関係は格闘技と同じで、両者の強さに差があれば勝敗が予測しやすいですが、両者の強さが同じであれば相打ちになることもあり、勝敗の予測が難しくなります。現在、金属加工で使用されている切削工具の材質はおおむね10種類あります。

切削工具の材質が具備すべき基本的特性は「硬さ」と「粘り強さ」です。金属に接触した際、切削工具には瞬間的に大きな衝撃力が作用します。この時、切削工具の刃先が欠けると使い物になりません。したがって、切削工具には「硬さ」と同時に大きな衝撃力に耐え得る「粘り強さ」が必要になります。

しかし、「硬いものは欠けやすく、軟らかいものは欠けにくい」というのが世の中の決まりごとで、たとえば、ガラスは硬いが欠けやすく、粘土は軟らかいが欠けることはありません。切削工具で使用されるもっとも硬い材質はダイヤモンドです。ダイヤモンドは世の中でもっとも硬い物質ですが、欠けやすいので実用するには一定のノウハウが必要です。一方、切削工具で使用されるもっとも軟らかい材質は炭素工具鋼です。炭素工具鋼は切削工具の中でもっとも軟らかいのですが、欠けにくいのが特徴です。炭素工具鋼はヤスリに使用される材質です。

図に示すように、切削工具材質の中で「硬さ」と「粘り強さ」の両方をバランスよく持っている（図の中央にある）のが「超硬合金」です。このため、生産現場で使用されている切削工具の70〜80％は超硬合金です。そして、サーメットや高速度工具鋼は超硬合金に次いでよく使用される材質です。CBNはダイヤモンドの次に硬い材質で、近年、超硬合金に変わって使用されるようになってきました。

要点BOX

- ダイコンでダイコンは切れない
- 硬いものは欠けやすく、軟らかいものは欠けにくい
- 切削工具の基本的特性は「硬さ」と「粘り強さ」

切削工具と工作物（材料）の硬さの関係

切削工具は
工作物の3〜4倍の
硬さが必要

切削工具に使用されている材質は10種類

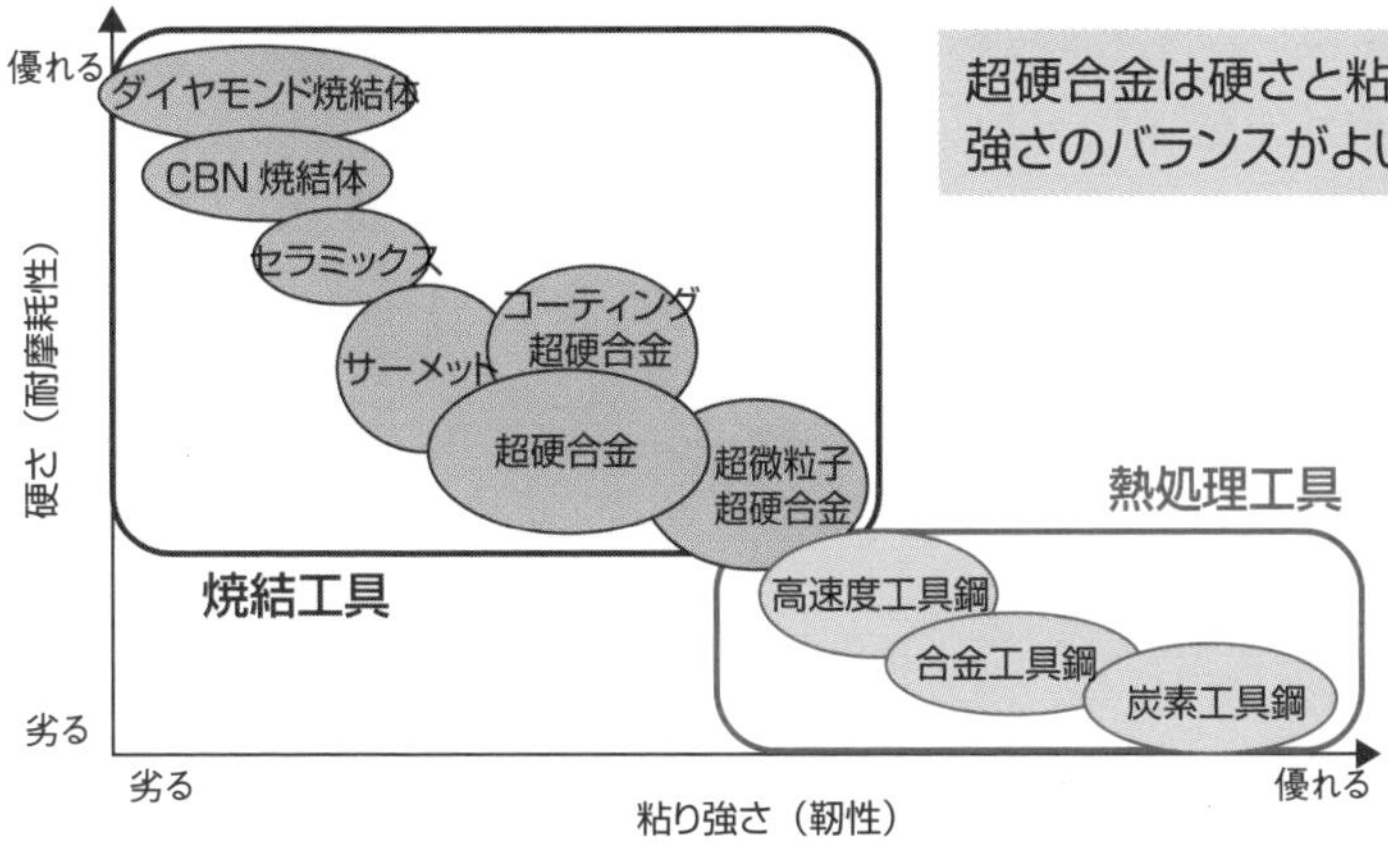

超硬合金は硬さと粘り
強さのバランスがよい

ダイヤモンドは硬いが、欠けやすい

何事も粘りが必要?!
切削工具にも粘りが必要

7 切削工具は材料界のエリート集団

切削工具に求められる条件

　私たちの身の回りにはさまざまな金属材料が溢れています。たとえば、ジュースの缶は磁石にくっつく鉄製（スチール缶）と磁石につかないアルミニウム製（アルミ缶）があります。また、スプーンやフォークはステンレス製です。さらに、硬貨は1円が灰色、５円が金色、10円が茶色、50円、１００円、５００円が銀色で材質が異なることがわかります。そのほか、マグネシウム、チタン、銅などは日常生活でも聞いたことのある材料ではないでしょうか。一般に金属材料と呼ばれるものは50種類以上あり、異なる金属を合成してつくられる「合金」を加えると金属材料は膨大な種類になります。このように、私たちの周りには多くの金属材料がありますが、切削工具に使用される材料はおおむね10種類しかありません。つまり、切削工具に使用される材料は材料界のエリート集団ということができます。

　切削工具材質に求められる条件には、基本的性質として「硬さと粘り強さ」があり、そのほか、「高温硬さ、高熱伝導率、耐熱衝撃性、化学的安定性、低摩擦係数、成形性の良さ、低価格」などがあげられます。金属を削り取る瞬間、切削工具の刃先の温度は約６００～１２００℃に達します。したがって、切削工具は常温時の硬さだけでなく「高温時の硬さ」が求められます。また、刃先に熱を貯めるのではなく、熱を逃がすための高い「熱伝導率」や、切削点に切削油剤を供給して削るときには刃先が急冷されるため、熱の高低差によって亀裂が生じない「耐熱衝撃性」も求められます。高温時、化学的に不安定にならない「化学安定性」、金属から剥ぎ取られた切りくずは切削工具の表面を流れるので、摩擦が低いほど切りくずが円滑に流出するため摩擦抵抗が小さいこと、切削工具は削る形状に合わせて成形されるので成形性が良いこと、高価であれば購入が難しくなるので安価であることが望まれます。

要点BOX

- 金属材料と呼ばれるものは50種類以上
- 硬さと粘り強さは相反する関係
- 切削工具材質には様々な特性が必要

身の回りにはさまざまな金属材料がある

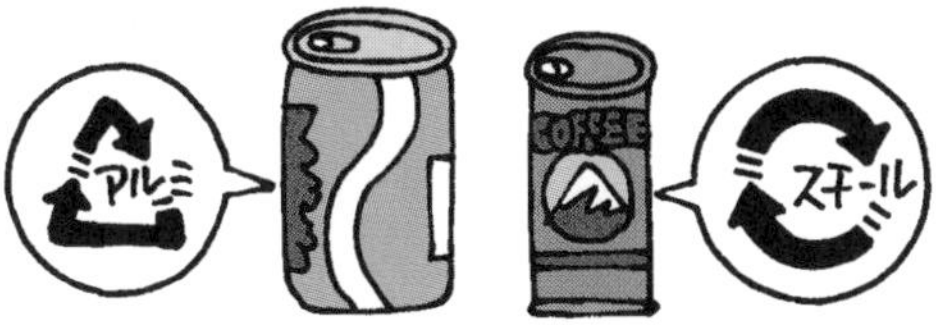

ジュースの缶はスチール製とアルミ製

硬貨は
いろいろな
材質でできている

切削工具は材料界のエリート

めがねのフレームはチタン製

切削工具に求められる条件

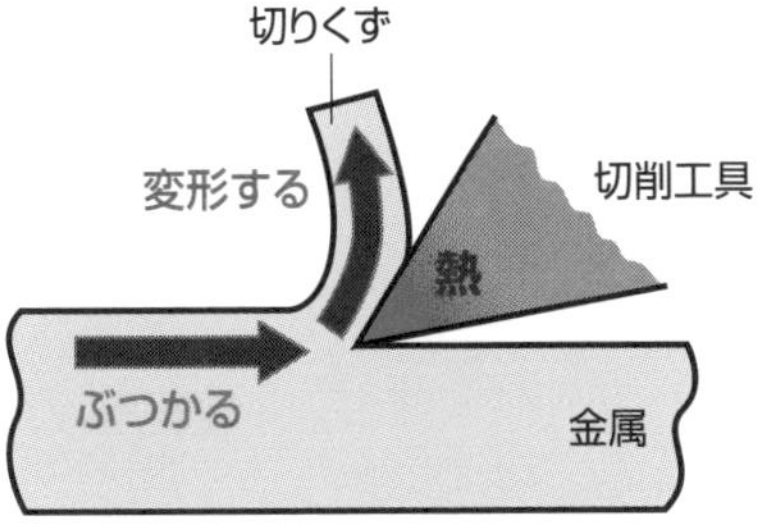

金属を削り取る瞬間の刃先の
温度は約600〜1200℃

- 硬さ（耐摩耗性）
- 粘り強さ（耐欠損性）
- 高温時の硬さ
- 高熱伝導率
- 耐熱衝撃率
- 化学安定性（耐溶着性）
- 低摩擦係数
- 成形性
- 低価格

8 単結晶ダイヤモンドとダイヤモンド焼結体

ダイヤモンド粉末を固めたものがダイヤモンド焼結体

切削工具材質の1つにダイヤモンドがあります。ダイヤモンドは天然と人工の2種類があり、天然のダイヤモンドは地球深層部のマグマによってつくられます。しかし、1955年、アメリカのゼネラルエレクトリック（GE）社は地球深層部の環境を技術的に再現することにより、世界で初めて人工ダイヤモンドをつくることに成功しました。天然で色に濁りが無く、透明なものは指輪やネックレスなど装飾品として使用され、天然でも色に濁りがあり、透明感のないものや人工ダイヤモンドは切削工具として使用されます。

ダイヤモンドは「1つの結晶の塊でできた単結晶ダイヤモンド」と「ダイヤモンド粉末を結合した多結晶ダイヤモンド」に分類されます。天然ダイヤは単結晶で、多結晶はありません。単結晶ダイヤモンドは結晶の向きにより硬い部分とそれほど硬くない部分があり、劈開（へきかい）する（一定の方向に割れやすい）特性をもつため、結晶の向きに沿って割れた面を使用することで鋭利な刃先を得られる反面、作用する力の向きによっては硬さが不安定になることが欠点です。たとえば、劈開方向（結合力の弱い方向）に沿ってハンマでダイヤモンドを叩くとダイヤモンドは割れます。一方、多結晶ダイヤモンドはダイヤモンド粉末の集合体なので、単結晶ダイヤモンドと同様な鋭利な刃先は得られませんが、どの方向からの力にも強く、劈開しにくいことが利点です。

切削工具として使用されている「多結晶ダイヤモンド」は「ダイヤモンド粉末をコバルト（結合剤）で焼き固めたもの」で、一般に「ダイヤモンド焼結体」と呼ばれます。「焼結体」を表すpolycrystalline（ポリクリスタリン）を頭につけてPCD：Poly Crystalline Diamondと表記されます。

PCD工具は超硬合金製金型の超精密加工に使用されており、実用工具は次頁9で解説しています。

要点BOX

- ●天然ダイヤは単結晶
- ●多結晶ダイヤはダイヤモンド粉末を結合剤で焼結したもの
- ●ダイヤモンド焼結体は「PCD」と表記される

ダイヤモンドの劈開のイメージ

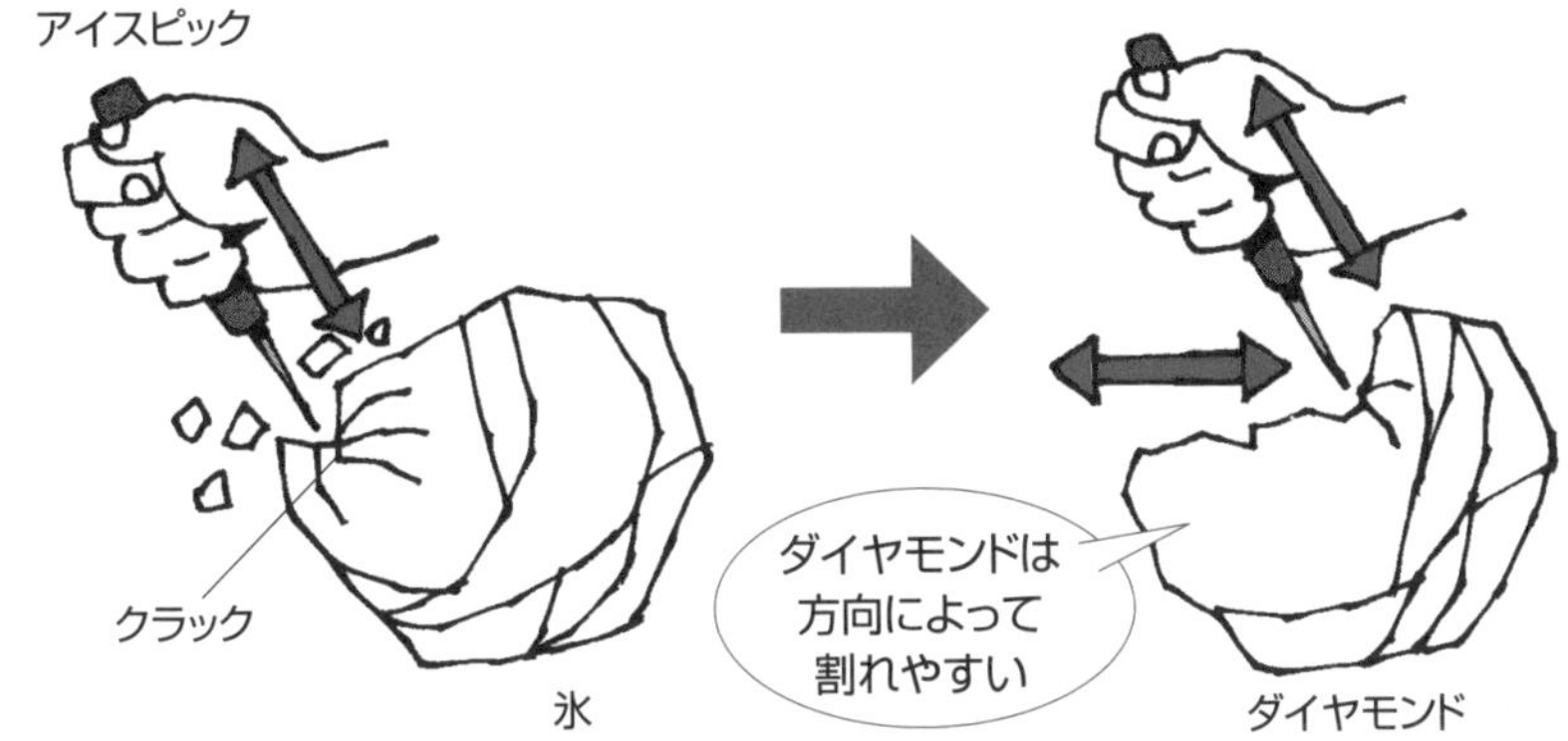

ダイヤモンド焼結体（PCD）の構造

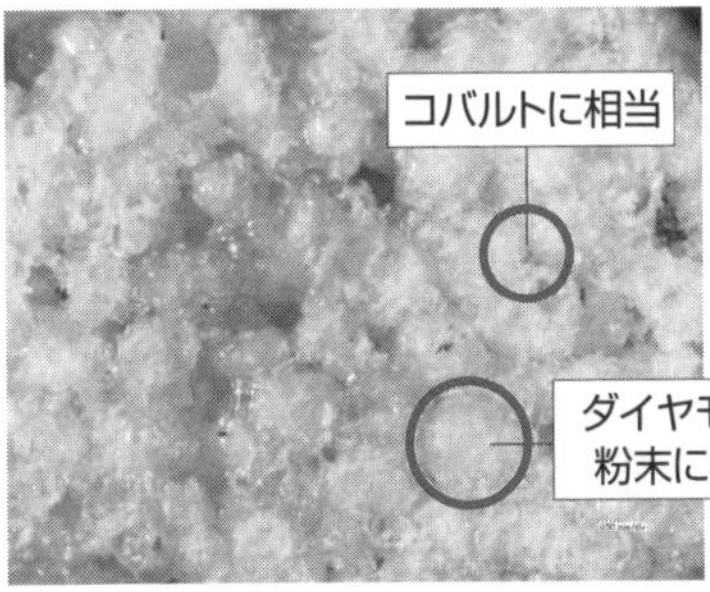

ダイヤモンド焼結体（PCD）はダイヤモンド粉末をコバルトで固めたもの
（構造は雷おこしと同じ：米がダイヤモンド粉末、飴がコバルトに相当）

ダイヤモンド焼結体工具はアルミニウム鋳物の切削に適している（図は一例）

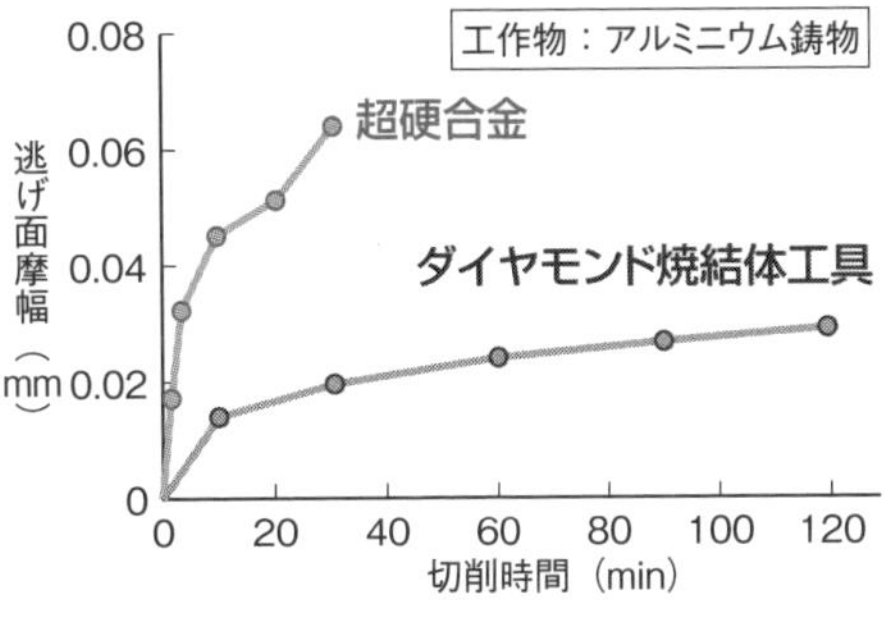

用語解説

劈開（へきかい、英: cleavage）：結晶や岩石の割れ方がある特定方向へ割れやすいという性質を劈開という。鉱物学、結晶学、岩石学用語である。

9 バインダレス多結晶ダイヤモンド

注目すべき切削工具材質

　ダイヤモンドは天然と人工のものがあり、人工ダイヤモンドは「合成ダイヤモンド」といわれる場合もあります。ダイヤモンドは炭素そのもので、炭素というと、鉛筆の「芯」を思い浮かべる人も多いでしょう。鉛筆の芯はグラファイトです。炭素同士の結びつきがダイヤモンドでは立体的で、グラファイトでは層状です。結晶構造の違いによって、外観・性質・価値が大きく変わります。ダイヤモンドもグラファイトも同じ炭素なので、グラファイトを高温・高圧力環境下におけばダイヤモンドになります。この時、ゆっくりと圧力をかけると、一定の大きさのダイヤモンドをつくることができますが、爆薬を使って一気に圧力をかけると、粉末状のダイヤモンドができます。前者は切削工具として使用され、後者は研磨用として使用されます。

　ダイヤモンドは「1つの結晶の塊でできた単結晶ダイヤモンド」と「ダイヤモンド粉末を結合剤で焼結した多結晶ダイヤモンド」に分類されます。「単結晶ダイヤモンド」は人工でつくることは可能でしたが、「多結晶ダイヤモンド」はダイヤモンド同士を直接結合させることは難しく、結合剤を使用せずにつくることは不可能でした。しかし近年、数10㎚の微細なダイヤモンド粉末を緻密で強固に結合させた「結合剤をつかわない（バインダレス）多結晶ダイヤモンド」が製造されるようになっています。

　切削工具として使用されていた「多結晶ダイヤモンド」と呼ばれるものはダイヤモンド粉末を結合剤で焼き固めたもの（焼結体）だったため、結合剤の影響で硬さや耐熱性が単結晶ダイヤモンドに劣っていました。しかし、「バインダレス多結晶ダイヤモンド」はダイヤモンドの粒子同士が複雑に隙間なく強固に絡み合うため単結晶ダイヤモンドのような劈開の問題もなく、単結晶ダイヤモンドよりも硬いのが特徴です。切れ刃を高い輪郭精度で維持できるため、加工精度向上に優位です。

要点BOX

- ●人工ダイヤモンドは「合成ダイヤモンド」といわれる
- ●ダイヤモンドもグラファイトも同じ炭素
- ●結合剤を使わない多結晶ダイヤモンドが開発された

人工ダイヤモンドの作り方

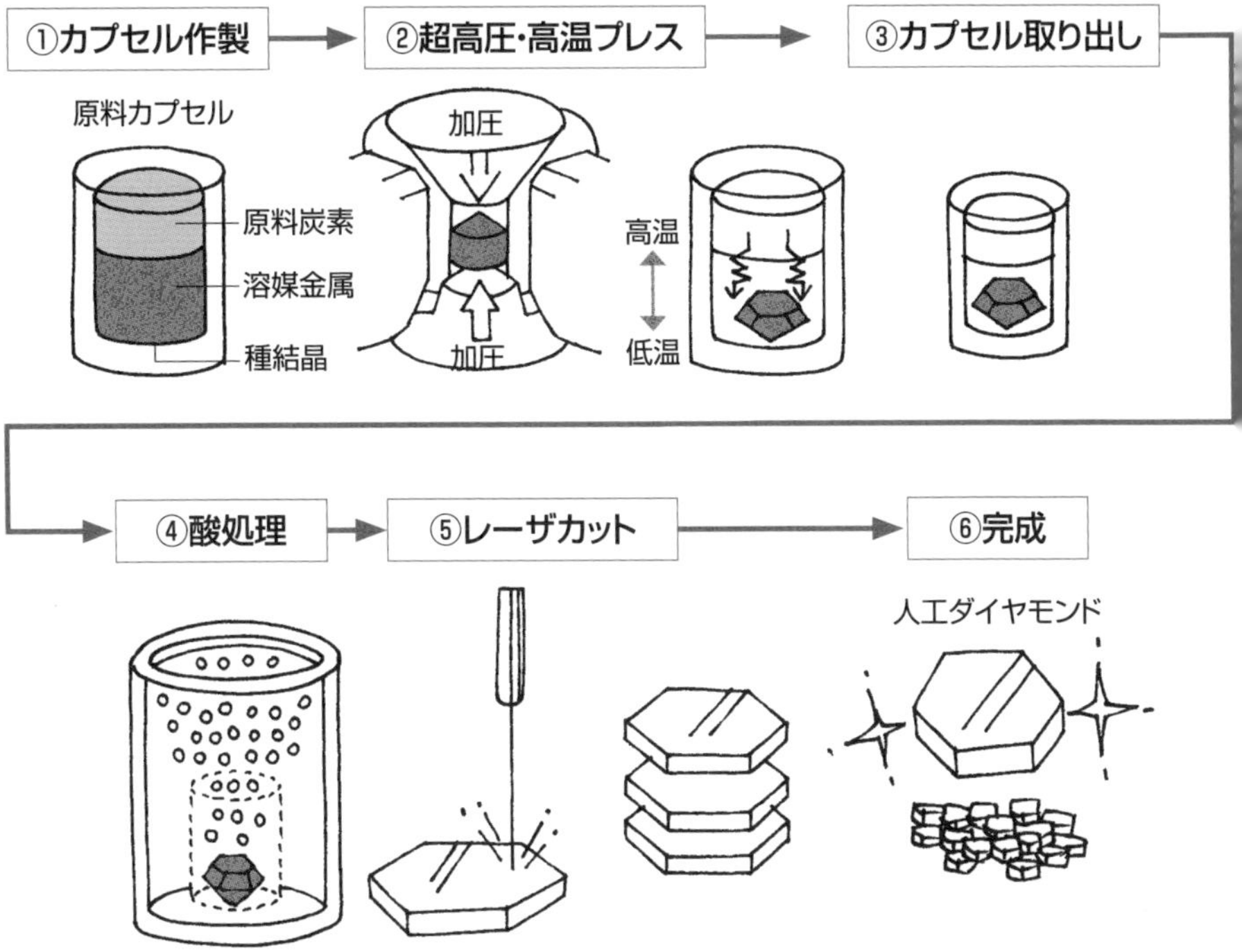

単結晶ダイヤモンド、ダイヤモンド焼結体、バインダレス多結晶ダイヤモンドの特性比較

材質名	単結晶ダイヤモンド	ダイヤモンド焼結体（多結晶ダイヤモンド）	バインダレス多結晶ダイヤモンド
硬さ（ヌープ硬度）	約80～120GPa（方位によって変わる）	約50～60GPa	約110～130GPa
等方性	× 方位依存性有り	○ 等方性	○ 等方性
強度、耐欠損性	× （111）劈開	○	○
耐熱性（不活性雰囲気）	約1600℃	約600℃	約1600℃
加工精度	約50nm以下	約100～500nm	約50nm以下

用語解説

ナノメートル（記号nm）：国際単位系の長さの単位で、10^{-9}メートル＝10億分の1メートル。1 nm = 0.001 μm = 0.000001 mm

10 熱に強く、化学的に安定しているCBN

立方晶窒化ホウ素は粉末を固めた焼結体

切削工具材質の1つにCBN（シー・ビー・エヌ）があります。CBNはCubic Boron Nitride（キュービック・ボロン・ナイトライド）の頭文字を示し、結晶構造が立方晶で、ホウ素（Boron）と窒素（Nitride）が共有結合したものです。CBNは天然には存在せず、人工物です。つくり方は人工ダイヤモンドと同じで、約5Gpa（5kN/mm^2）、1400℃程度の高温高圧下で合成されます。ただし、CBNはダイヤモンドよりも成長が遅いので、一般に粒子サイズがダイヤモンドよりも小さいです。

CBNは大気中1400℃程度まで安定し、炭素との親和性がない（化学的に炭素と反応しない）ことが特徴です。このため、CBNは炭素を含む鉄鋼材料の切削に適しています。研削加工で使用される研削ホイールは砥粒（切れ刃）としてCBN粒子がそのまま使用されますが、旋盤、フライス盤、マシニングセンタなどで使用される切削工具は「CBNの粉末を結合剤で固めた焼結体」が使用されます。構造は8のダイヤモンド焼結体と同じです。このため「焼結体」を表すPolycrystalline（ポリクリスタリン）を頭につけてPCBN（Polycrystalline Cubic Boron Nitride）と表記される場合があります。

CBN焼結体は主として「コバルトを焼結助剤（結合剤）としてCBN粉末の含有量が80～90%と比較的多いもの」と「TiN（窒化チタン）やTiC（炭化チタン）を結合助剤としてCBN粉末の含有量が40～70%と比較的少ないもの」の2種類に大別されます。前者は鋳鉄や耐熱合金、焼結合金などの切削に適し、後者は焼入鋼の切削に適しています。ただし、CBN焼結体は45HRC以下の鉄鋼材料を削ると「むしれ」が生じやすく、軟らかい鉄鋼材料には適していません。なお、結合剤を含まないバインダレスCBN焼結体も開発されており、バインダレスCBN焼結体は結合剤を含まないので熱的安定性に優れています。

要点BOX

- ●CBNは天然には存在しない人工物
- ●CBNはCBN粉末を焼結した多結晶
- ●結合剤を含まないバインダレスCBNもある

CBNを使った切削工具の例

CBN粒子を
使った
研削ホイール

CBN焼結体をろう付けした
スローアウェイチップ

CBNとダイヤモンドの特性の違い

条件＼材質		CBN	ダイヤモンド
熱的安定性	大気中	1300℃まで安定	800℃より炭化
	真空または不活性雰囲気	1500℃まで安定	1400℃まで安定
金属との反応性		Fe、Ni、Coとは1350℃まで反応しない	Fe、Ni、Coと共存すると600℃で黒鉛化開始

各種切削工具材料の曲げ強さと硬さの関係

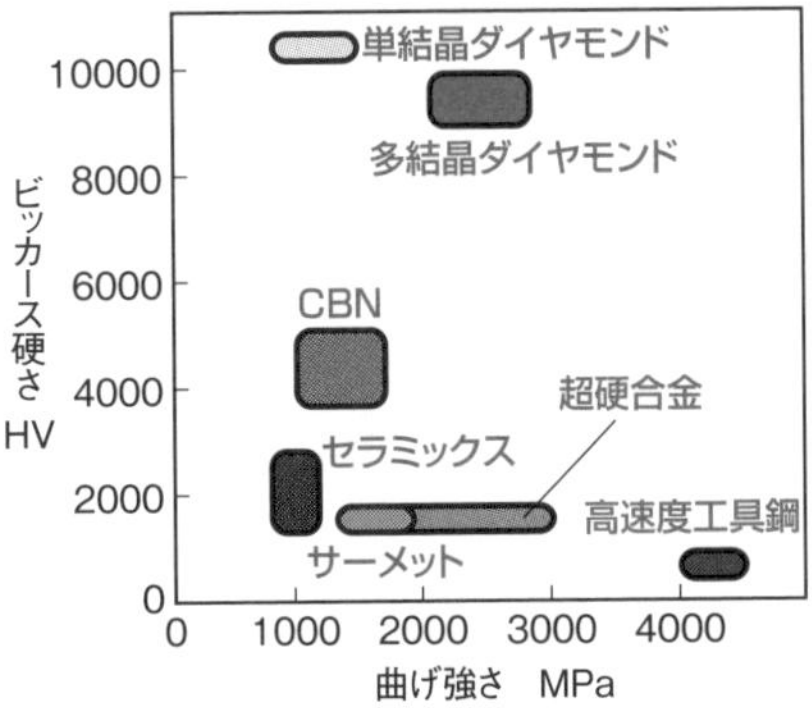

ダイヤモンドは熱に弱いが、CBNは熱に強い

ダイヤモンド

CBN

11 高温でも硬さが低下しにくいセラミックス

「白セラ」と「黒セラ」がある

切削工具材質の1つにセラミックスがあります。セラミックス製の包丁を使っている人もいると思います。セラミックスの最大の利点は①高温時でも硬さが低下しにくいこと、②金属との親和性が低いこと、③熱膨張率が低いことの3つです。切削工具で金属を削り取る時には、金属が変形するため、切削工具の刃先と金属の接触点（切削点）は約600〜1200℃に達します。このため、金属加工では切削点を冷やすことを目的に切削油剤（水と油を混合した液体）を供給するのが一般的ですが、セラミックスでは1000℃近くでも硬さが低下しにくいので、切削油剤の供給をしないで連続して加工を継続することができます。切削点が真っ赤になっても平気で、金属の軟化温度領域で切削することができることが利点です。

切削工具として使用されているセラミックスの種類はアルミナ系と窒化けい素系の2種類です。アルミナ系は、「酸化アルミニウムを主成分とするもの」と「酸化アルミニウムに炭化チタンを含有したもの」があります。それぞれ外観色に基づき、前者は「白セラ」、後者は「黒セラ」と呼ばれます。黒セラは白セラに比べて粘り強く、欠けにくいのが特徴で、両者とも鋳鉄の切削に適しています。また近年では、「酸化アルミニウムに炭化けい素ウィスカを含有したもの」が市販されており、インコネルなどの耐熱合金の加工に使用されています。ウィスカは針状、繊維状の結晶で含有させることにより耐熱衝撃性が向上します。窒化けい素系は「窒化けい素を主成分とするもの」と「窒化けい素にアルミナを混ぜたサイアロン」があります。「窒化けい素を主成分とするもの」は1000℃程度でも粘り強さが低下せず、境界摩耗性、耐欠損性に優れているので乾式におけるフライス加工に適しています。サイアロンは窒化けい素系の粘り強さとアルミナ系の耐化学摩耗性を有するので耐熱合金の切削に適しています。

要点BOX

- ●高温時でも硬さが低下しにくい
- ●金属との親和性が低い
- ●破壊靭性が低い（欠けやすい）

セラミックスチップの種類と適応例

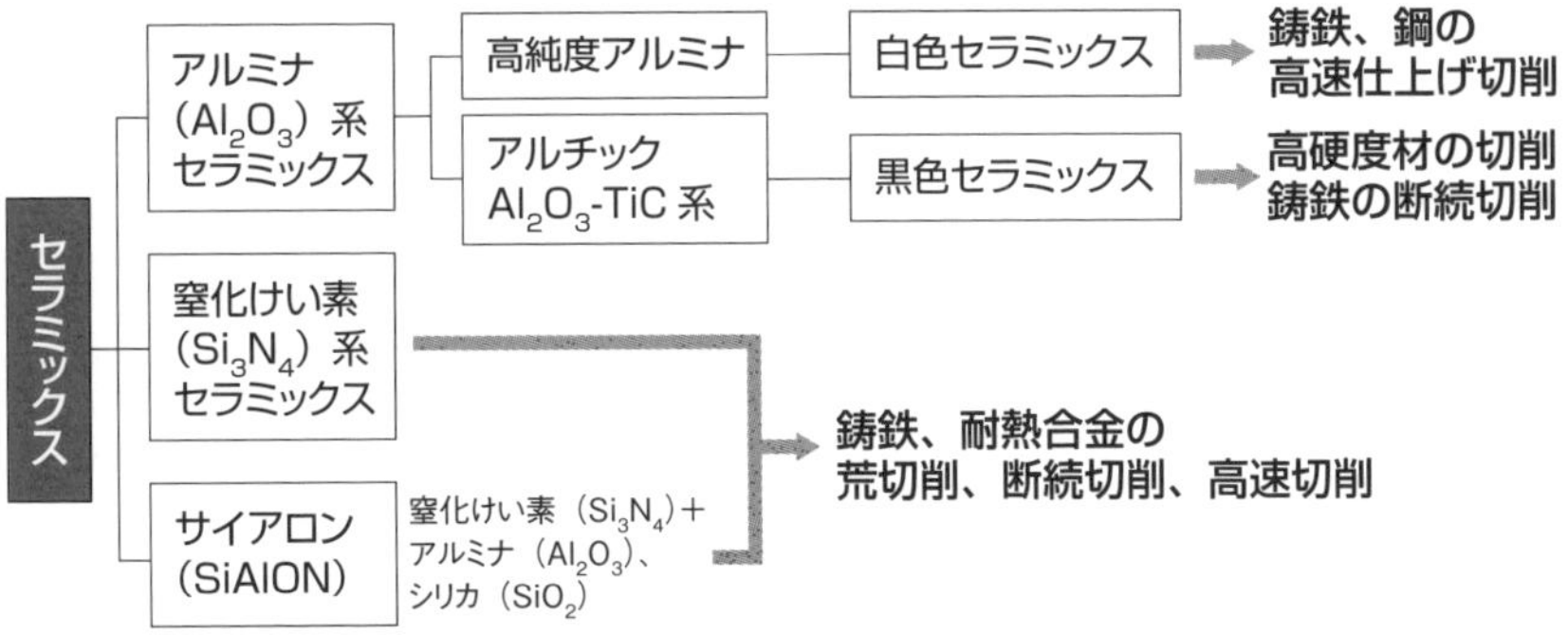

セラミックスチップと超硬合金チップの機械的性質の比較

	セラミックス				超硬合金	
	アルミナ系		窒化けい素系		WC+Co	WC+TiC+TaC+Co
	白セラ	黒セラ	窒化けい素	サイアロン	K種	P種
密度(g/cm^3)	3.9	4.3	3.3	3.2	14.6	11.0
硬さ(HV)	1900	2200	1850	1600	1500	1500
硬さ(HRA)	93.6	94.0	93.5	91.3	92.0	92.0
曲げ強さ(GPa)	0.80	0.83	1.40	0.98	1.80	1.60
ヤング率(GPa)	402	392	411	300	640	520
破壊靭性(MN/m$^{-3/2}$)	4.2	5.0	7.0	6.0	10.0	12.0
熱膨張係数(10^{-6}/℃)	7.4	7.8	3.4	3.2	5.0	6.5
熱伝導率(W/m･K)	29	21	25.4	16	80	29

セラミックスチップの適用例

チップ材質 ＼ 工作物材質	セラミックス				ダイヤモンド	CBN
	アルミナ系		窒化けい素系			
	白セラ	黒セラ	窒化けい素	サイアロン		
鋳鉄	○	○	○	○		○
非鉄金属、アルミニウム合金					○	
耐熱合金	○	○	○	○		
高硬度材(焼入れ鋼、チルド鋳鉄)	○	○				○

各種工具材料の高温硬さの例

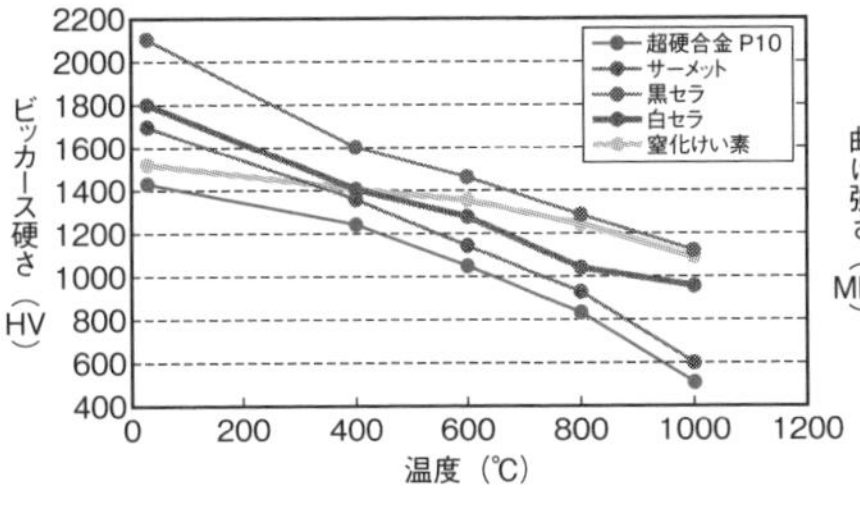

各種工具材料の高温曲げ強さの例

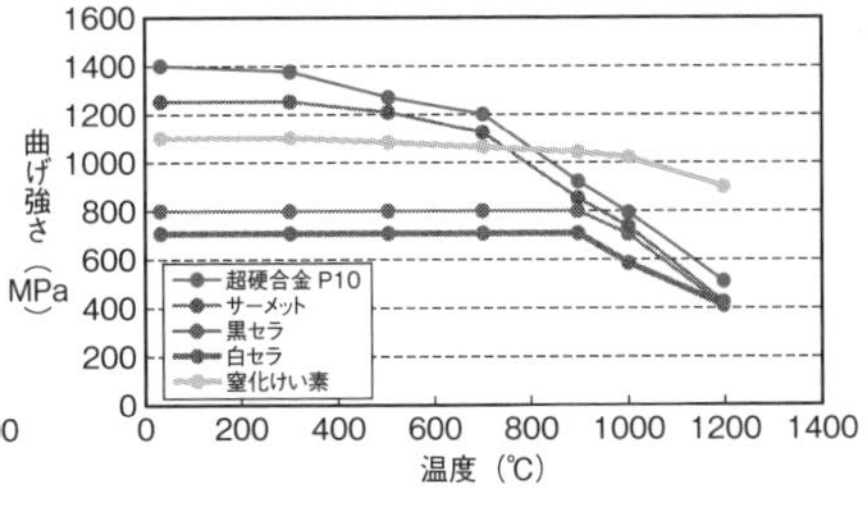

12 超硬合金はアーモンドチョコレートと同じ構造

「ちょ〜硬い合金」

切削工具材質の1つに「超硬合金」があります。超硬合金は人工的につくられたもので名称の通り「ちょ〜硬い合金」です。超硬合金はダイヤモンドよりは軟らかいですが、サファイアと同等の硬さをもちます。超硬合金は身近なところにも使用されており、ボールペンの先端に付いているボールは超硬合金製のものが多いです。ボールペンは名前の通りペン先に小さなボールが入っており、ペン先が紙に触れて動く時にボールが回転し、ボールの裏側からインクが送られることで字を書くことができるというしくみになっています。また、超硬合金はトンネルをつくる道路工事や海底に穴を掘るなど、岩盤を砕く掘削機にも使用されています。

超硬合金は第一次世界大戦中にドイツで開発が進み、終戦後の1923年に特許が取得され、1926年にクルップ(Krupp)社が「ウィディア(Widia)」と名付けて販売しました。戦争では大量の武器が必要で、武器をつくるためには切削工具が必要です。技術の進歩には軍事的背景が隠れています。ちなみに「Widia」は「ダイヤモンドのような」という意味です。

超硬合金の主成分はタングステンと炭素の化合物である「炭化タングステン(WC)」で、炭化タングステンの粉末と結合剤の働きをするコバルト(Co)やニッケル(Ni)の粉末を混合して、1300〜1500℃の高温で焼き固めてつくられます(焼結体です)。超硬合金の組織構造は小さなアーモンドが点在するクラッシュアーモンドチョコレートと同じで、アーモンドが炭化タングステン、チョコレートがコバルト・ニッケルなどの結合剤に相当します。超硬合金の主成分であるタングステンはレアメタル(希少金属)であるため、廃棄される工業製品からレアメタルを取り出すリサイクル活動は重要です。廃棄される工業製品の山は鉱山に見立てて「都市鉱山」と呼ばれます。チタンを主成分とするサーメットはタングステンに依存しない切削工具として開発されました。

要点BOX

- 主成分は「炭化タングステン(WC)」
- タングステンはレアメタル
- 工業製品の山は鉱山に見立てて「都市鉱山」といわれる

超硬合金の組織のイメージ

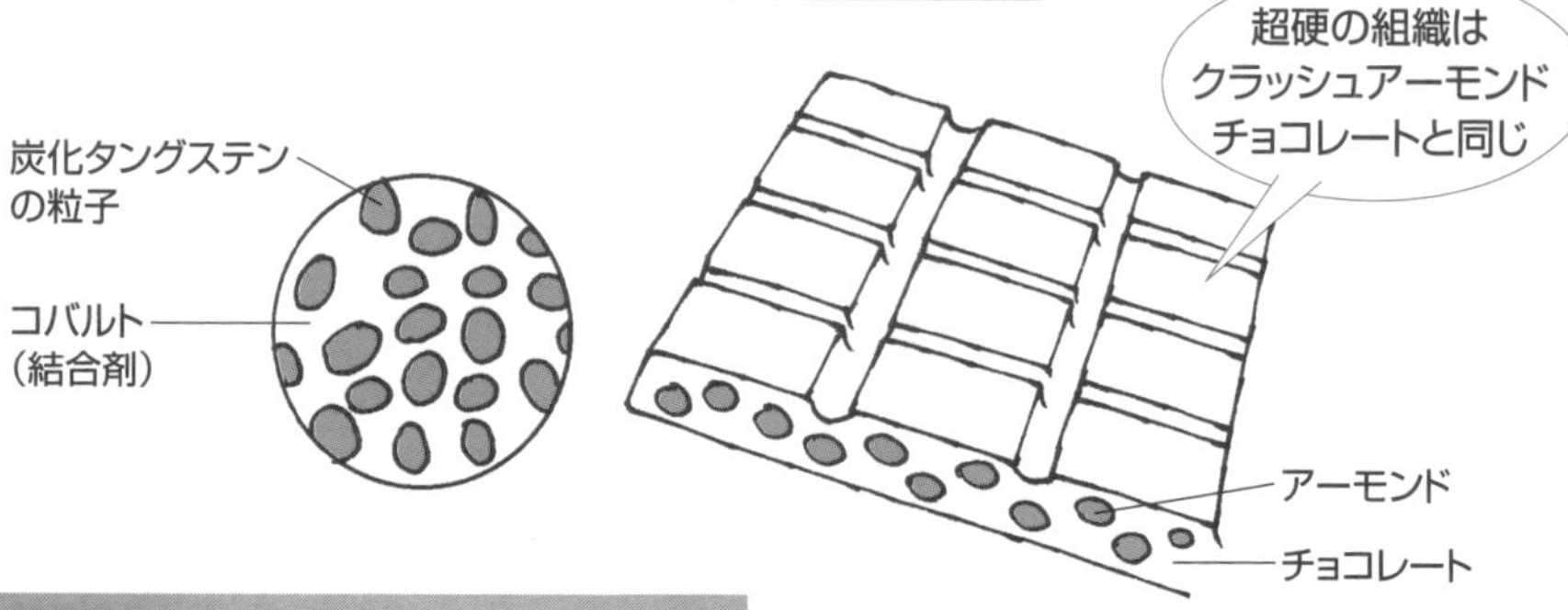

超硬合金のスローアウェイチップ

超硬合金のつくられ方

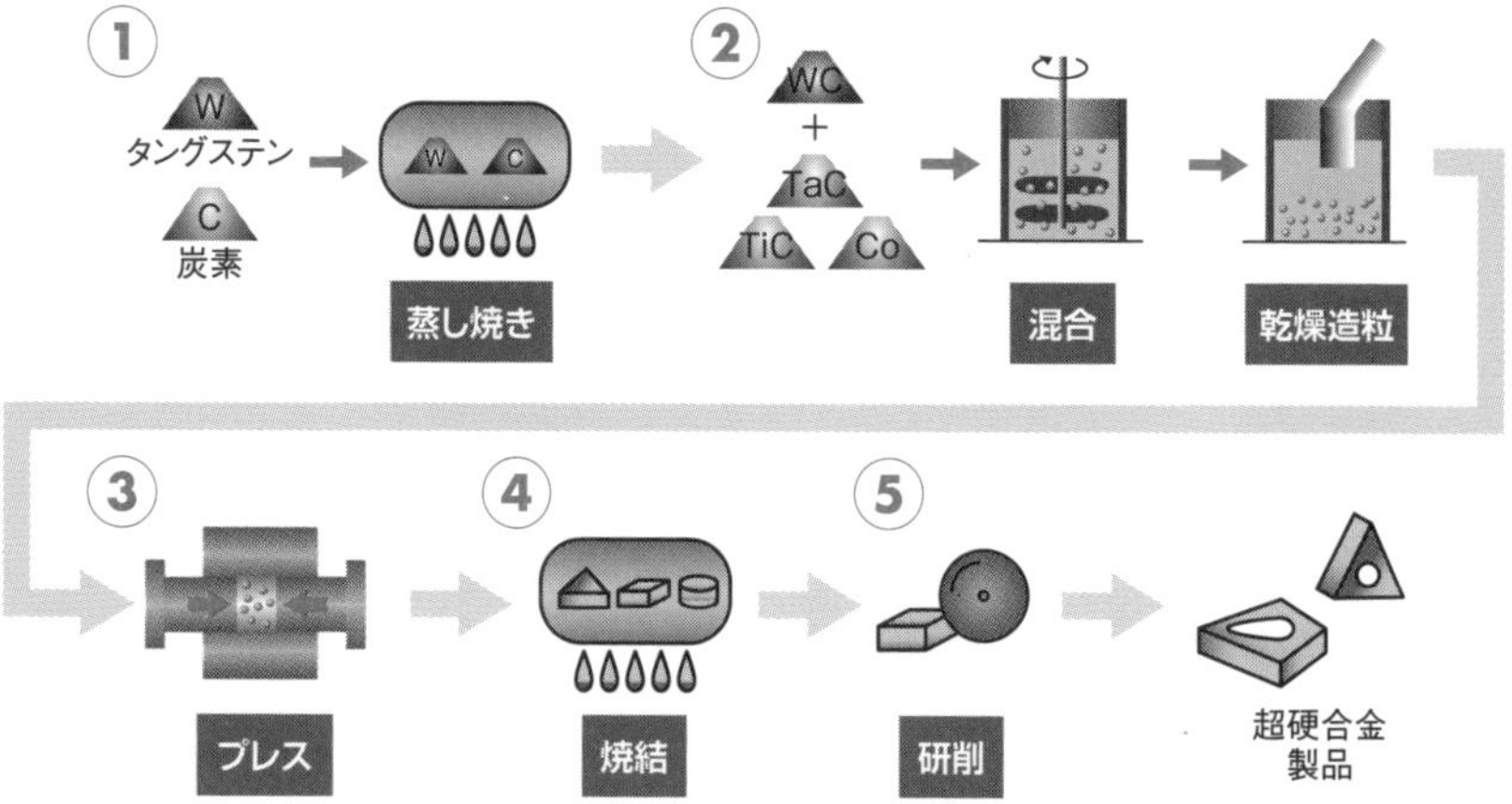

① タングステンと炭素を蒸し焼きにして、炭化タングステンを作る。

② 炭化タングステンにコバルトなどを混ぜ合わせ、乾燥させて原料となる粉を作る。

③ この原料を型に入れて押し固める。こうして押し固められたものは、チョーク程度の硬さに仕上がる。

④ 続いて、1400℃程度の温度で焼き固め、超硬合金が完成する。

⑤ 超硬合金はダイヤモンドホイールを使って目的の形に成形する。

13 超硬合金の種類と正しい使い方

超硬合金は工作物材質によって6種類を使い分ける

日本産業規格（JIS）では、切削工具用超硬合金をP、M、K、N、S、Hの6つに分類し、削る金属によって使い分けるよう指針を示しています。Pは鉄鋼材料、Mはステンレス、Kは鋳鉄、Nはアルミニウム、Sはチタンおよび耐熱合金、Hは高硬度材料を削る時に使用します。識別色はPが青、Mが黄、Kが赤、Nが緑、Sが茶、Hが灰になります。2012年まではP、M、Kの3種類に分類されていましたが、2013年から6種類に分類が増えました。

識別記号に続く2桁の数値は超硬合金の主成分である炭化タングステンと、結合剤であるコバルトやニッケルの含有割合を示しており、数値が小さいほど炭化タングステンの割合が増え、結合剤の割合が減ります。一方、数値が大きいほど炭化タングステンの割合が減り、結合剤の割合が増えます。言い換えると、数値が小さいほど硬さが向上し、粘り強さは低下します。反対に、数値が大きいほど硬さが低下し、粘り強さは向上します。つまり、図のとおり、識別記号に続く2桁の数値（使用分類記号）が小さいほど耐摩耗性は上向きを示し、じん性（粘り強さ）は下向きを示します。

旋盤加工は材料が回転するため、バイトの刃部が常に材料に接触する「連続切削」であるのに対し、フライス加工は切削工具が回転するため、切削工具の刃部は材料と接触・非接触を交互に繰り返す「断続切削」になります。すなわち、バイトには粘り強さよりも硬さが重要である一方、フライス工具には、硬さよりも粘り強さが重要になります。つまり、バイトは使用分類記号の数値が小さい超硬合金を選択し、フライス工具は数値の大きい超硬合金を選択することが指針になります。以上をまとめると、超硬合金では、「削る材料」によって識別記号を使い分け、「使用する工作機械（加工法）」によって使用分類記号を適正に選択することが大切です。

要点BOX

- 識別記号はP、M、K、N、S、Hの6つ
- 識別色は青、黄、赤、緑、茶、灰
- 識別記号と使用分類記号の組み合わせが大切

日本工業規格（JIS）による切削工具用超硬合金の分類（JIS B 4053：2013）

大分類			使用分類※		
識別記号	識別色	被削材	使用分類記号	切削条件: 高速 工具材料: 高耐摩耗性	切削条件: 高送り 工具材料: 高靭性
P	青色	鋼: 鋼、鋳鋼（オーステナイト系ステンレスを除く）	P01、P05、 P10、P15、 P20、P25、 P30、P35、 P40、P45、 P50	↑	↓
M	黄色	ステンレス鋼: オーステナイト系、オーステナイト／フェライト系、ステンレス鋳鋼	M01、M05、 M10、M15、 M20、M25、 M30、M35、 M40	↑	↓
K	赤色	鋳鉄: ねずみ鋳鉄、球状黒鉛鋳鉄、可鍛鋳鉄	K01、K05、 K10、K15、 K20、K25、 K30、K35、 K40	↑	↓
N	緑色	非鉄金属: アルミニウム、その他の非鉄金属、非金属材料	N01、N05、 N10、N15、 N20、N25、 N30	↑	↓
S	茶色	耐熱合金・チタン: 鉄、ニッケル、コバルト基耐熱合金、チタン及びチタン合金	S01、S05、 S10、S15、 S20、S25、 S30	↑	↓
H	灰色	高硬度材料: 高硬度鋼、高硬度鋳鉄、チルド鋳鉄	H01、H05、 H10、H15、 H20、H25、 H30	↑	↓

※使用分類の矢印の方向になるほど、切削条件については高速または高送り、工具材料については高耐摩耗性または高じん（靭）性となることを示す。

切削工具用超硬合金の使用分類の例

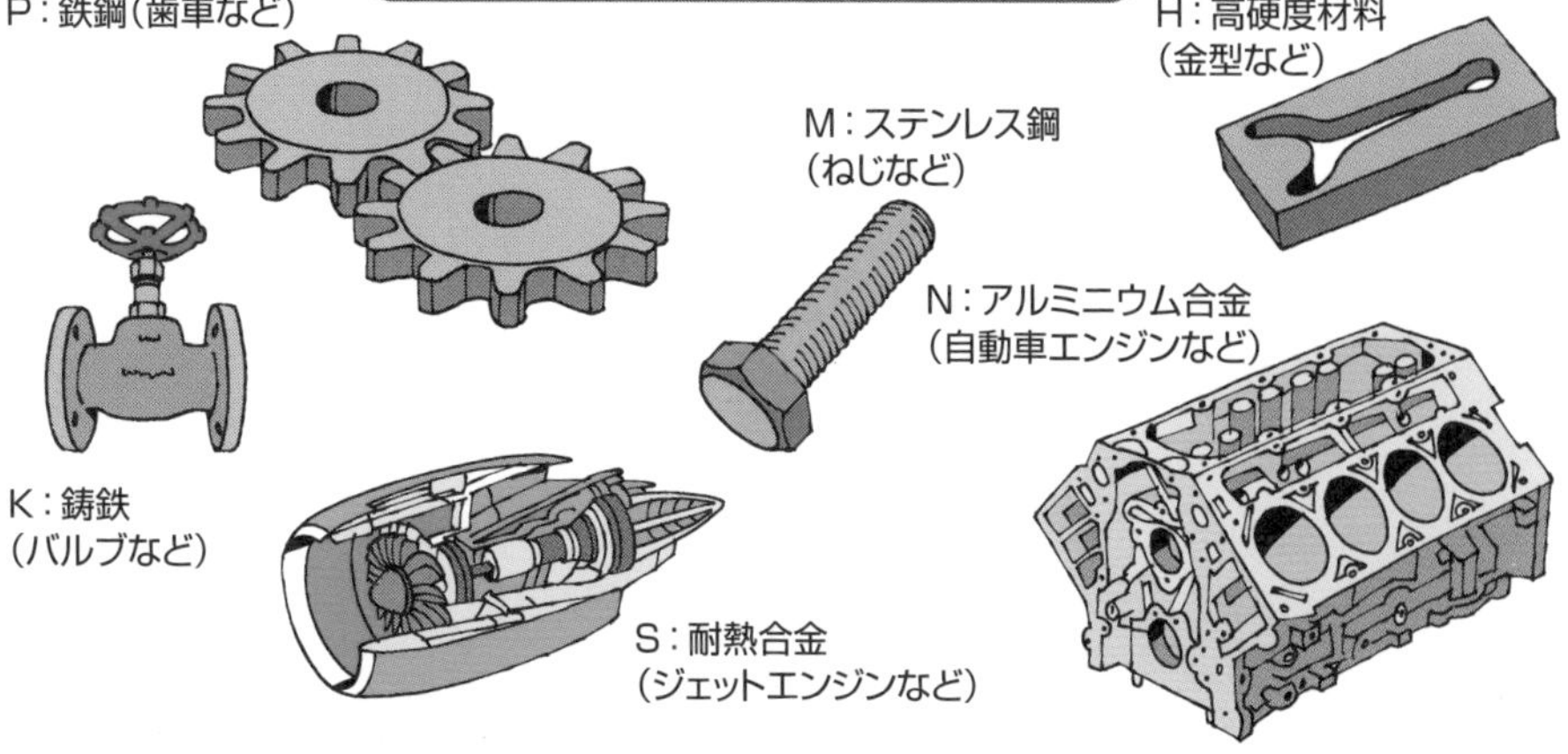

14

極小だが硬くて粘り強いすごい奴

超微粒子超硬合金の3つの利点

超硬合金は炭化タングステン（WC）とコバルト（Co）との合金です。硬質の主成分は炭化タングステンで、コバルトは結合剤（バインダ）の役割をし、含有量は約5～25％です。超微粒子超硬合金は名前の通り、超硬合金の主成分である炭化タングステンの粒子をきわめて小さく（微粒化）したもので、日本産業規格（JIS）では炭化タングステンの平均粒子径が1μm以下のものを「超微粒子超硬合金」と規定しています。一般の超硬合金の炭化タングステン粒子は約1.5～2.5μmですが、超微粒子超硬合金の炭化タングステン粒子は約0.5～0.7μmです。切削工具に求められる基本性質は「硬さ」と「粘り強さ」ですが、硬いものは粘り弱く（欠けやすく）、軟らかいものは粘り強い（欠けにくい）というのが材料界の決まりごとです。しかし、「硬さと粘り強さ」を両立させたのが「超微粒子超硬合金」です。炭化タングステンの粒子を小さくすることにより得られる利点が3つあります。

1つ目は、炭化タングステンの硬さが向上します。これは「寸法効果」と呼ばれるもので、材料は小さくなるほど材料組織に含まれる不純物の割合が少なくなるため、本来もつべき理想的な硬さに近づきます。2つ目は、粒子が小さくなると単位体積当たりの表面積が増えるため、結合剤であるコバルトとの接触面積が増えます。つまり、結合剤との密着度が高まり粘り強さが向上します。3つ目は、鋭い刃先を成形することができます。刃先丸みは粒子径に依存するため、粒子が小さいほど、刃先が鋭利になり切れ味のよい切削工具になります。超微粒子超硬合金は通常の超硬合金に比べ、硬さと粘り強さの両方が高く、刃先を鋭利にできる利点をもちます。このため超微粒子超硬合金は断続切削になるフライス加工や折損しやすい細い切削工具などの使用に適しています。炭化タングステンが0.5μm以下の「超々微粒子超硬合金」も販売されています。

要点BOX

- 炭化タングステンの平均粒子径が1μm以下のもの
- 結合剤との密着度が高まり粘り強さが向上
- 鋭い刃先を成形することができる

粒子が細かいことは良いこと

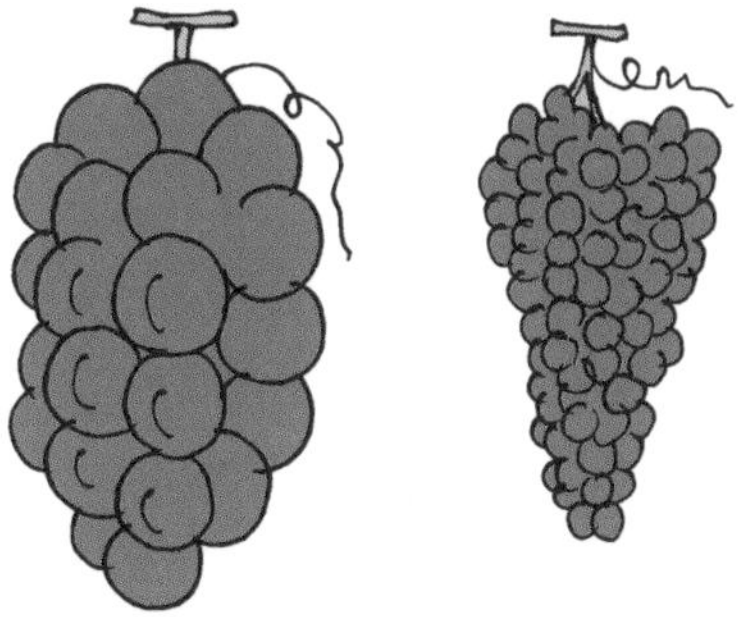

ワインづくりは果皮が多い小粒が良い。
小粒は大粒にくらべて単位体積あたりの
表面積が大きい

凹凸が大きいほど表面積が大きく
接着剤との接触面積が大きくなる

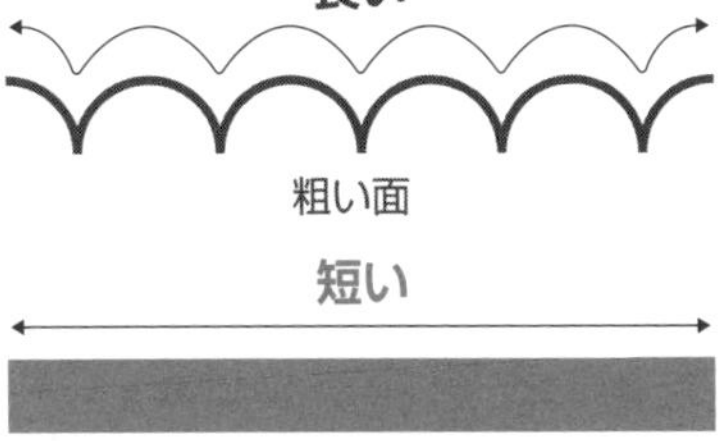

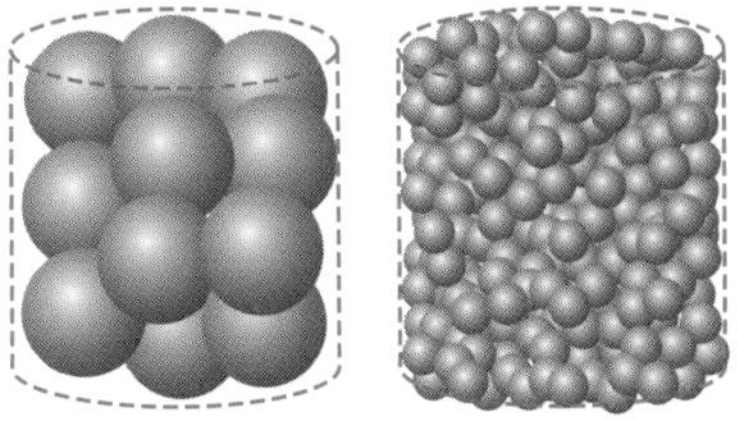

超微粒子超硬合金と一般超硬合金の切れ刃と仕上げ面のイメージ

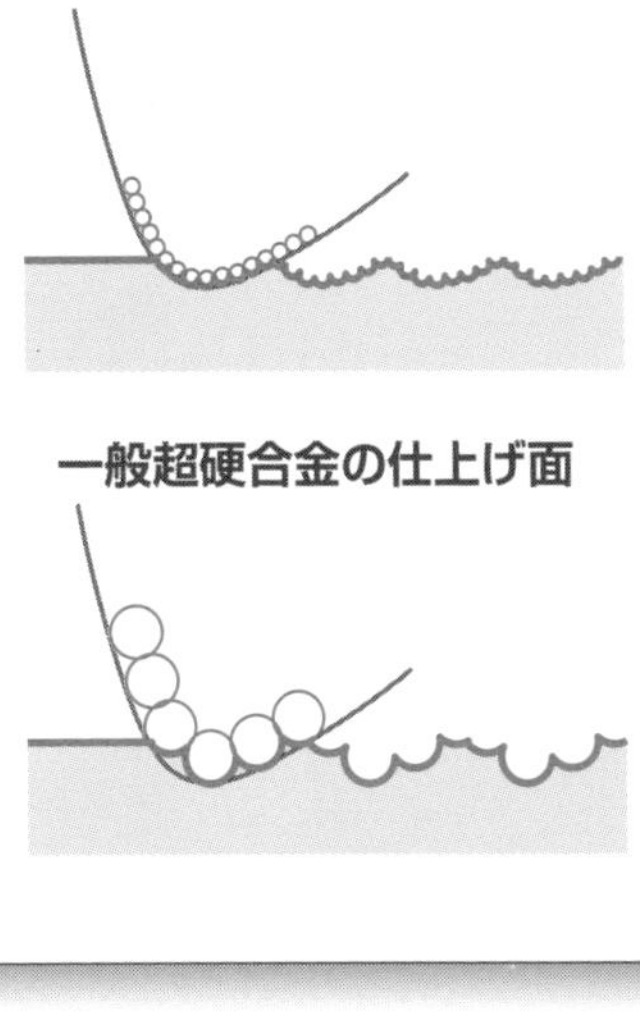

超微粒子超硬合金の硬さと曲げ強さの関係

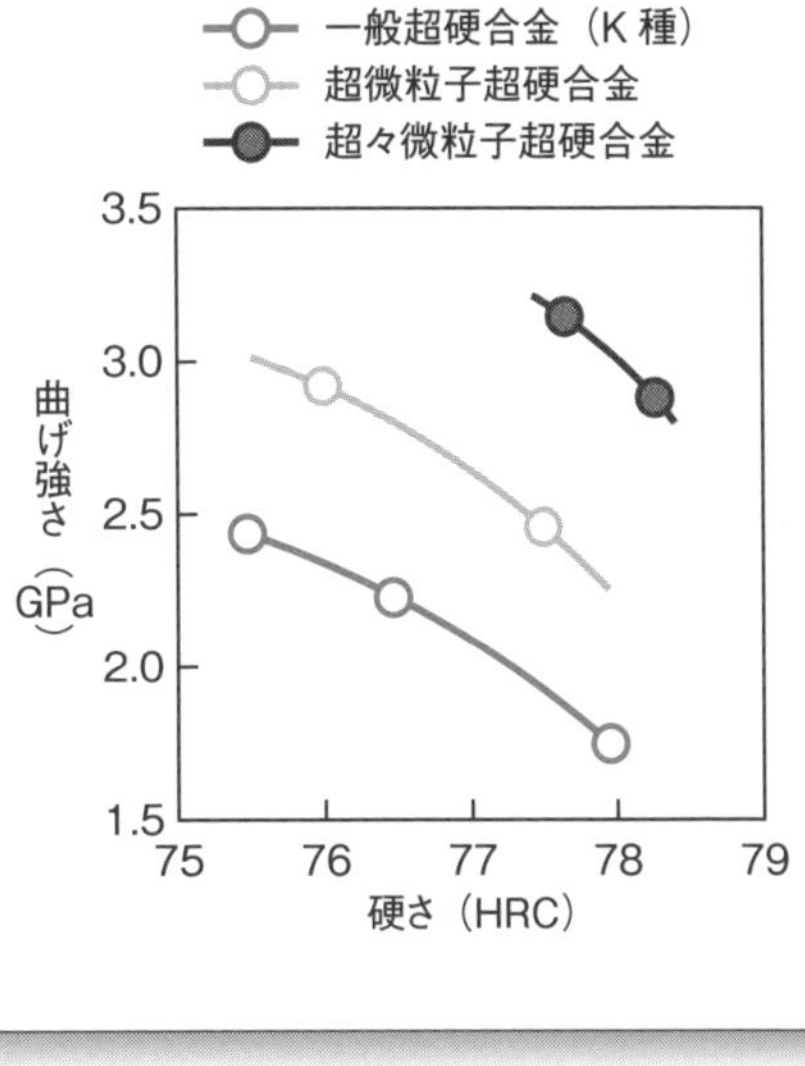

15 サーメットは鉄鋼材料の仕上げ加工に最適

サーメットは鉄との親和性が低い

切削工具材質の1つに「サーメット」があります。サーメットの主成分は炭化チタン（TiC）、窒化チタン（TiN）、炭化タンタル（TaC）、窒化タンタル（TaN）で、これらの粉末とコバルト（Co）、クロム（Cr）、ニッケル（Ni）などの金属粉末を混ぜ合わせ、焼き固めてつくられます。このように、粉末を金型に入れ、圧縮成形した後、溶融点以下の温度で加熱焼結して製品をつくる製法を「粉末冶金」といいます。サーメットも超硬合金も粉末冶金でつくられています。

サーメットの組織は超硬合金と同じで、小さなアーモンドが点在するチョコレートのような構造です。炭化チタン、窒化チタン、炭化タンタル、窒化タンタルがアーモンド、コバルト、クロム、ニッケルがチョコレートに相当します。

サーメットの最大の特徴は超硬合金の主成分である「タングステン」をほとんど含有していないことです。タングステンは鉄との親和性が高く、合金化しやすい性質をもつため、炭化タングステンが主成分である超硬合金で鉄鋼材料を削ると、チップ先端に溶着（溶けた材料が刃先に付着する現象）が生じやすい一方、炭化チタン、炭化タンタルは鉄との親和性が低いため、炭化チタンおよび炭化タンタルを主成分とするサーメットは鉄鋼材料を削っても溶着が生じにくいです。このため、サーメットは鉄鋼材料の仕上げ加工に多用されます。

ただし、チタンおよびタンタルは熱伝導率が低いため、切削工具の刃先に熱が溜まってしまう不都合があり、「熱伝導率」と「粘り強さ」を向上させるためサーメットには少量のタングステンが添加されているので、溶着が全く発生しないとはいえません。

サーメット（cermet）はセラミックと金属の両方の性質を具備しているという観点から、セラミック（ceramic）とメタル（metal）の頭三文字を足し合わせて名づけられました。

要点BOX

- ●サーメットの主成分はチタンとタンタル
- ●タングステンをほとんど含有していない
- ●サーメットは溶着が発生しにくい

鉄との親和性

炭化チタンは鉄と不仲　　タングステンは鉄と仲良し

サーメットのつくられ方

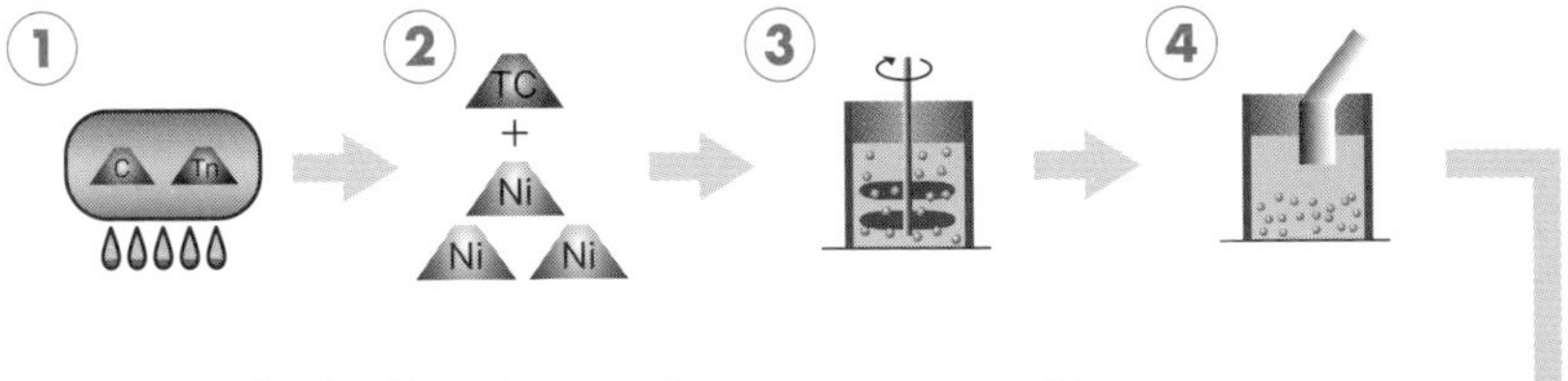

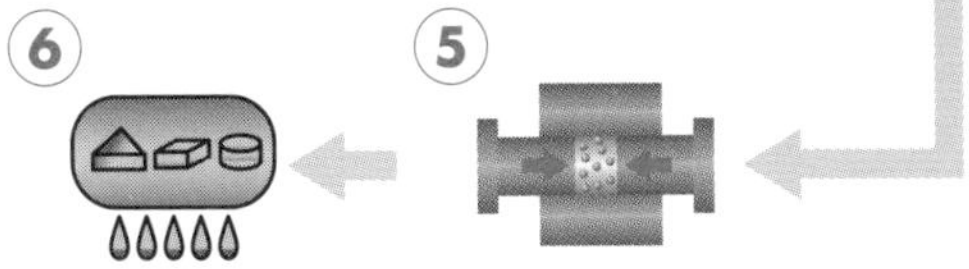

① チタンと炭素を蒸し焼きにして炭化チタンを作る。
② ニッケルなどを加える。
③ 成分粉末を混合する。
④ 乾燥、造粒を行う。
⑤ 原料を型に入れて押し固める。
⑥ 焼結炉で焼き固め、サーメットが完成する。必要に応じて研削加工を行い、目的の形状に成形する。

サーメット（Cermet）の特性と名前の由来

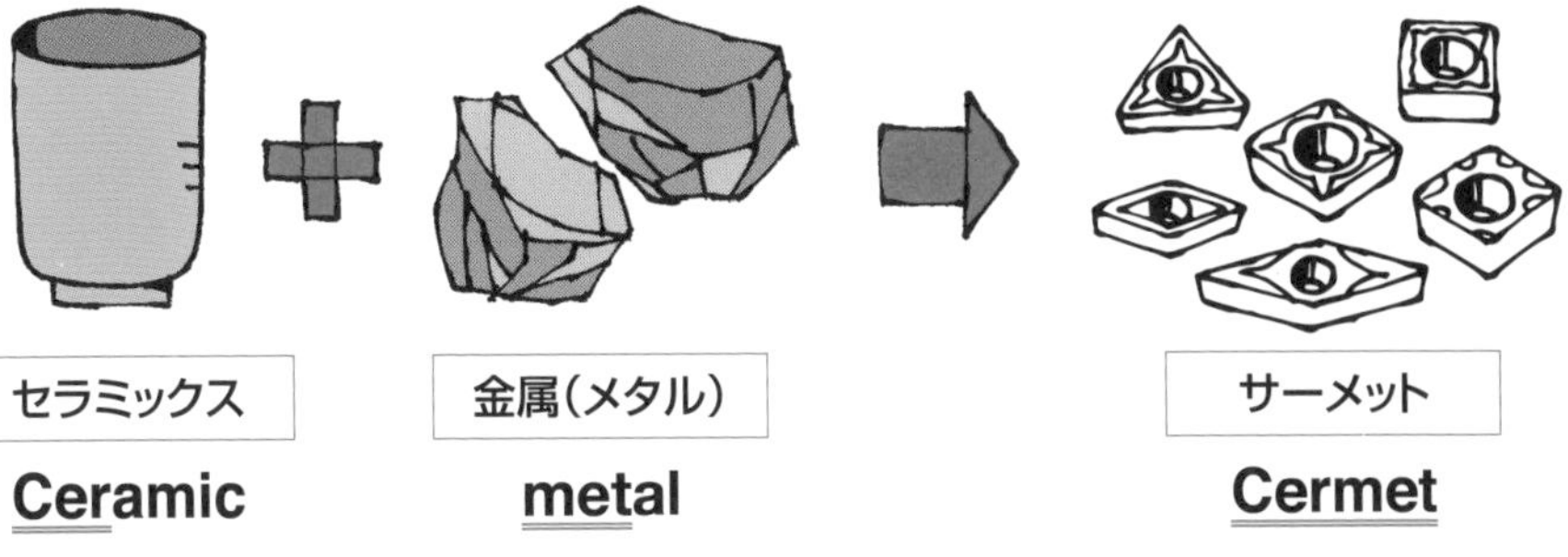

16 サーメットの正しい使用方法

サーメットは無垢でも優秀な切削工具

サーメットはチタンおよびタンタルの炭化物、窒化物、炭窒化物の粉末とコバルト、クロム、ニッケルなどの金属粉末を混ぜ合わせて焼き固めてつくられます。炭化物、窒化物、炭窒化物を一種のセラミックスと考えると、サーメットはセラミックスの優れた「硬さ（耐摩耗性）および耐熱性」と金属の「粘り強さ」をかけ合わせた優れた材料といえます。

セラミックスは狭い意味では陶磁器を示しますが、広い意味では粉末を焼き固めた焼結体を示すこともあります。サーメットの最大の特徴は鉄との親和性が低く、切削工具の刃先に溶着が発生しにくいことで、鉄鋼材料や鋳鉄の切削に適しています。また、サーメットは超硬合金よりもいく分硬いため、摩耗の進行が遅く、長時間の使用後も刃先の鋭さが保たれる特徴があり、切削抵抗を低く維持することができます。つまり、長時間高精度な加工が可能で、光沢のある仕上げ面が得られやすいことから、特に仕上げ加工に適しています。旋盤を使用した鉄鋼材料の端面加工では、回転中心に近くなるほど適切な切削速度が得られず、切削熱の低下によって仕上げ面が白濁しますが、サーメットでは溶着しにくい特性をもつため、切削速度が低い領域でも比較的きれいな仕上げ面を得ることができます。ただし、サーメットは切削速度が80m／min以下の低い速度で使用すると、摩耗が早く、工具寿命が短くなる傾向があるので長時間の低切削速度による使用は避けたほうがよいでしょう。

サーメットは硫黄や鉛などが含まれている快削鋼の切削では摩耗が早く進行し、工具寿命が短くなるため適しません。最近では、耐摩耗性を高めるためにコーティングサーメットも市販されていますが、無垢のサーメットを使用して工具寿命が短い場合にコーティングサーメットを使うのがよいでしょう。サーメットは優秀な切削工具材質なので、コーティングサーメットと使い分けることが大切です。

要点BOX

- サーメットは仕上げ加工に適している
- サーメットは低切削速度には不適
- サーメットは快削鋼には不適

サーメットはサファイヤと同じくらいの硬さ

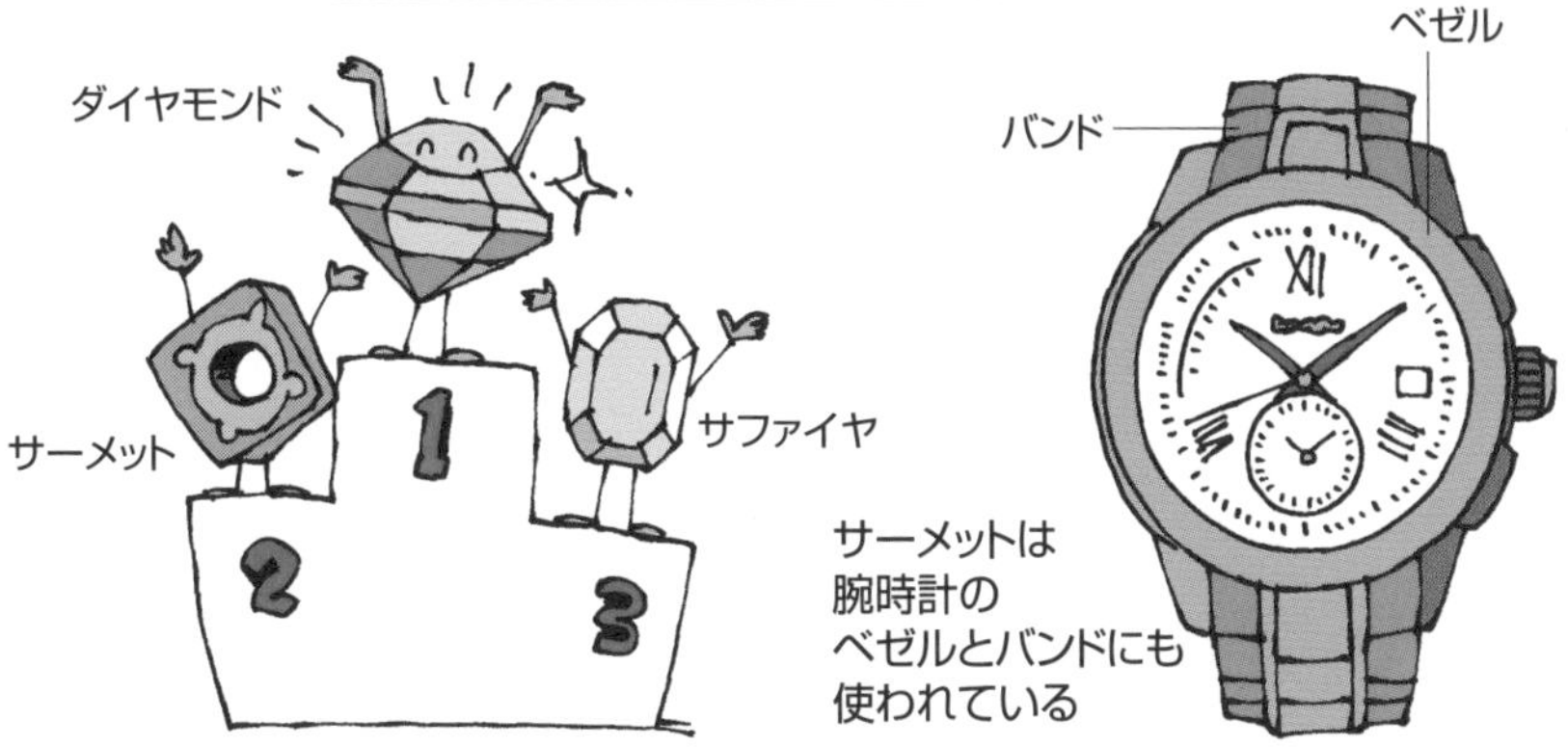

サーメットと超硬合金を用いた時の端面切削における仕上げ面の様子

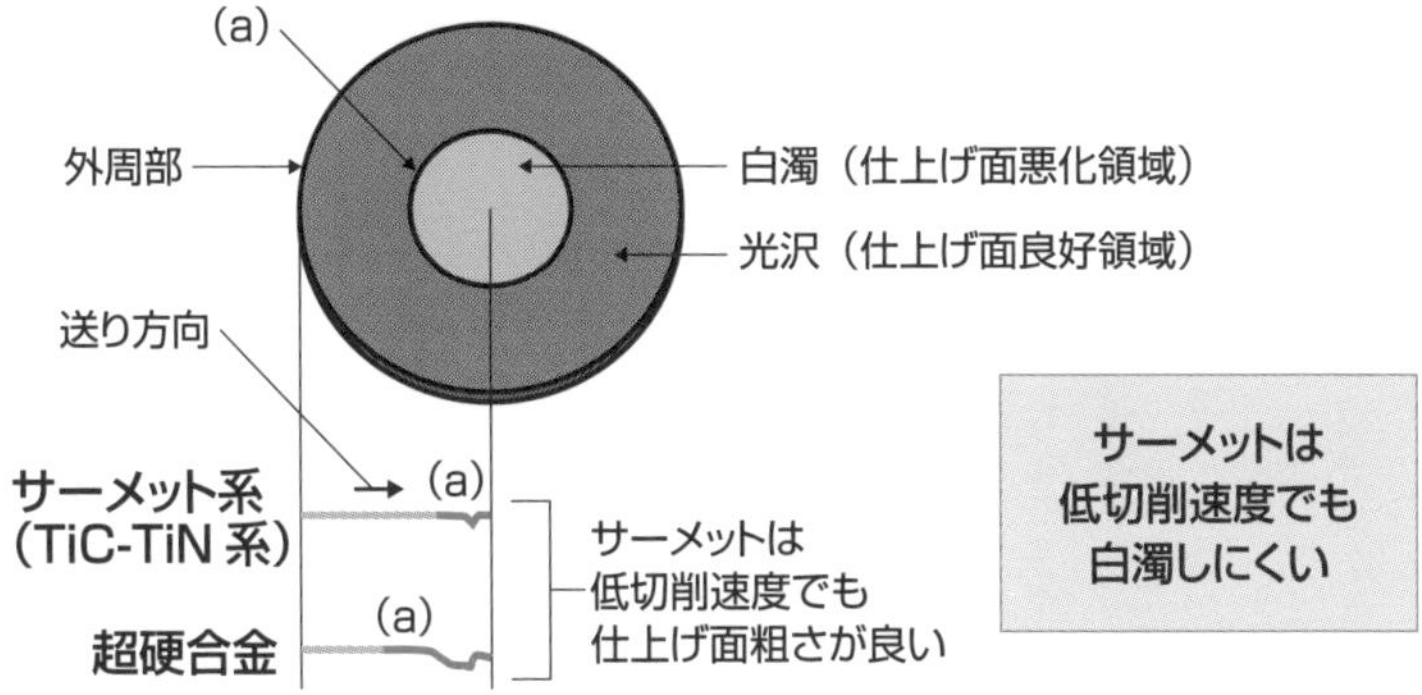

各種切削工具材種の粘り強さと硬さの関係

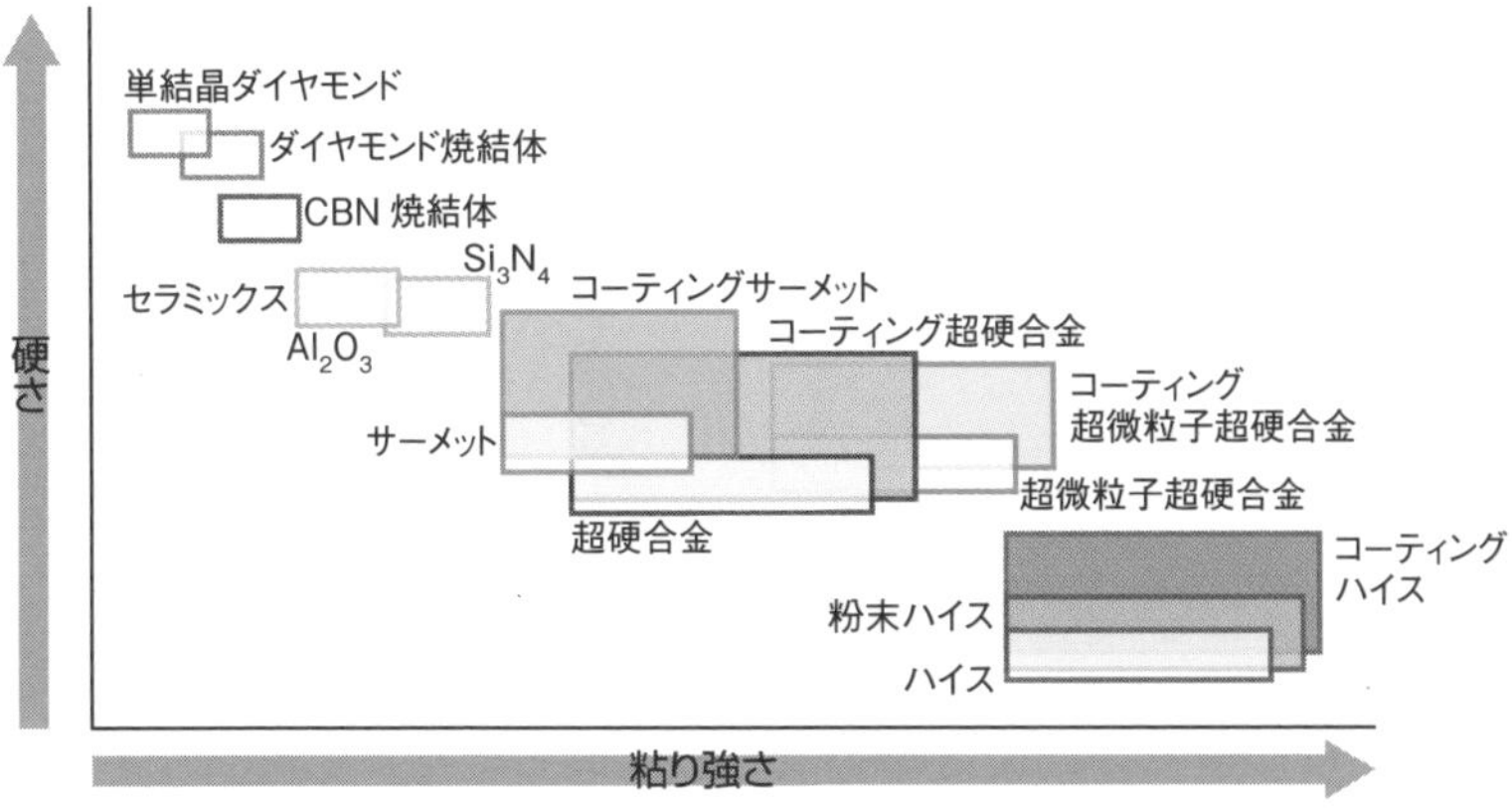

17 粉末ハイスは金属界の最強金属

溶解ハイス、コバルトハイス、粉末ハイス

切削工具材質の1つに「高速度工具鋼」があります。高速度工具鋼を英訳すると「ハイスピード・スチール（high-speed steel）」になるため、生産現場では頭文字を取って、「ハイス」と呼ばれることが多いです。高速度工具鋼を示す表記はＨＳＳとＳＫＨの２種類があります。ＨＳＳは国際標準化機構（ＩＳＯ）の表記方法で、high-speed steelの頭文字を取ったものです。ＳＫＨは日本産業規格（ＪＩＳ）の表記方法で、steel、kougu（工具）、high-speedの頭文字をとったものです。kouguはローマ字です。国際表示はＨＳＳ、国内表示はＳＫＨと覚えておくとよいでしょう。

高速度工具鋼は「タングステン系」と「モリブデン系」の２種類に大別できます。タングステン（Ｗ）とモリブデン（Mo）は親戚のような元素で、タングステン２％を含有した場合とモリブデン１％を含有した場合は同じ効果を得ることができます。モリブデン系はタングステン系に比べて「硬さ」と「粘り強さ」が優れています。

また、「タングステン系」と「モリブデン系」ともに「コバルト（Co）」を添加したものは添加しないものに比べて硬さ（耐摩耗性）が向上するため、コバルトが添加されたハイスを総称して「コバルトハイス」と呼ばれる場合があります。

通常の高速度工具鋼は鉄鋼材料と同じように鉄鉱石を炉で溶解し、型に入れてつくられますが、高速度工具鋼の粉末を高温高圧条件で焼き固めて（粉末冶金）つくった高速度工具鋼もあります。前者のように溶解でつくった高速度工具鋼は結晶が粗く、結晶粒も大きくなりますが、後者のように粉末冶金でつくった高速度工具鋼は結晶が緻密で、結晶粒も小さくなります。粉末冶金でつくった高速度工具鋼は「粉末ハイス」と呼ばれ、硬くて、粘り強く、切削工具材質として優れた性質を有します。溶解によってつくられる一般的な高速度工具鋼は「溶解ハイス」と呼ぶこともあります。

要点BOX

- 「ハイスピード」を略して「ハイス」と呼ぶ
- 国際表示はHSS、国内表示はSKH
- 粉末ハイスは焼結でつくられたもの

高速度工具鋼の記号と分類(JIS G 4403)

種類の記号	分類
SKH2 SKH3 SKH4 SKH10	タングステン系高速度工具鋼鋼材
SKH40	粉末や(治)金で製造したモリブデン系、高速度工具鋼鋼材
SKH50 SKH51 SKH52 SKH53 SKH54 SKH55 SKH56 SKH57 SKH58 SKH59	モリブデン系高速度工具鋼鋼材

各種切削工具材種の歴史

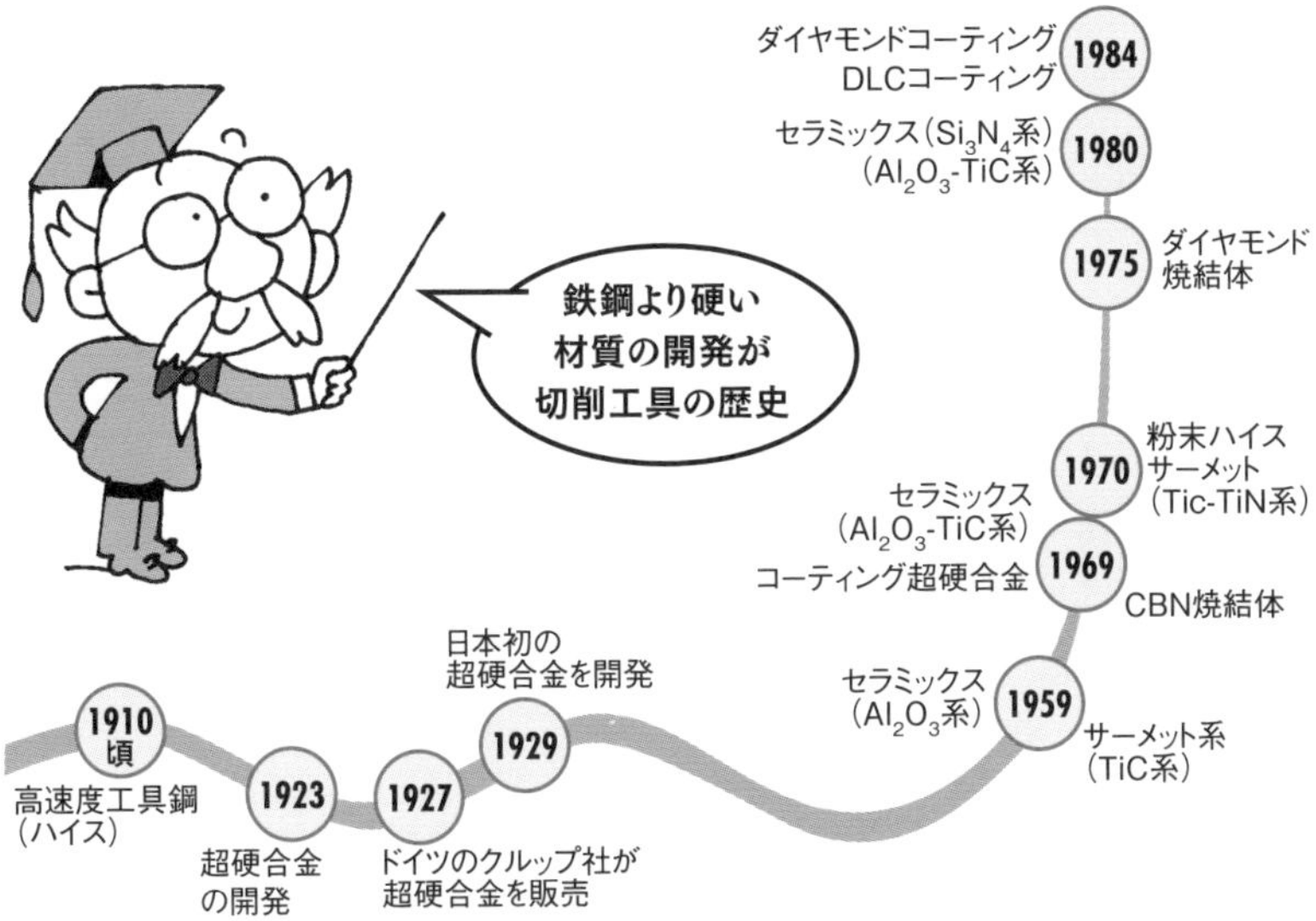

粉末ハイスのつくられ方

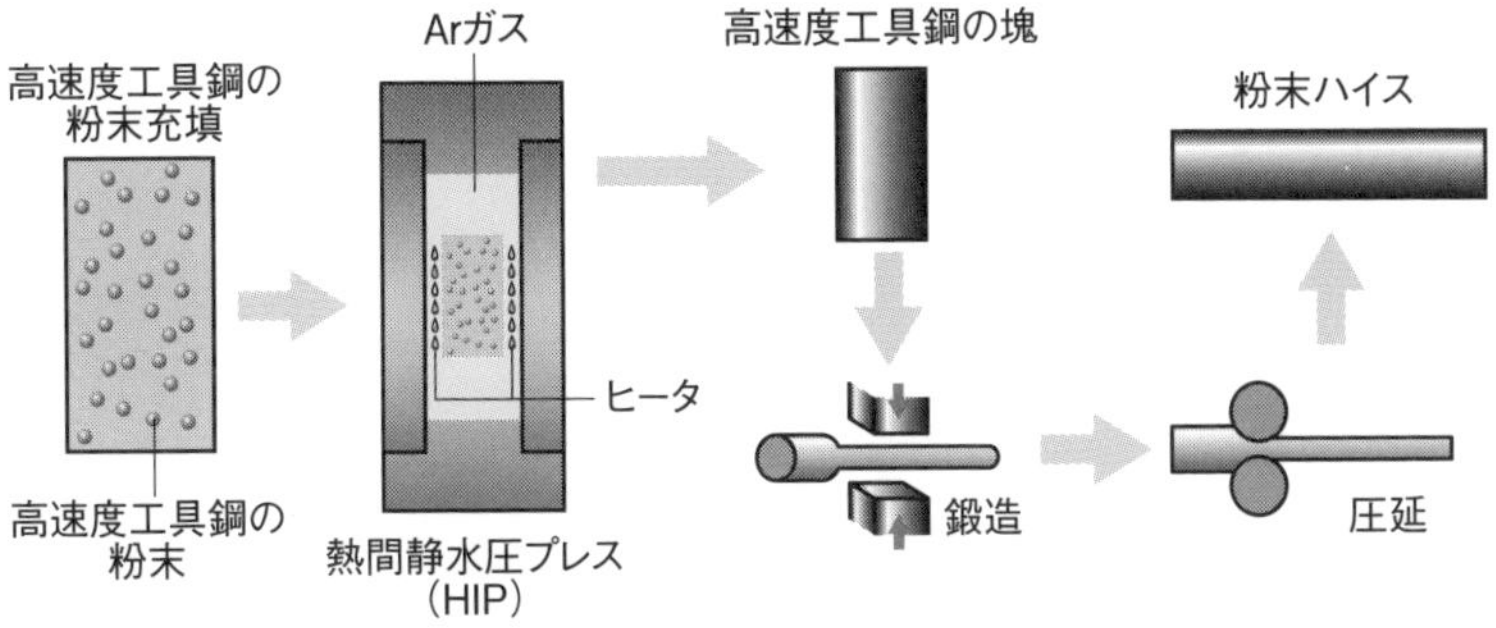

18 高速度工具鋼の使用上の注意点

高速度工具鋼は６００℃以上では使えない

高速度工具鋼は炭素鋼にタングステン、シリコン、モリブデン、硫黄、クロム、バナジウム、コバルトなどを比較的多く含ませた合金鋼です。一般に、炭素を含む鉄鋼材料は一定の温度に加熱した後、冷却することによって組織を変態させることができ、硬さや粘り強さを制御することができます。

鉄鋼材料を加熱・冷却することを「熱処理」といいます。高速度工具鋼（溶解ハイスおよび粉末ハイス）は約１２００～１３５０℃で焼入れした後、硬さ（二次硬化）と粘り強さを得るために約５３０～６３０℃で焼き戻しされます。このような熱処理を行うことにより、切削工具として必要な硬さと粘り強さを得ています。

高速度工具鋼は超硬合金と比べると、硬さ（耐摩耗性）が低い一方で、粘り強さが高いことが特徴です。ねじ切り加工を行うための切削工具であるタップは刃部と材料（工作物）との接触面積が大きいため、細いタップでは加工途中で折損することが多いです。このため、タップでは硬さよりも粘り強さが優先され、高速度工具鋼が多用されています。最近では超微粒子超硬合金製のものも多いです。

高速度工具鋼は温度依存性が高く、約６００℃以上になると硬さが急激に低下します。したがって、高速度工具鋼は切削点（切削工具が金属を削る点）が６００℃未満になる切削条件で使用することが必須となります。切削点の温度を直接測定することはできませんが、切りくずの色から間接的に切削点の温度を知ることができます。たとえば、鉄鋼材料では、切削点の温度が低い順から切りくずの色が薄黄色（３００℃）、褐色、紫色、すみれ色、濃青色、淡青色（６００℃以上）になります。したがって、高速度工具鋼を使用して鉄鋼材料を削る場合には、切りくずの色が紫色程度の切削条件が限界といえるでしょう。切りくずの色は「テンパカラー」と呼ばれます。

要点BOX

- ●熱処理で組織を変態させる
- ●組織を変態させることで硬さや粘り強さが得られる
- ●切りくずの色で間接的に切削点の温度を知る

高速度工具鋼の熱処理のプロセス

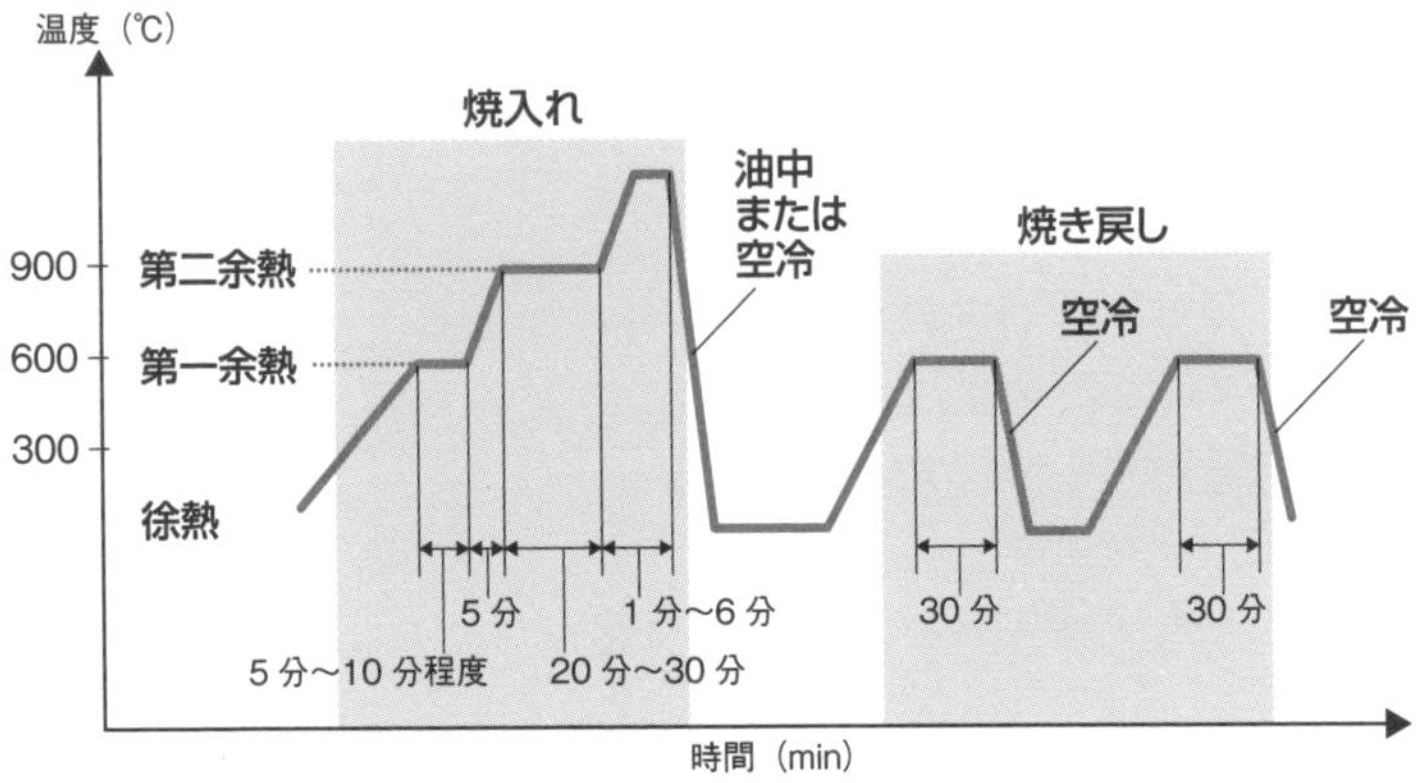

各種切削工具の温度と硬さの関係

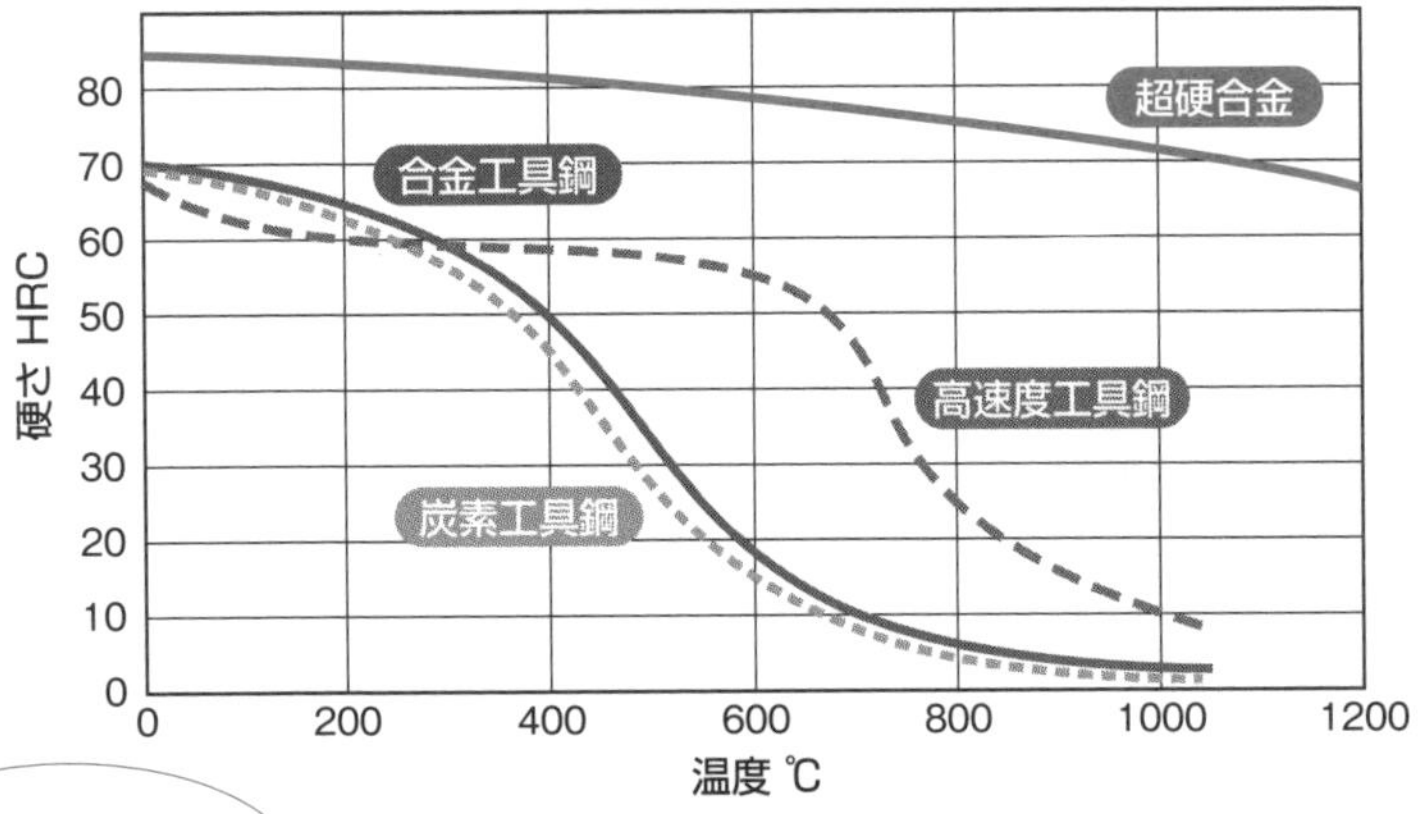

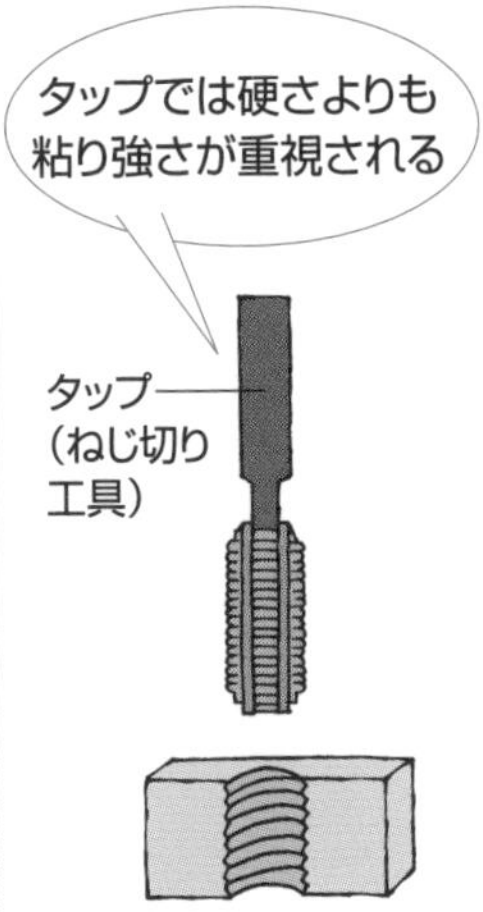

切りくずの色と切削点温度の関係

干渉色	切削点温度
薄黄色	約300℃
褐色	約350℃
紫色	約400℃
すみれ色	約450℃
濃青色	約530℃
淡青色	約600℃以上

19 コーティングは母材の性能を補い強化する

母材の表面を薄膜で覆った切削工具

コーティング工具は名前の通り、高速度工具鋼、超硬合金、サーメットなどを母材として、母材の表面を薄膜で覆った切削工具です。コーティングは母材の性質を強化、補完することを目的として施され、硬さ（耐摩耗性）、粘り強さ（耐衝撃性）、低摩擦性、非凝着性、耐熱性などの特性を得ることができます。お祭りの露店で見られるチョコバナナやリンゴあめも母材にコーティングをしています。コーティングの膜厚は一般に3～5㎛程度です。代表的なコーティング材質はダイヤモンドライクカーボン（DLC）、窒化チタン（TiN）、窒化チタンカーバイト（TiCN）、窒化チタンアルミニウム（TiAlN）、炭化チタン（TiC）、窒化クロム（CrN）、酸化アルミニウム（Al_2O_3）などです。窒化チタン（TiN）と炭化チタン（TiC）はサーメットの主成分です。

各種コーティング材質の基本特性は次のとおりです。ダイヤモンドライクカーボン（DLC）は低摩擦性と非凝着性、窒化チタンカーバイト（TiCN）は耐摩耗性（TiCより硬さが低いが、TiNより硬く、摩擦係数が低い）、窒化チタンアルミニウム（TiAlN）は耐熱性、炭化チタン（TiC）は耐摩耗性、窒化クロム（CrN）は非凝着性と耐熱性に優れています。コーティングには1種の材質をコーティングした「単層膜」と2種以上の材質をコーティングした「多層膜」があります。

一般には「単層膜」に比べ「多層膜」の方が優れています。単層膜は外観色からコーティング材質の種類をある程度判別でき、ダイヤモンドライクカーボン（DLC）は黒色、窒化チタン（TiN）は金色、窒化チタンカーバイト（TiCN）は赤紫～灰色、窒化チタンアルミニウム（TiAlN）は赤紫色～濃黒色、炭化チタン（TiC）は黒色～銀色、窒化クロム（CrN）は銀色です。多層膜は外観色は最も外側のコーティング材質の色に起因するので、外観色からコーティング材質を判別することはできません。

要点BOX

- ●チョコバナナやリンゴあめもコーティング
- ●コーティング材質によって特性が異なる
- ●単層膜と多層膜がある

コーティング切削工具は現在の主流

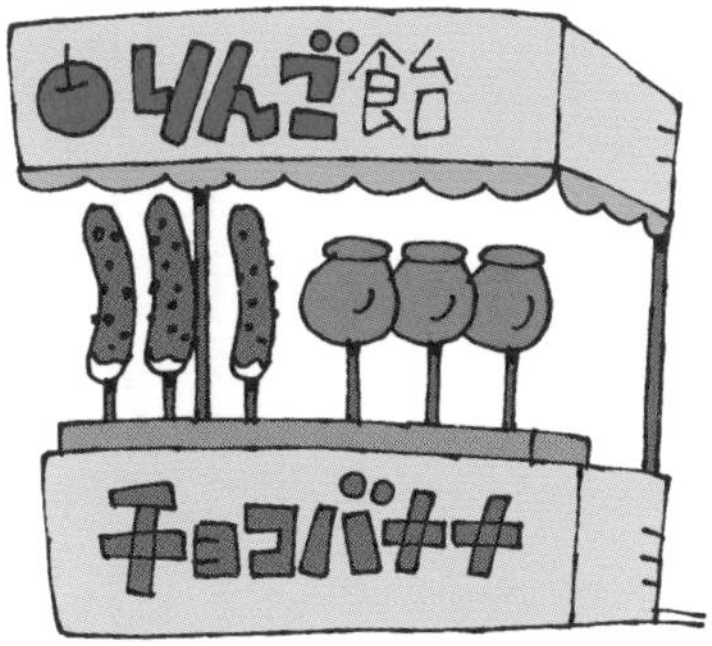

チョコバナナ、りんご飴は
コーティング工具の構造と同じ

コーティングは母材を保護し、強化する

コーティング層の種類

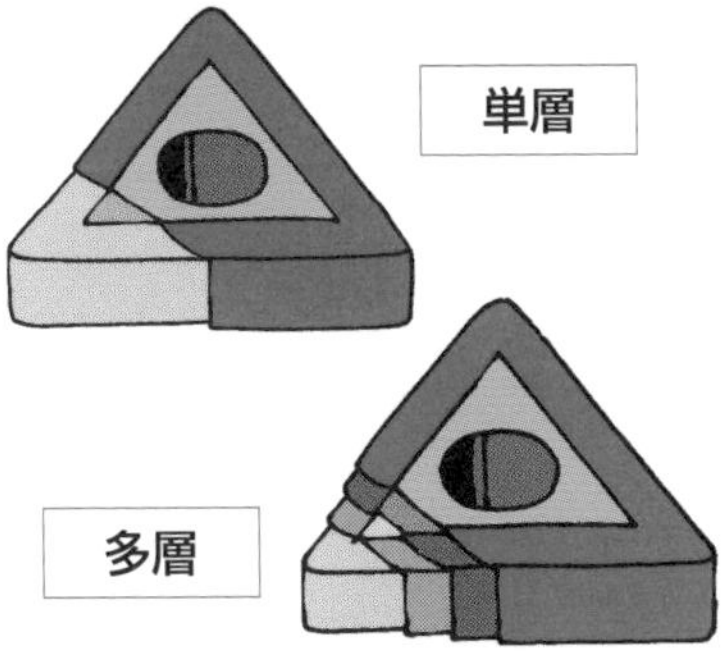

刃部の表面は摩擦を小さくするため、
滑らかなほうがよい

各種コーティング材質の基本特性の目安

膜の種類	機能			
	耐摩耗性	低摩擦性	耐凝着性	耐熱性
DLC	○	◎	◎	×
TiN	○	△	△	△
TiCN	◎	△	△	△
TiAlN	○	△	△	◎
TiC	◎	○	△	×
CrN	○	○	◎	◎

20 CVD法とPVD法

コーティングは母材の性能を補完する

現在、母材にセラミックス薄膜を施したコーティング工具が主流です。コーティングには高硬度、耐酸化抵抗、鉄（Fe）との凝着反応の抑制の効力があり、セラミックス膜の多元素化と膜層の多層化によって進化してきました。コーティング薄膜の成膜法にはCVD：Chemical Vapor DepositionとPVD：Physical Vapor Depositi onの2種類があります。CVDは均一で密着性が優れていること、高純度で結晶性が高く多種多様な薄膜が成膜できること、多層膜、厚膜が簡単に得られることなどの特徴があります。PVDは600℃以下の低温で密着性が良いこと、薄膜であることなどの特徴があります。

一般に、コーティング工具の耐摩耗性はコーティング膜の厚みに依存します。工具寿命を延命したい場合にはコーティング膜の厚いCVD法を選ぶとよいでしょう。ただし、コーティング膜が厚くなると、膜種であるセラミックスの特性（粘り強さ（靭性）が低い、熱伝率が低い）によって欠損しやすくなります。とくに切削油剤を供給しながらのフライス加工（湿式の断続切削）では加熱・冷却の繰り返しによる熱亀裂（サーマルクラック）が生じやすくなります。この場合は膜厚が薄くなるPVDを選ぶとよいでしょう。あるいは切削油剤を使用しない乾式で加工することも有効です。基本的に旋削加工（連続切削）にはCVD、フライス加工（断続切削）にはPVDという使い分けになります。CVD、PVDともに薄膜には残留応力が蓄積しますが、高温で成膜されるCVDは母材とセラミックス薄膜との熱膨張係数の差により引張応力が残留し、母材の強度が低下します。PVDでは圧縮応力が残留し、母材強度はほとんど低下しません。

各種コーティング膜には酸化温度があり、切削点温度が酸化温度を超えるとコーティング膜が酸化し、コーティング性能が失われる（密着性が低下し、剥離する）ため、工具摩耗が著しく進行します。

要点BOX

- ●多元素化と膜層の多層化によって進化した
- ●連続切削にはCVD、断続切削にはPVD
- ●酸化温度を超えるとコーティング性能を喪失

CVD、PCDの使い分けの目安

工作物材質	主な製品・部品(一例)	CVD	PVD
合金鋼、炭素鋼	自動車部品、機械部品	○	◎
ステンレス鋼	産業機器、タービン	○	◎
ステンレス鋳鋼	ハウジング	◎	○
鋳鉄(高速加工)	シリンダブロック	◎	○
チタン合金	航空機部品	—	◎
耐熱合金	航空機部品	—	◎
高硬度材	金型	—	◎
非鉄金属	シリンダブロック	—	○
CFRP	航空機部品	—	○

コーティング組成多元素化技術推移

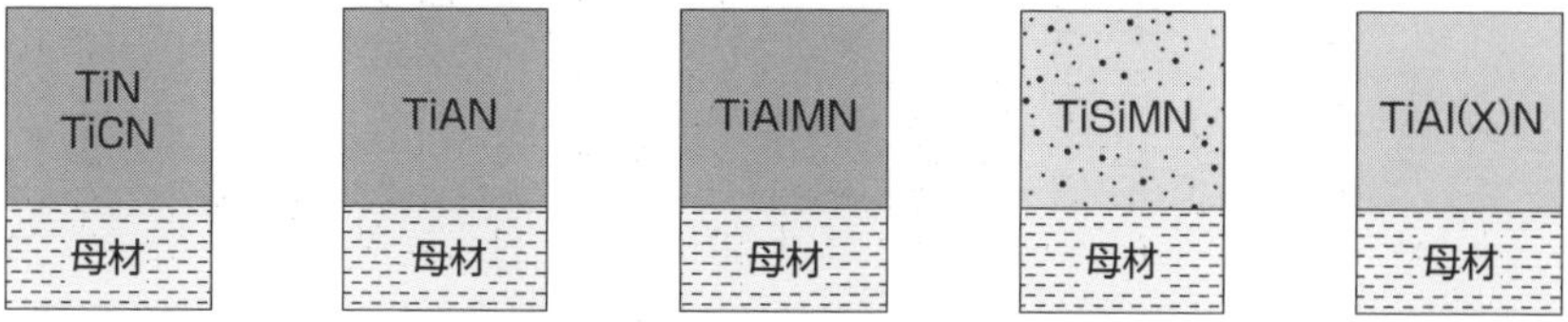

(a) 単純組成　(b) 三元素組成　(c) 四元素組成　(d) 合成　(e) 超多元素組成

コーティング多層化技術推移

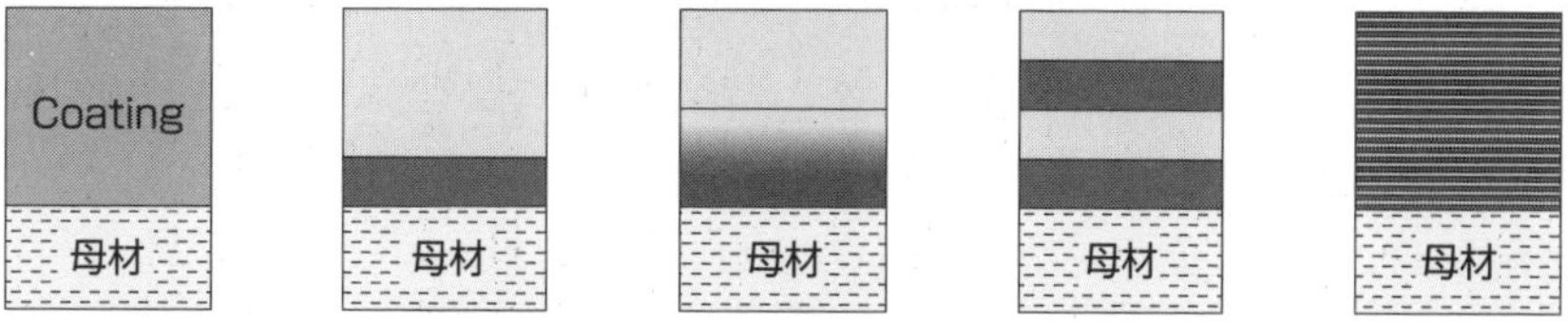

(a) 単層　(b) 2層　(c) 傾斜組成層　(d) 多層　(e) 積層

CVDとPCDの特徴と主な用途

	CVD(化学蒸着法)	PVD(物理蒸着法)
原理	化合物・単体のガスを原料とし、化学反応させてコーティングする	加熱・スパッタなどの物理的な作用により、原料金属を蒸着・イオン化させてコーティングする
膜質	TiC、TiN、TiCN、Al_2O_3など	TiC、TiN、TiCN、TiAlN、CrNなど
コーティング温度	800～1000℃	400～600℃
密着力	密着力が高い	CVDより劣る
応力	引張応力(1GPa程度)	圧縮応力(—2GPa程度)
強度	母材より強度劣化あり、抗折力で50～80%	母材の強度と同じ
膜厚	5～20μm	0.5～5μm
主な用途	厚膜を必要とするとき(断熱)、耐摩耗性が必要とされるとき、粗加工	シャープエッジを必要とするとき、機械、熱的衝撃が加わるとき、耐抗折強度を必要とするとき
	旋削加工・(一部フライス加工)	フライス加工(ドリル・エンドミル)・高精度加工

Column

日本は高齢先進国

65歳以上の人口が総人口の14%を超えると、その国は高齢国だといわれるそうです。２０２３年における日本の65歳以上の割合は約29%です。これは世界の国と比較して最高の割合で、今後予想される高齢化の増加傾向も日本が断トツの１位です。まさに日本は高齢化先進国といえます。

一方、一人の女性が一生に産む子供の平均数は約1.26人で、男性と女性（２人）から1.26人が出生するのですから人口は減少します。日本の人口減少は深刻な状況で、２０６０年には日本の人口は約９６００万人になると予測されています。２０２３年の日本の総人口が約１億２５００万人ですから、約40年間で２９００万人減少することになります。１年で約72万人減少するのです。山梨県や佐賀県の人口が約72万人ですから、今年で福井県がなくなり、来年には徳島県がなくなるスピードです。つまり、日本は高齢化、少子化両方において、世界のどこの国も経験したことがない未知の領域に入っているのです。

ここで、世界に目を向けてみると、２０２３年の世界人口は約80億人で、２０５０年には約97億人まで増えると予測されています。まさに人口爆発です。従来、日本企業（特に中小企業）は国内需要に向けて製品や商品をつくり提供して成り立ってきました。しかし前述のように、日本では人口が減るので国内需要は減少します。一方、世界規模では人口が増えるので国外需要は上昇します。つまり、グローバル社会といわれて久しいですが、本当の意味で世界に向けて製品や商品を提供することを考えないといけません。「世界に向けた商売づくりが重要」というと、文化や言葉の壁もあり、進展しないことが多いです。しかし、世界展開のポイントは一人でも多くの外国人にその企業がつくった製品や商品を好きになってもらうこと、ファンを増やすことだと思います。いわゆる「くちこみ」です。そして、ファンを増やすためには顧客が所望する品質を満たし、信頼を得ることが必要で、そのためには製品、商品をつくる生産現場（人材）を鍛えることが肝要といえます。

第3章

旋盤で使われる切削工具

21 バイトは旋盤で使用する切削工具

バイトの語源は木材加工で使用されるノミ

旋盤で使用する切削工具を「バイト」といいます。バイトの構造は「柄」と「材料を削り取る刃部」に分類され、木工加工で使用される鑿（ノミ）に似ています。金属を削る技術はメソポタミア地方（現在の中東地域）で誕生し、その後、ヨーロッパやアジアに広がり、紀元前200年頃（弥生時代初期）、中国、朝鮮を経由して日本に伝わったといわれています。鑿はドイツ語・オランダ語でバイテル（bitel）というので、構造が似ていることから旋盤で使用する切削工具もバイテルと呼ばれるようになり、その後、訛って「バイト」と呼ぶようになりました。また、英語で「切るや噛む」を意味するバイト：biteが語源という説もあります。

いずれにしても、バイトは日本で訛って生まれた名称なので、海外で「バイト」といっても通じません。バイトは英語で「カッティング・ツール（cutting tool）」といいます。なお、限られた期間や時間で仕事をすることを「アルバイト（略してバイト）」といいますが、アルバイトはドイツ語で労働の意味を示すアルビット（Arbeit）が語源です。

話は変わりますが、医学用語のアレルギーやガーゼ、ウィルスなどもドイツ語が語源です。このように、日本にはドイツ語が語源となった言葉が多いことから、古来よりドイツ（ヨーロッパ圏）の技術が日本に多く伝わったことがうかがえます。

バイトは柄の部分を「シャンク（shank）」、刃部を「チップ（tip）」といいます。チップ（tip）は「先端、頂点」という意味です。金属加工で生じる「切りくず」は英語で「チップ（chip）」というため、刃部と切りくずは同じ発音の「チップ」となり紛らわしいので注意が必要です。単純に「チップ」と言われた場合には、バイトの刃部を示すのか、切りくずを示すのか前後の文脈から判断することになります。バイトは構造（刃部とシャンクの締結方法）、刃部の材質、シャンクの材質、刃部の形状、用途などによっていろいろな種類があります。

要点BOX

- ●バイトは日本で訛って生まれた名称
- ●バイトは英語でcutting toolという
- ●刃部も切りくずもチップで同じ発音。紛らわしい

旋盤で使用するバイト

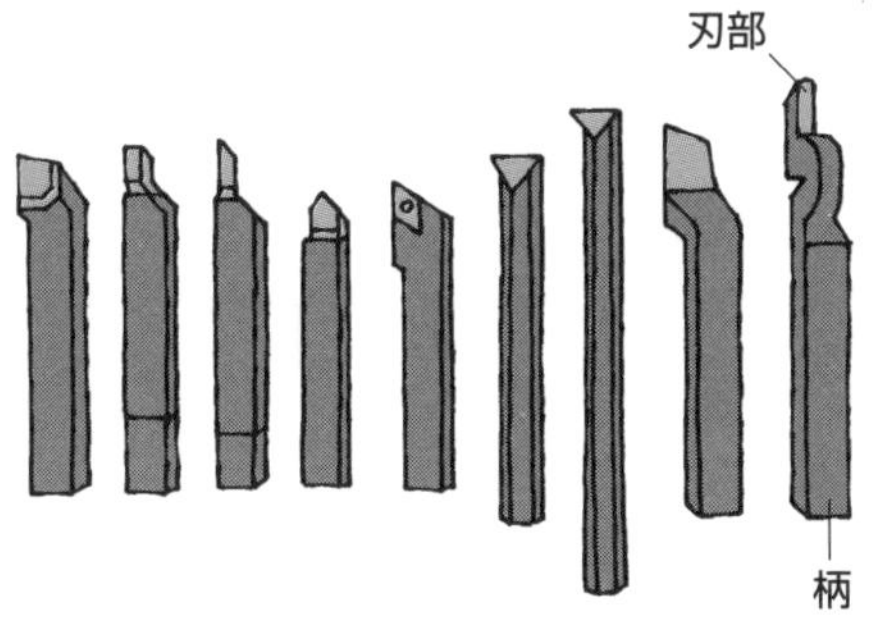

木工加工で使用する鑿

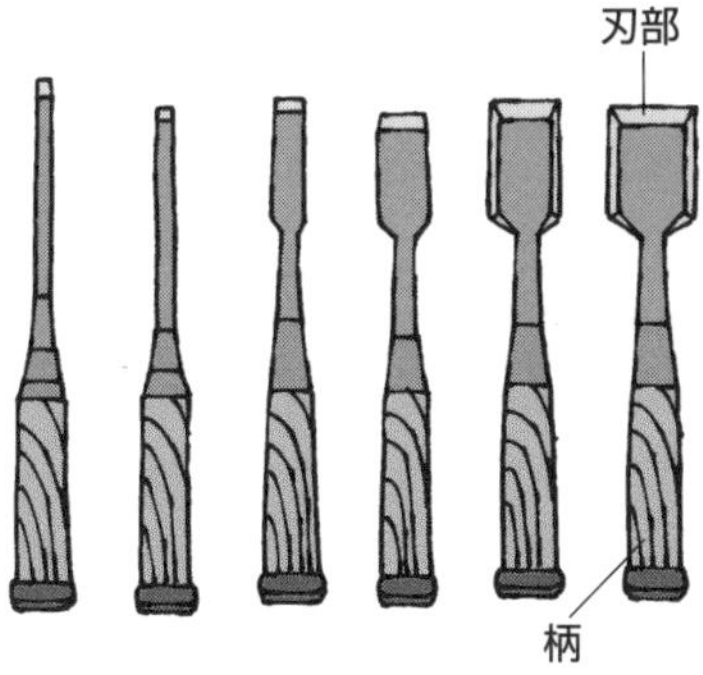

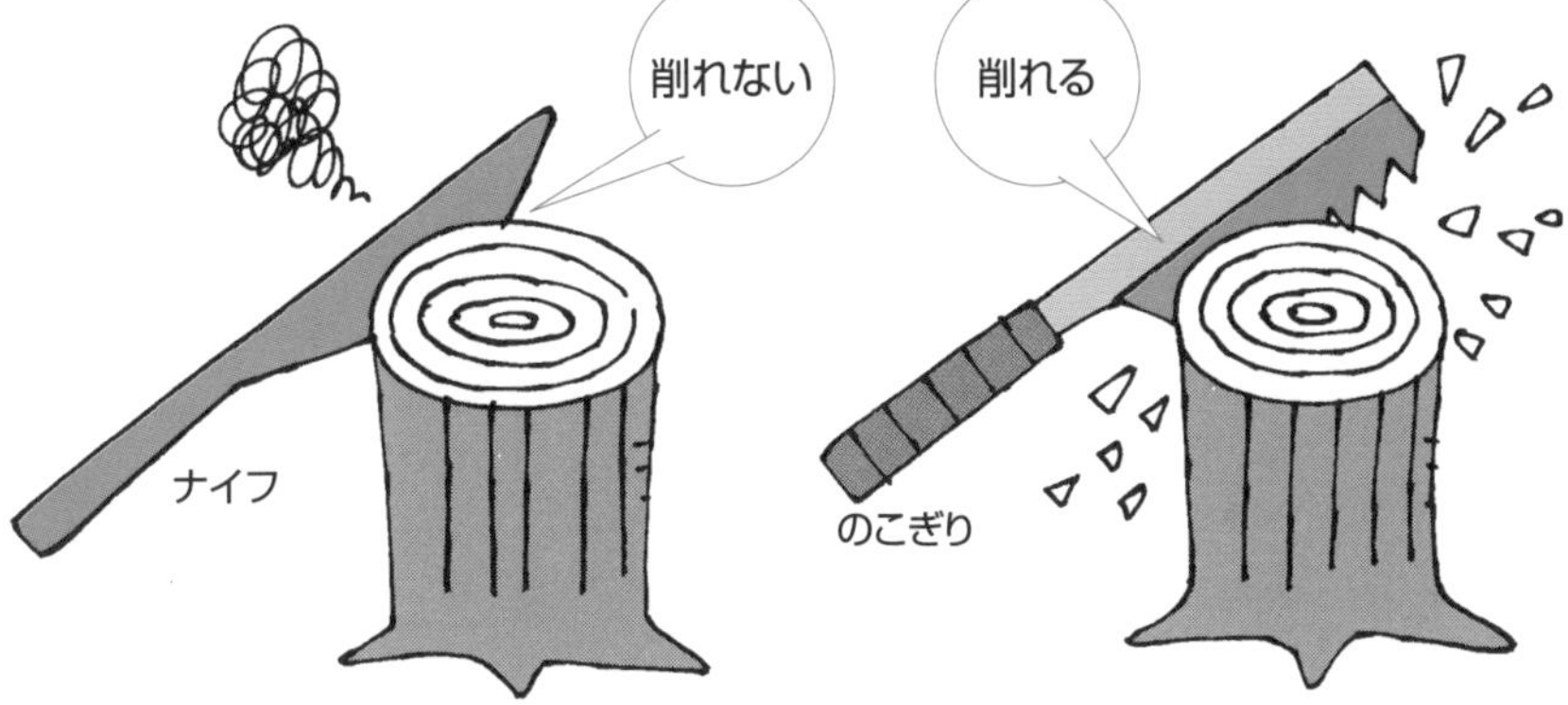

包丁で木は削れないが、ノコギリでは木が削れる……どうしてか?
（包丁もノコギリも材質は同じ炭素工具鋼）

旋盤加工における外径切削

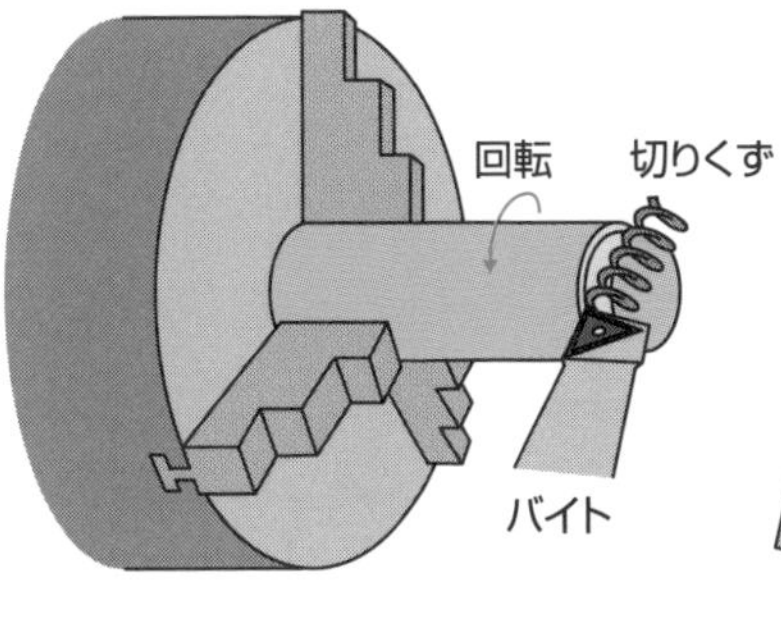

外径切削で得られる仕上げ面の条痕

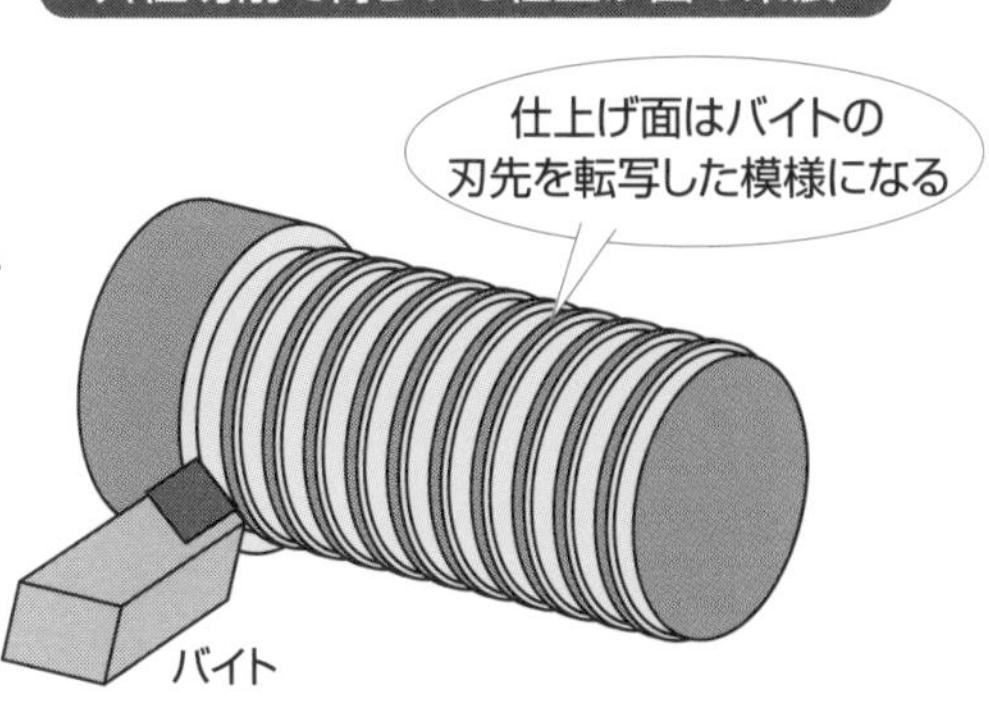

22 チップの主要部の名称

すくい角、コーナ半径、切れ刃が切れ味に影響する

バイトの構造は「材料を削り取る刃部」と「刃部を固定する柄」の2つに大別され、刃部を「チップ」、柄を「シャンク」といいます。また、チップとシャンクを合わせて「ボデー」といいます。チップの各部にも名称があり、材料を削る時に発生する切りくずが流れ出る面を「すくい面」、すくい面と垂直方向に位置する面を「逃げ面」、すくい面と逃げ面が交わる角部を「切れ刃」といいます。また、水平方向とすくい面のなす角（すくい面の傾き角）を「すくい角」、垂直方向と逃げ面がなす角（逃げ面の傾き角）を「逃げ角」といいます。「すくい角」は切れ刃が材料に食い込む角度で、すくい角が大きいほど切れ刃は材料に食い込みやすくなり、切れ味が良くなります。「逃げ角」は逃げ面が材料と接触しないように付けるための角度で、切れ味には影響せず、一般的には5°～10°程度です。逃げ角が0°では、逃げ面が材料と接触するため摩擦が生じ、良好な切削を行うことができません。

次に、チップのすくい面の先端を「コーナ」と呼びます。コーナは別名「ノーズ」ともいいます。ノーズ（nose）は鼻という意味で、鼻は顔の出っ張った先端部ですので別名の由来になったと思われます。一般に、コーナには丸みが施されており、丸みの半径を「コーナ半径（またはノーズ半径）」といいます。コーナ半径は加工面の仕上げ面粗さに影響し、理論的にはコーナ半径が大きいほど仕上げ面粗さは良くなりますが、実際には良くならないこともあります。そして、切れ味と工具寿命に影響するのが「切れ刃（すくい面と逃げ面の境界エッジ）」の鋭さです。切れ刃が鋭い場合には、材料に食い込みやすく切れ味は良くなる反面、尖っているため欠けやすくなります。一方、切れ刃が一定の丸みを帯びている場合には、材料に食い込みにくく切れ味は悪くなる反面、尖っていないので欠けにくくなります。切れ刃の強度を高めることを目的として切れ刃に丸みを施すことを「ホーニング」といいます。

要点BOX

- ●すくい角は切れ味に影響する
- ●逃げ角は材料と接触しないように付ける角度
- ●コーナ半径は仕上げ面粗さに影響する

切削の基本概念図

バイトの各部の名称

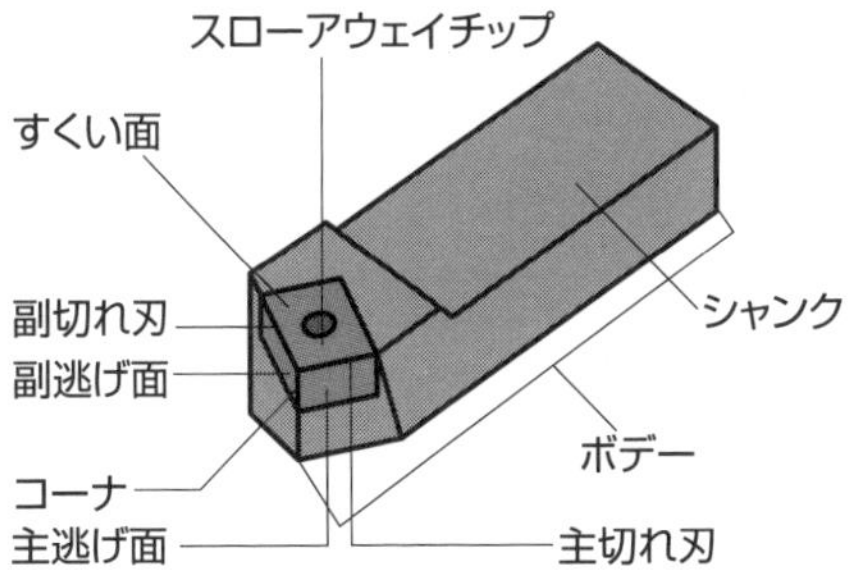

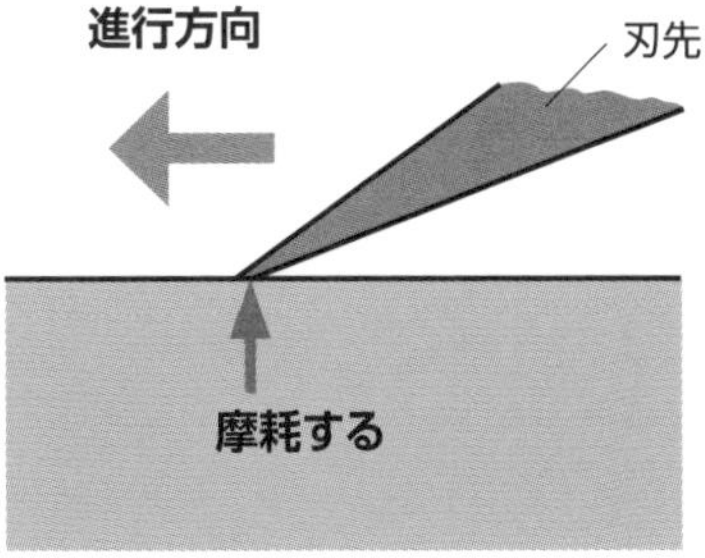

刃先は必ず摩耗する

外径切削の模式図

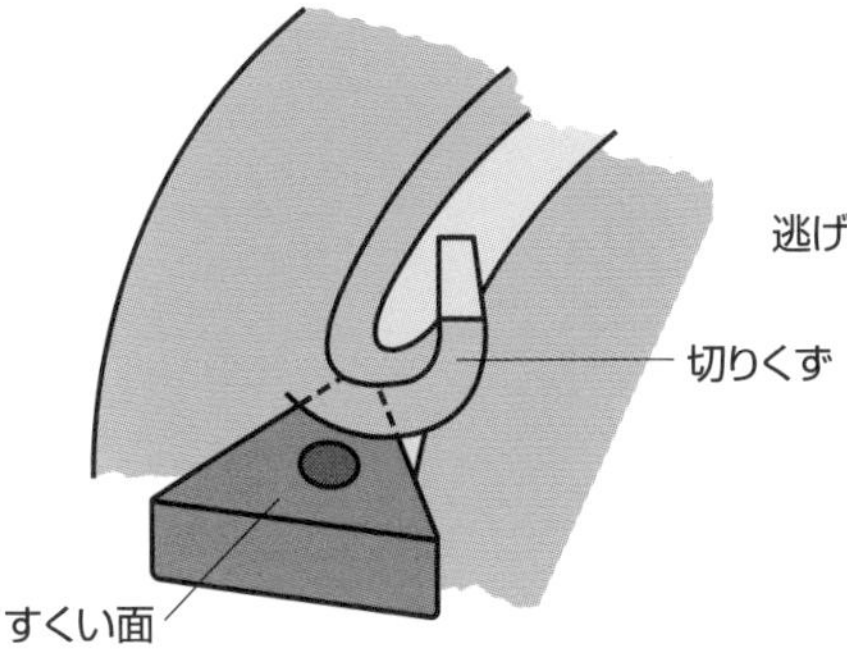

切りくずはすくい面を流れる

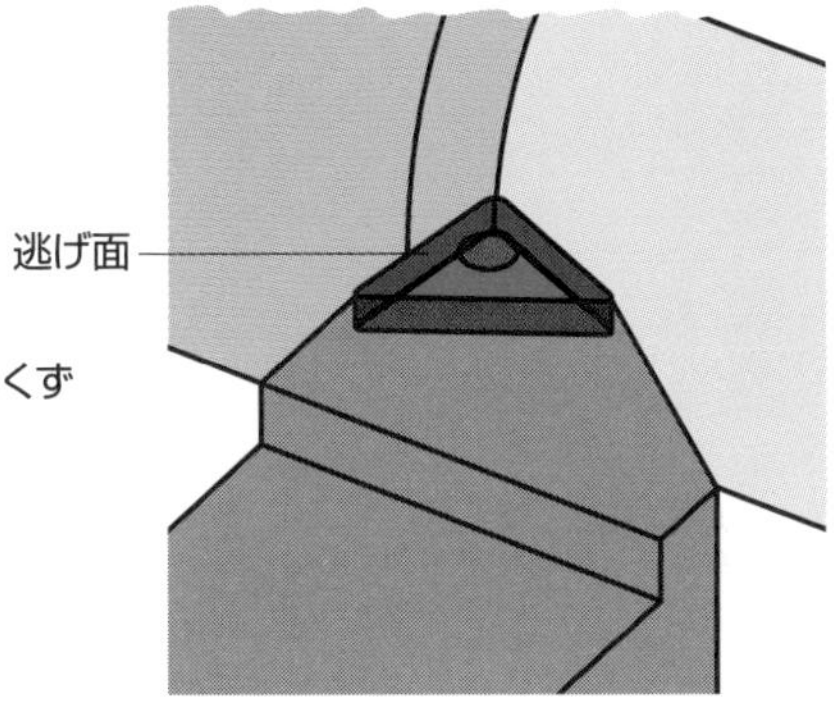

逃げ面は常に工作物と接触する

チップの主要部の名称

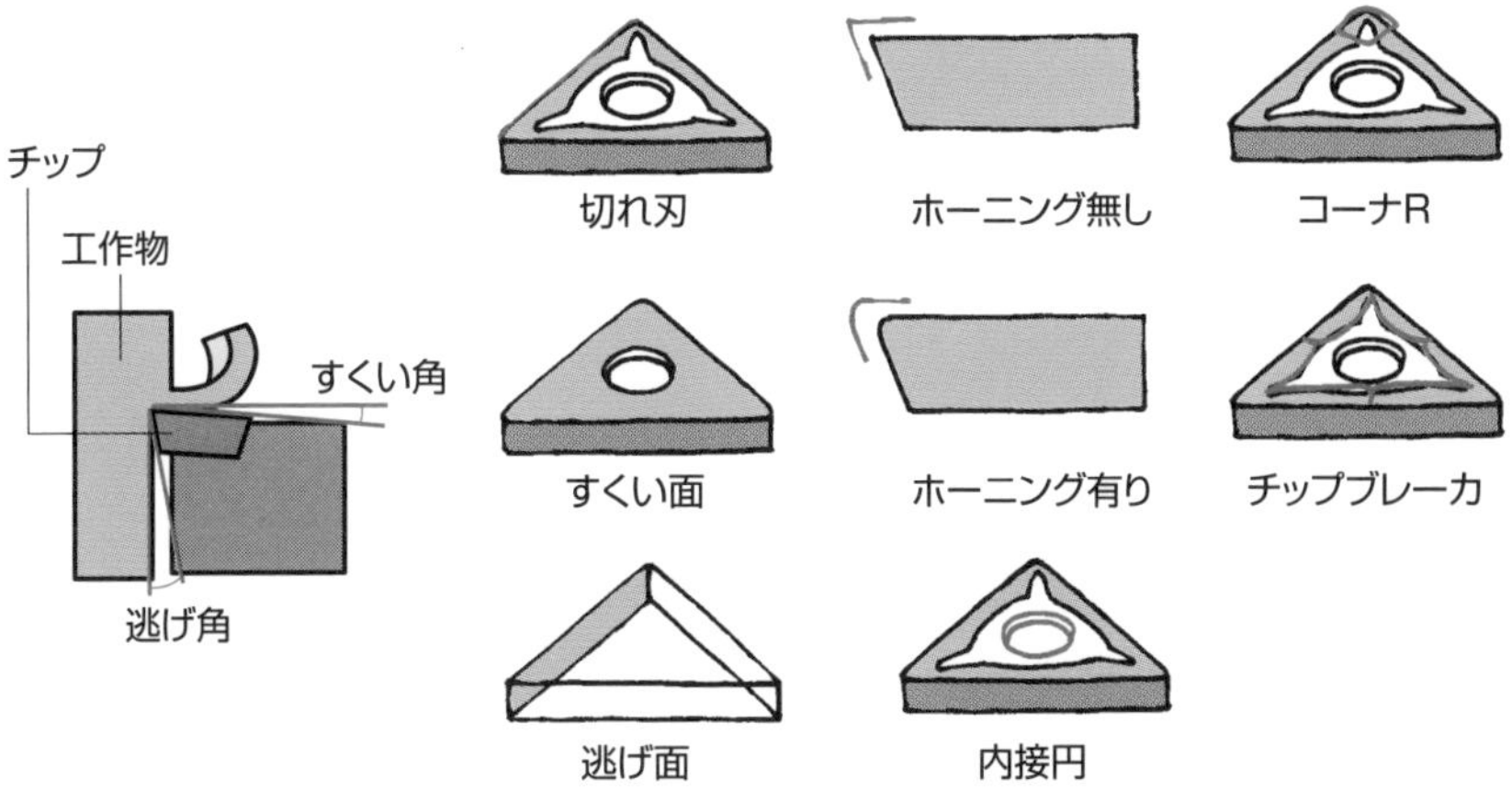

23 いろいろなバイトの形状

機械加工で得られる形状は刃部の形状を転写させたもの

近年、工業製品などはニーズの多様化にともない商品数が増えると同時に、機能に加えてデザイン性が重要視されるようになってきました。たとえば、スマートフォンを選ぶ基準の1つとしてデザインを重視される人も多いと思います。

商品のデザインが魅力的になることは、商品を構成する部品の形状が複雑になることを意味しています。したがって、部品をつくる製造メーカは日進月歩で技術力を向上させています。

さて、バイトの刃部の形状は削る形状に合わせて多種多様に必要になります。ギザギザのポテトチップスをつくる場合には、ギザギザの刃の包丁でジャガイモを切るのと同じです。日本産業規格（JIS）では、目的や用途に応じた旋盤用のバイトの基本形状を16種類規定しています。左図は多用される代表的なバイトの形状ですが、削る形状に合わせて多くのバイトが必要になることがわかります。

先に述べたように、近年、工業製品のデザインが複雑になっており、標準的な刃部では削ることができない形状も多く、生産現場では刃部をグラインダで成形し、形状を自作することもあります。ただし、近年ではNC工作機械（コンピュータ制御で複雑に動く工作機械）が主流になっているため、刃部の形状は単純でもバイトを自由自在に動かして複雑な形状を削れるようになっています。つまり、複雑な形状を削る方法には、「削る形状に合わせて刃部を成形する方法」と「バイトを自在に動かす方法」の2つがあります。

なお、穴の中を削る内径加工は切削点を直視できないので、切削点を透かして見るような想像力が問われ、切削状態の良否は音で判別します。特に穴が深くなるほど加工は難しくなり、音が甲高くなると振動が発生していると判断できます。切削点を直視できない内径加工は、作業者のスキルが試される加工です。

要点BOX
- ●JISではバイトの基本形状を16種類定義
- ●削る形状に合わせて刃部を成形する方法
- ●削る形状に合わせてバイトを自在に動かす方法

ギザギザ刃の刃物

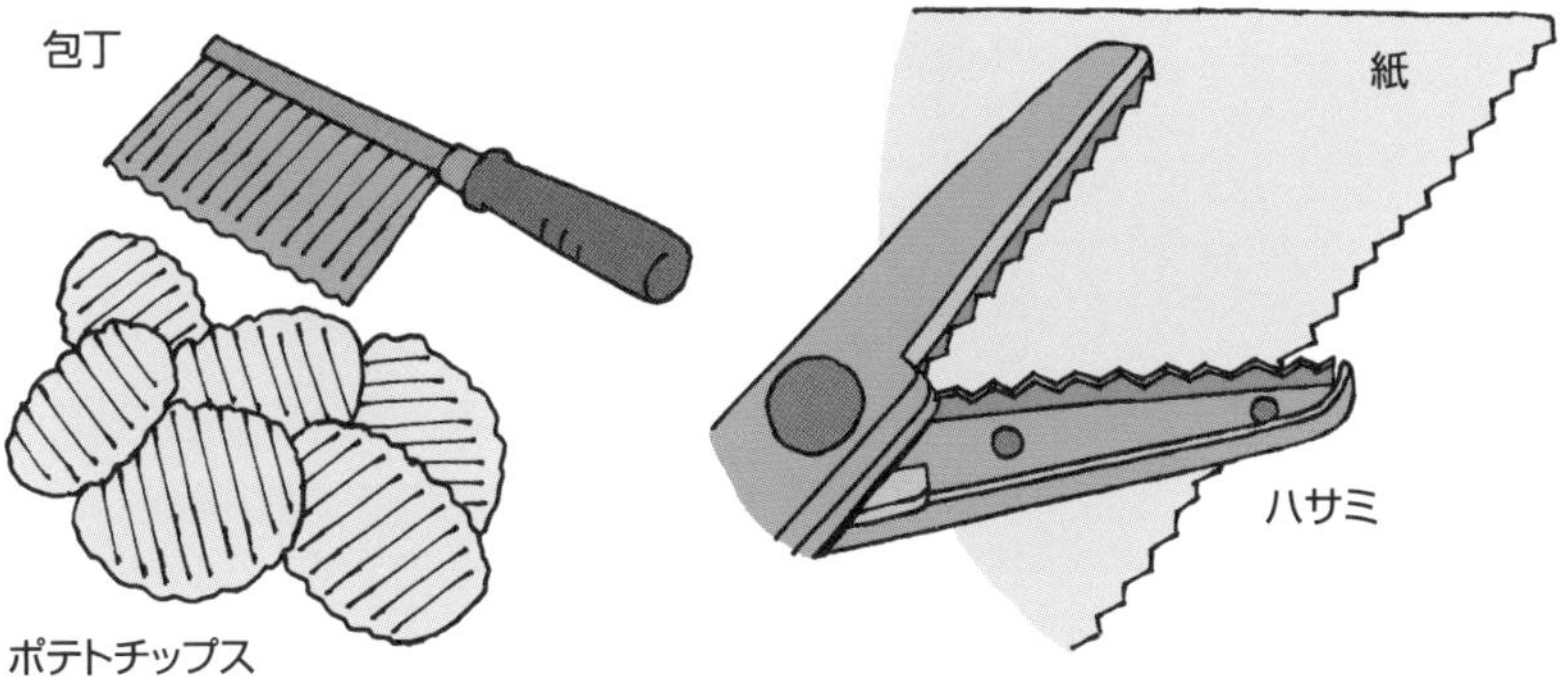

加工形状とバイトの形状

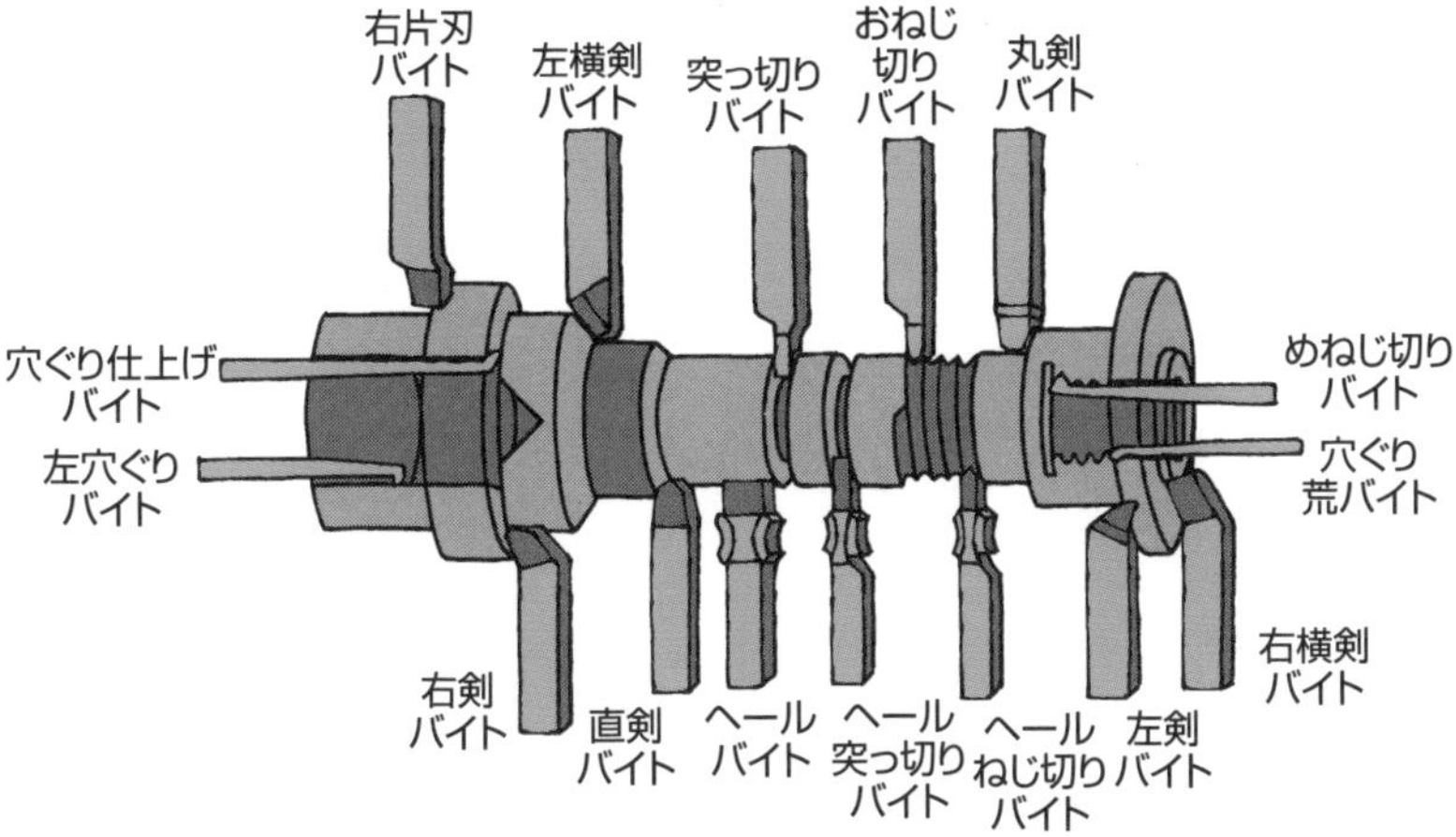

NC旋盤による加工の模式図

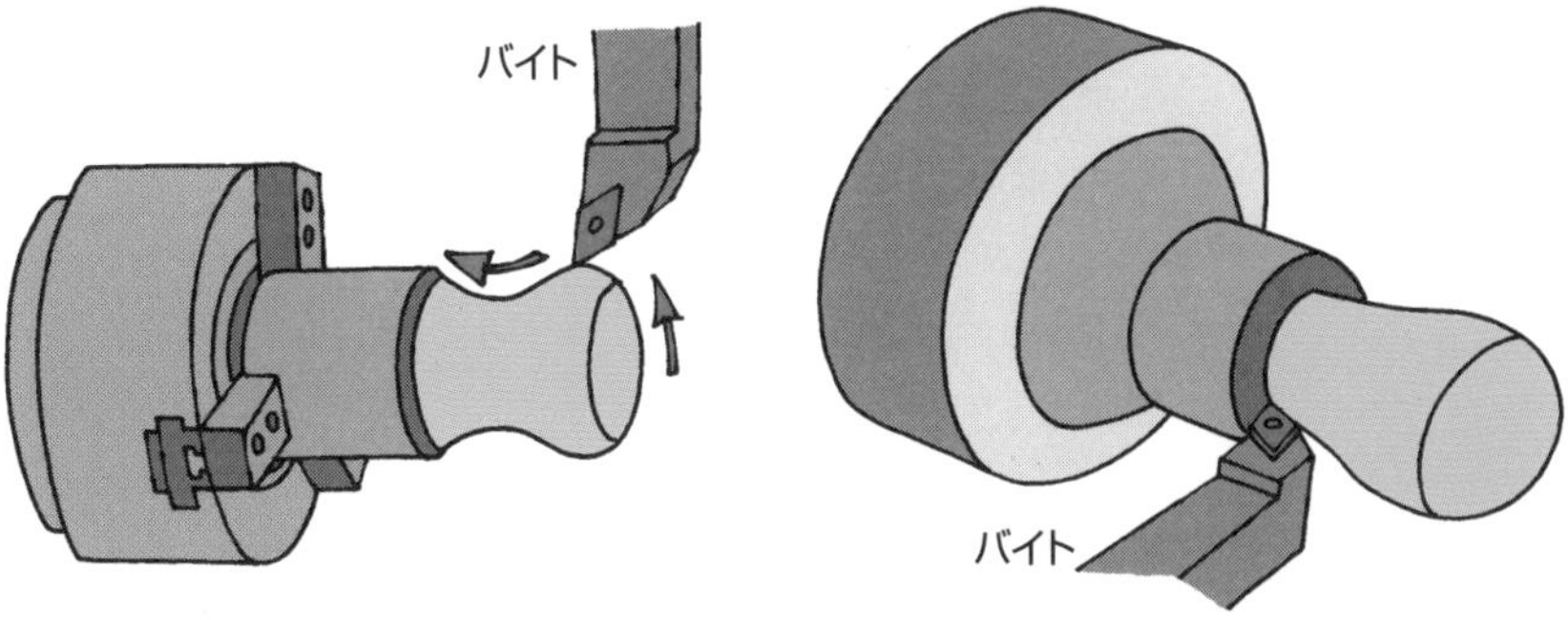

NC旋盤ではバイトを自在に動かして複雑な形状を加工できる

24 ホーニングとランド

切れ味の強度に密接に関係

チップのすくい面と逃げ面の角を「切れ刃」といいます。そして、切れ刃の欠けを防止する（強度を高める）ことを目的として、切れ刃に丸みや斜面を成形することを「ホーニング」といいます。切れ刃に丸みをつけることを「丸ホーニング」、切れ刃を斜めにすることを「チャンファホーニング（面取り）」といいます。

生産現場では、切れ刃の鋭利さを潰しているのでホーニングを「刃殺し」という場合もあります。ホーニングの幅が同じ場合、丸ホーニングはチャンファホーニングよりも刃先強度は強くなります。一方、丸ホーニングはチャンファホーニングよりも切れ味が悪く、多少切削抵抗が高くなります。チャンファホーニングはホーニング角度によって強度が変わり、一般に、ホーニング角度が大きいほど強度は高くなります。

ホーニングは切れ刃の欠けを防止するために必要な処理ですが、切れ刃の鋭利さが失われ切れ味が劣化するため、切れ刃が欠けない程度の最小の幅（大きさ）にすることが肝要です。一般に、ホーニング幅の目安は送り量の2分の1程度といわれています。刃先強度優先の場合（荒加工の場合）には丸ホーニング、切れ味優先の場合（仕上げ加工の場合）にはチャンファホーニングを選ぶとよいでしょう。ただし、アルミニウム合金など軟らかい材料を削る場合には、ホーニングを施さない場合もあります。

チップのすくい面の淵に帯状の平坦な面を設けることもあります。この平坦部を「ランド」といいます。ランドもホーニングと同様に、切れ刃の欠けを防止する（切れ刃の強度を高める）ために施されるものです。ランドの幅が大きいほど、切れ刃は欠けにくくなりますが、切れ味は劣ります。一方、ランドの幅が小さいほど、切れ刃は欠けやすくなりますが、切れ味は高くなります。切れ刃の切れ味と強度は、ホーニングとランドの組み合わせによって変わることを覚えておきましょう。

要点BOX

- ●切れ刃に丸みや斜面を成形することがホーニング
- ●すくい面淵の帯状の平坦な面がランド
- ●切れ刃の切れ味と強度は相反する関係

ホーニングの種類

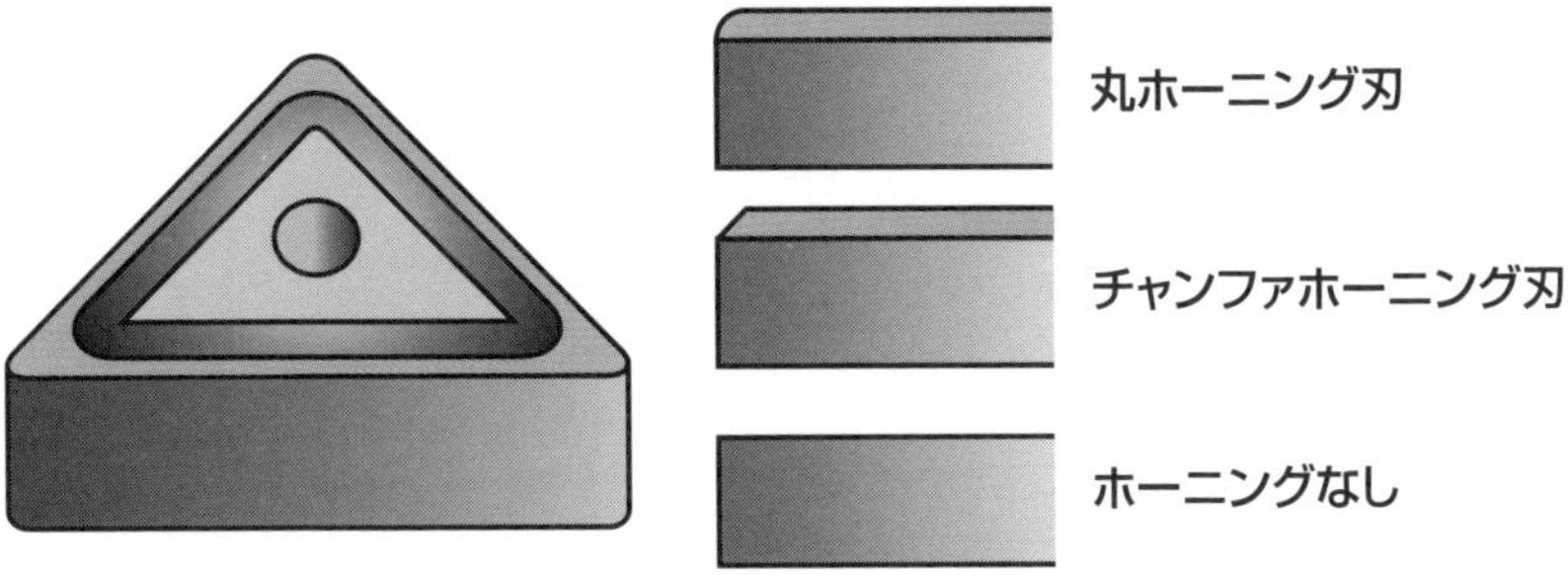

丸ホーニングとチャンファホーニングの性能の違い

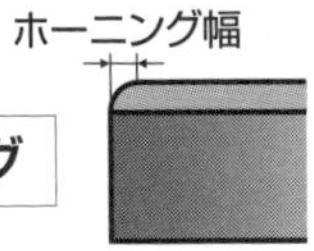

丸ホーニング

・切れ刃強度……強い
・切れ味…………悪い

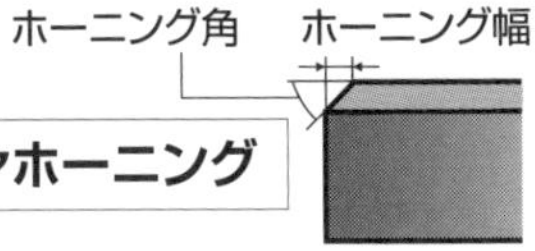

チャンファホーニング

・切れ刃強度……弱い
・切れ味…………良い

切削条件とホーニングの調整方法

	ホーニングを大きくする	ホーニングを小さくする
切削条件	黒皮、断続切削のように刃先に強い衝撃が加わるとき	仕上げ切削などの切込み深さが小さい、送り量が小さいとき
工作物の硬さ	硬いとき	軟らかいとき
工作機械の剛性	低いとき	高いとき

ランドは切れ刃を強くする

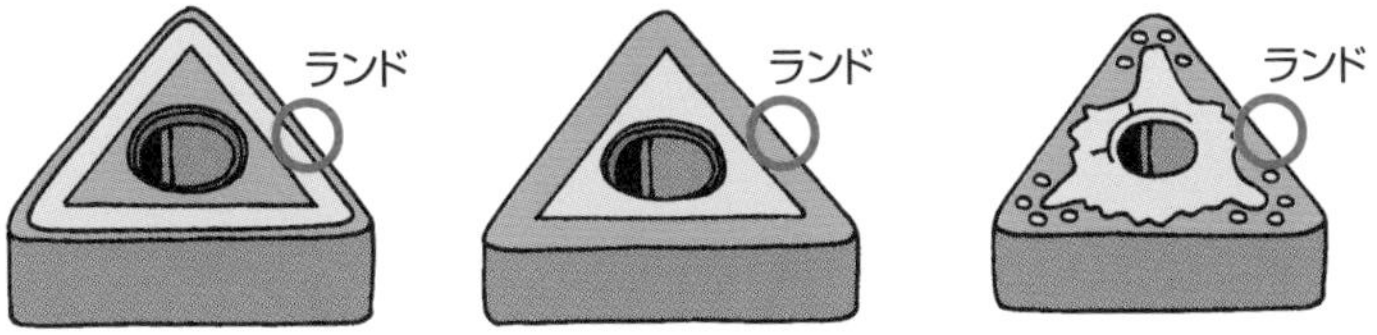

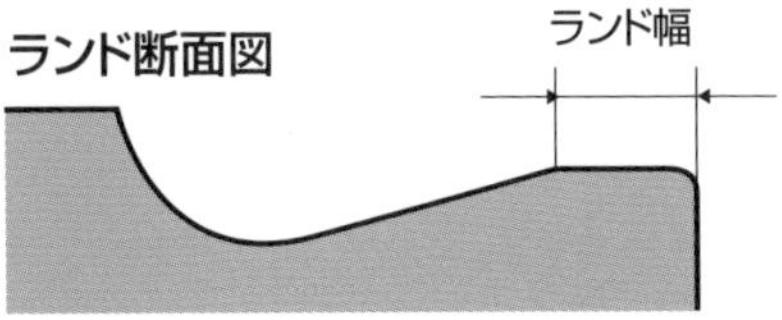

ランドはすくい面の周状に設けられた平坦部のこと

25 コーナ半径の正しい理解

コーナ半径によって仕上げ面粗さが変わる

チップの先端を「コーナ」といい、コーナの丸みの大きさ(曲率半径)を「コーナ半径」といいます。コーナ半径はチップ先端の欠けを防止することを目的として施されます。一般に市販されているスローアウェイチップのコーナ半径は0.2～1.2㎜です。

コーナ半径が大きいほど刃先の強度は高くなり、欠けにくくなりますが、刃先が鈍化するので切削抵抗は大きく、切れ味は悪くなります。一方、コーナ半径が小さいほど刃先の強度は低くなり、欠けやすくなりますが、刃先が鋭利になるので切削抵抗は小さく、切れ味は良くなります。つまり、衝撃力が大きい荒加工ではコーナ半径の大きなチップを選択し、仕上げ加工では切れ味を優先してコーナ半径の小さなチップを選択するとよいでしょう。

ただし、コーナ半径に関しては以下について正しく理解しておくことが大切です。まず、コーナ半径は大きいほど平坦な仕上げ面が得られやすくなります。旋盤加工では、工作物の仕上げ面はチップのコーナ半径を転写した模様になるため、コーナ半径が大きいほど滑らかな模様になり、コーナ半径が小さいほどギザギザの模様になります。さらに、バイトの送り量と切込み深さが同じ条件では、コーナ半径が大きい場合、刃先に注目すると、実質的に横切れ刃角を大きくしたことと同じになるので、切削時に発生する切削抵抗がチップを押し戻す方向に強く作用するため(切削抵抗の背分力が大きくなるため)、「びびり」と呼ばれる振動が生じやすくなります。また、コーナ半径が大きいと、実際にチップが材料を削り取る量(切取り厚さ)が薄くなるため、チップが材料に食い込みにくく、上滑りし、良好な切削にはならず、仕上げ面に「むしれ」が発生することがあります。コーナ半径の大きいチップは理論上平坦な仕上げ面が得られますが、切削抵抗や切取り厚さなどの不都合があり、良好な切削を行うことが難しいといえます。

要点BOX

- 理論上はコーナ半径が大きいほど仕上げ面は良くなる
- コーナ半径が大きいほど切削抵抗は高くなる
- コーナ半径が大きいほど上滑りしやすくなる

コーナ半径と隅形状の関係

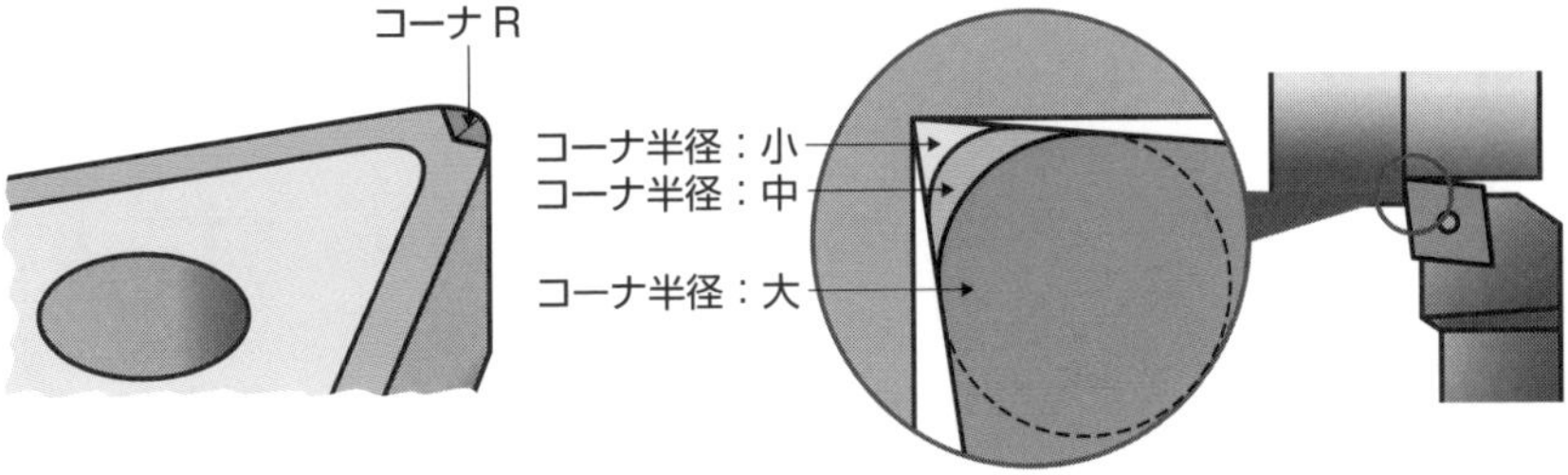

外径切削時と内径切削時に発生する切削抵抗

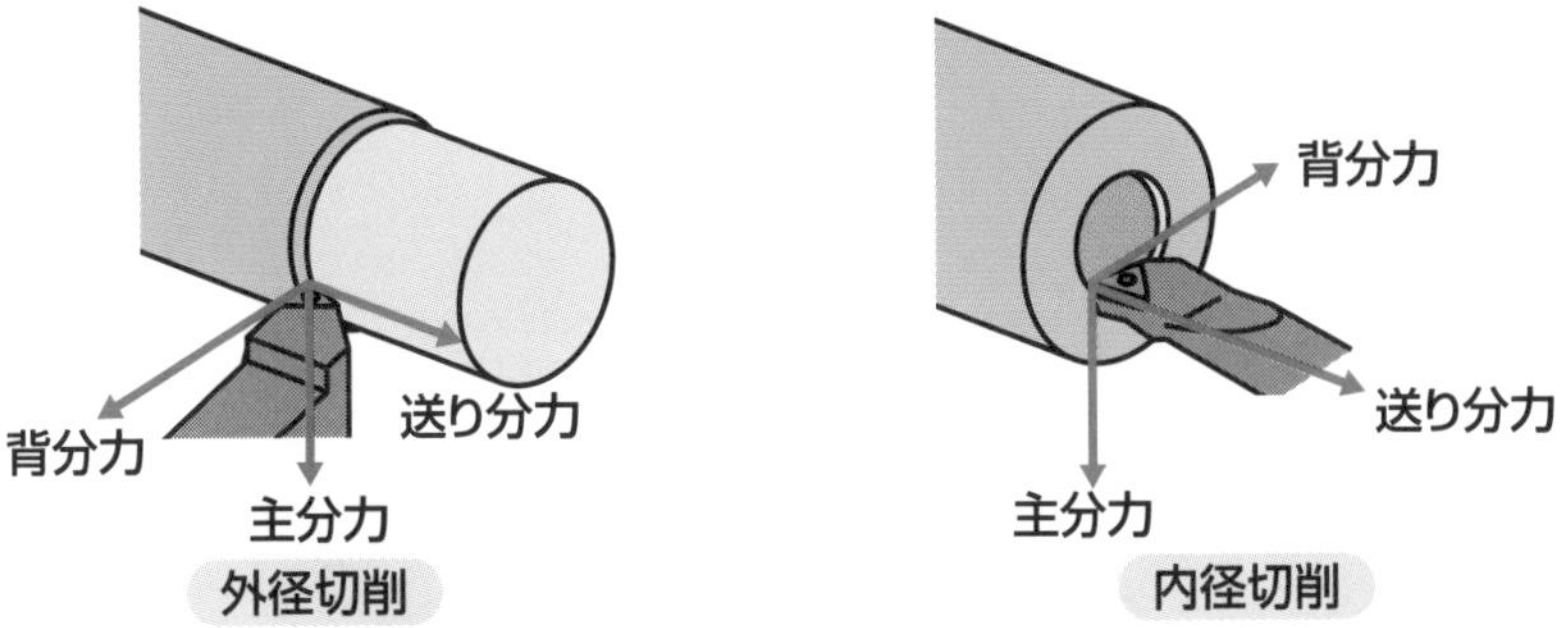

コーナ半径と仕上げ面性状の関係

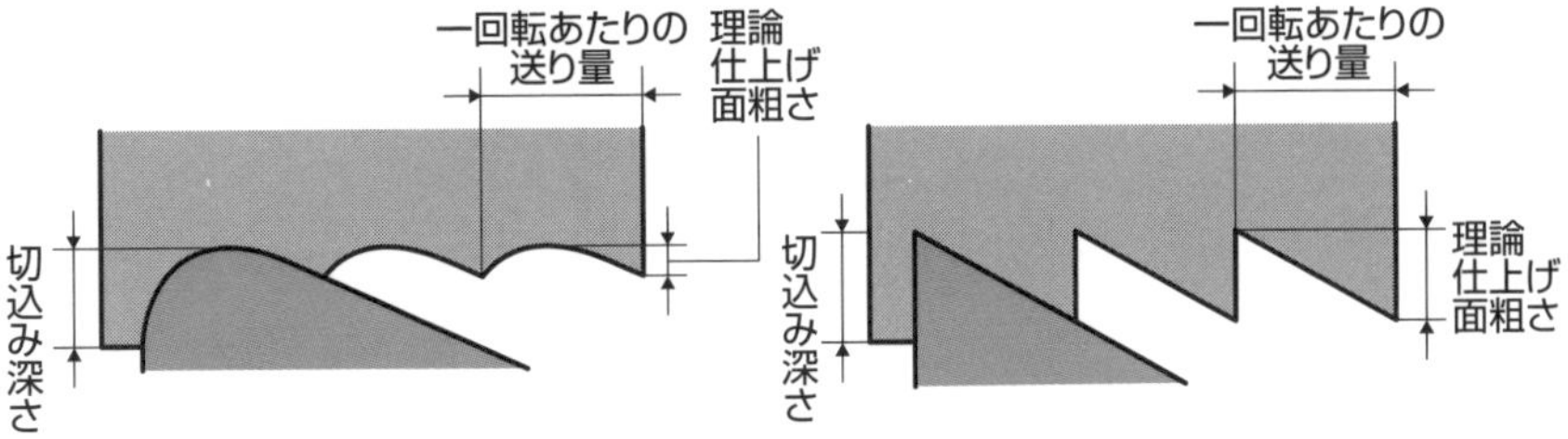

コーナ半径と切り取り厚さおよび切削抵抗の関係

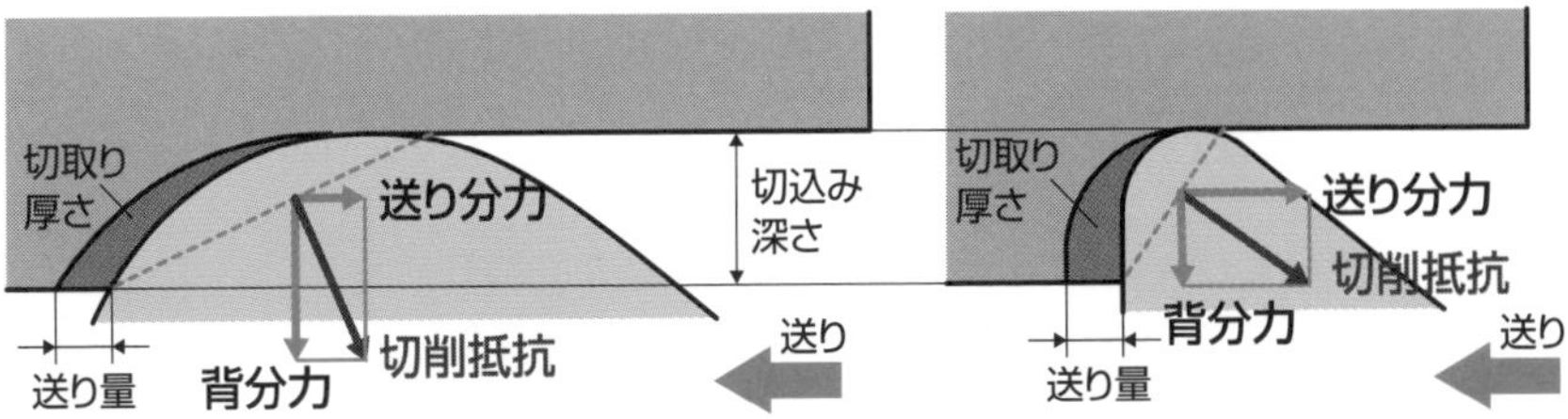

26 バイトの構造（刃部とボデーの結合方法）

現在はクランプバイトが主流

バイトはボデーの先端にチップが取り付けられた構造をしていますが、チップとボデーの結合方法は色々なものがあります。「むくバイト」はボデー全体が刃部として使用できる構造のバイトで、両端を削った鉛筆のように両端を刃部として使用することも可能です。むくバイトはグラインダを使って自由に成形できるので、標準的な形状のバイトで削ることができない特殊な形状を削りたい時に重宝するバイトです。ただし、グラインダで成形するため手間と技能が必要です。高速度工具製のむくバイトは「完成バイト」と呼ばれます。

「付け刃（つけは）バイト」はチップをボデーにろう付け（溶接）した構造のバイトです。付け刃バイトもむくバイトと同様にチップをグラインダで成形して使用します。付け刃バイトの利点はボデーを自作できることです。特殊な形状を削りたい時には、その形状に合わせたボデーが必要になる場合があります。そのような時、付け刃バイトは有効です。ただし、チップをボデーから取り外したい場合には、バイトを電気炉に入れるか、ボデーをガス溶接で高温にして、溶接部を剥がすことになるのでこの点は不便です。

「クランプバイト（またはスローアウェイバイト）」はチップとボデーをねじやくさびなどで機械的に締結できる構造のバイトです。クランプバイトはチップが摩耗した場合、チップだけを交換すればよく、手軽で使いやすいことから近年では主流になっています。

「差し込みバイト」は小片の「むくバイト」をホルダに取り付けて使用する構造のバイトです。差し込みバイトは短くなった鉛筆にキャップを取り付けて使用するイメージです。差し込みバイトに取り付けるのはむくバイトに限らず、刃部として使用できるものなら何でも取り付けることが可能です。差し込みバイトに取り付ける刃部を「ブレード（またはインサートブレード）」と呼ぶこともあります。

要点BOX

●むくバイトはボデー全体が刃部として使用できる
●付け刃バイトはチップをボデーに溶接したもの
●クランプバイトはチップとボデーを機械締結したもの

構造の違うバイト

クランプバイト

むくバイト

付け刃バイト

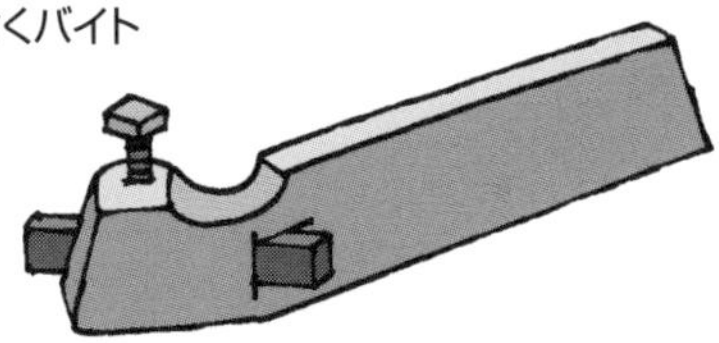

差し込みバイト

付け刃バイトはチップをボデーに溶接し、研削する

チップをグラインダで
研削する様子

チップを
溶接している様子

差し込みバイトの概念は鉛筆キャップと同じ

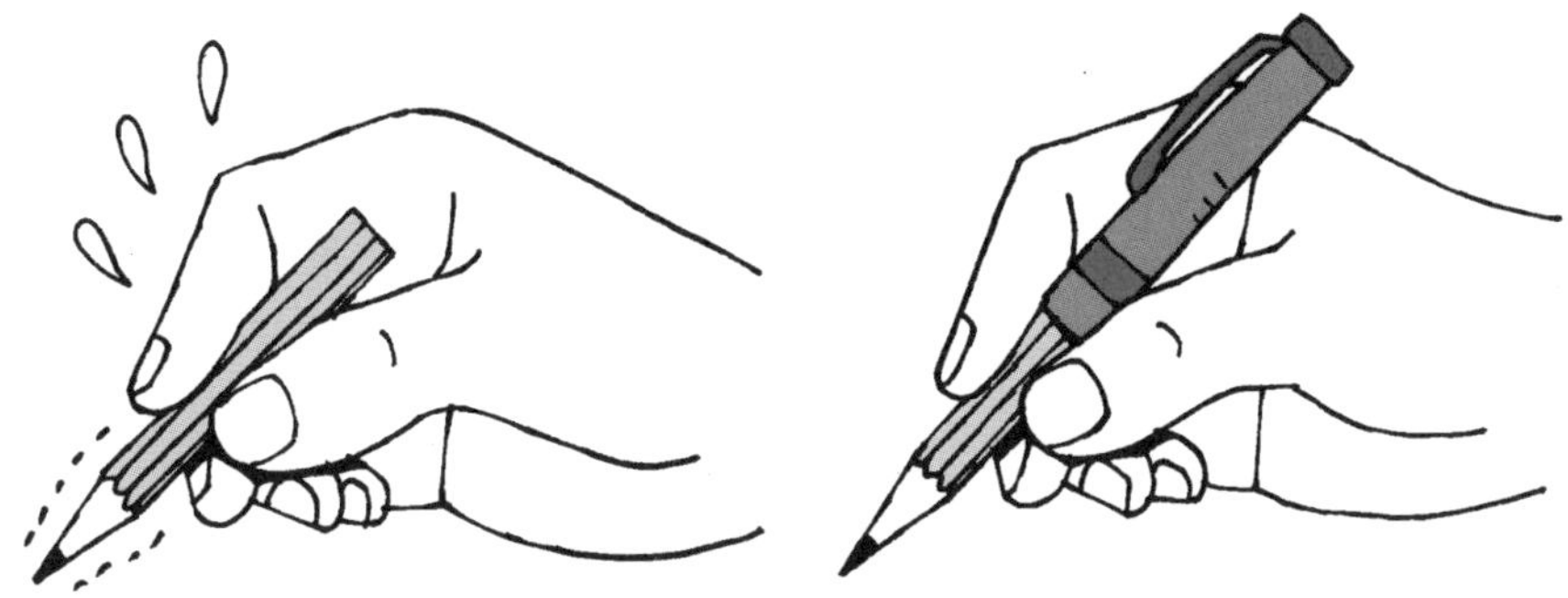

短くなった鉛筆はキャップを付けると使用できる!

27 バイトとチップの勝手とは

チップは切れ刃の向きで勝手が決まる

汎用旋盤では、左図に示すように工作物を正回転して、バイトを右から左に動かして工作物を削るのが一般的です。このように、バイトを右から左に動かして工作物を削る時に使用するバイトを「右勝手」といいます。NC旋盤で右勝手のバイトを使用するときはチップが下向きになるようにバイトを取り付けます。チップを下向きにすることで大量の切りくずを重力に沿って落下させられる利点があります。ただし、チップの摩耗を目視できないことや、チップ交換のときに作業しにくいことが欠点です。汎用旋盤で工作物を正回転して、バイトを左から右に動かして工作物を削る時に使用するバイトを「左勝手」といいます。近年、NC旋盤では工作物を逆回転して、左勝手のバイトを使用して削ることが主流です。左勝手のバイトを使用することで、チップの摩耗を目視でき、チップ交換のときに作業しやすくなります。

外径切削バイトの場合、バイトを右手で持ち、親指と同じ方向にチップの先端が向いていれば「右勝手」、バイトを左手で持ち、親指と同じ方向にチップの先端が向いていれば「左勝手」です。または、すくい面を上にして刃部の方向からバイトを見た時、チップの先端が右側にあるものが「右勝手」、チップの先端が「左側」にあるものが「左勝手」です。ただし、右勝手でも左勝手でもどちらでも使用できる「勝手なし」のバイトもあります。スローアウェイチップの場合には注意が必要です。スローアウェイチップでは、刃先を手前にして見た時、切れ刃が右にあるものが「右勝手」、切れ刃が左にあるものが「左勝手」になります。外径切削バイトは「右勝手のホルダに右勝手のチップ」を取り付けて使用しますが、内径切削バイトは「右勝手のホルダに左勝手のチップ」を取り付けて使用します。内径切削では、チップ先端を手前にして見た時、切れ刃は左を向くので注意が必要です。勝手を表す記号は右勝手がR、左勝手がL、勝手なしがNです。

要点BOX

- 汎用旋盤では「右勝手」が主流
- NC旋盤では「左勝手」が主流
- 内径バイトは右勝手のホルダに左勝手のチップを使う

外径切削と内径切削の模式図

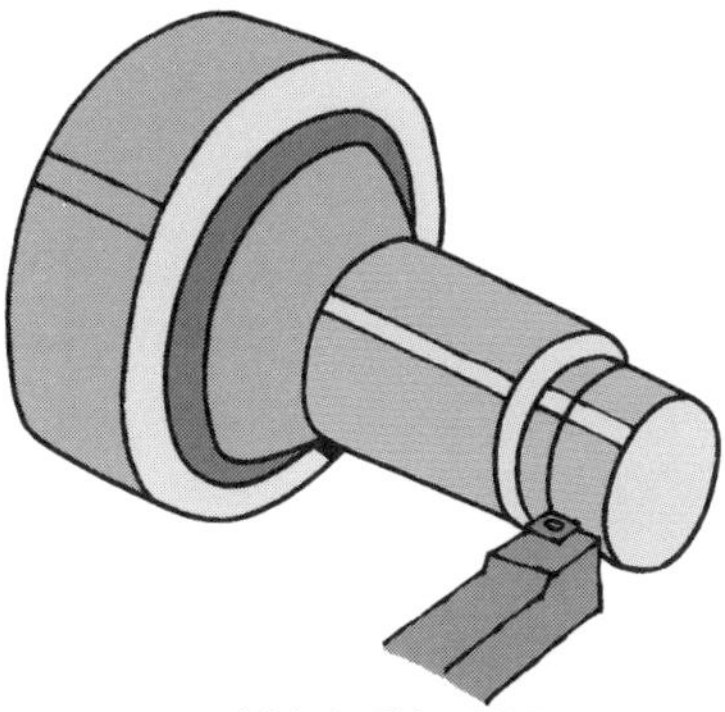

外径切削の様子

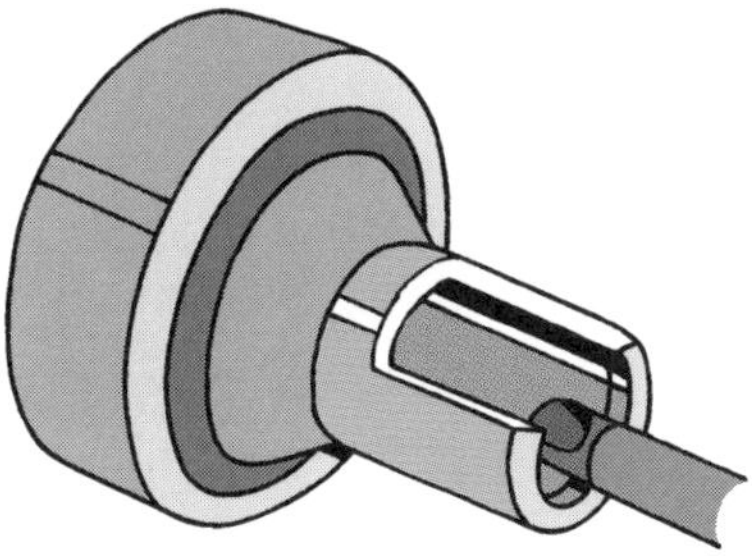

内径切削の様子

右勝手と左勝手

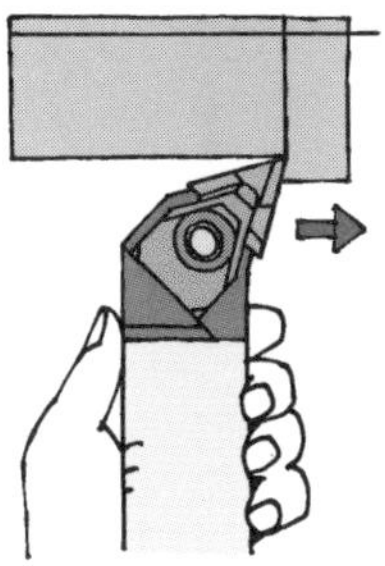

左勝手のバイトは
左勝手のチップが適合

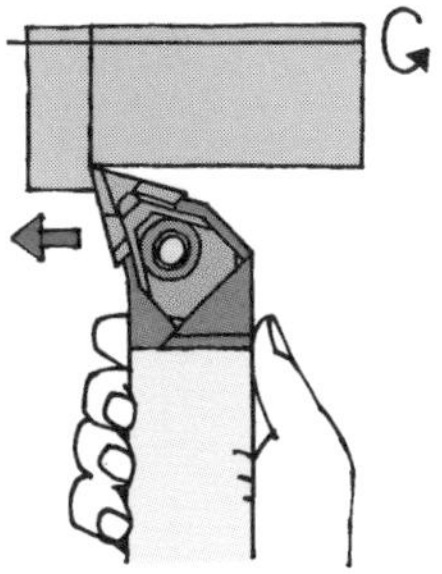

右勝手のバイトは
右勝手のチップが適合

内径切削の拡大図

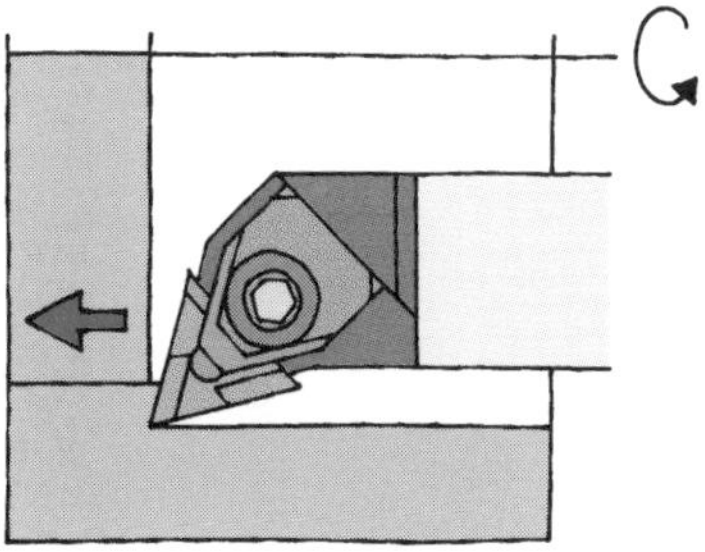

内径バイトは右勝手のホルダに
左勝手のチップが適合する

スローアウェイチップの勝手と表示記号

刃先を手前にして、
切れ刃が右にあるのが右勝手

刃先を手前にして、
切れ刃が左にあるのが左勝手

	形状	勝手
R	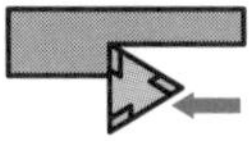	右
L	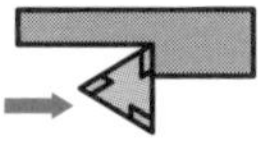	左
N		なし

28 切りくずを分断するチップブレーカ

キーワードは
切りくずコントロール

通常、チップのすくい面には溝や突起の模様が施されています。この溝や凹凸のことを「チップブレーカ」といいます。チップブレーカは「切りくずを分断する」機能をもちます。チップ(chip)は切りくず、ブレーカ(break)は折断するという意味で、すくい面上にチップブレーカがあることで、切削時に発生する切りくずが直線状に伸びず、湾曲し、らせん状になります。らせん状になった切りくずはバイトのボデーに衝突したり、自重に耐えられなくなり折断されます。

チップブレーカは「すくい面に溝を施しただけの溝形」と「複雑な凹凸模様を施した突起形」の2種類があります。溝形は研削加工で成形されているため、切れ刃が鋭く、切れ味がよいため、仕上げ加工に適しています。ただし、どのような切削条件でも切りくずが折断されるわけではなく、送り量と切込み深さが一定の条件を満たす時に切りくずが折断されます。

一方、突起形は金型を使ったプレス加工で成形されているため、溝形に比べて、いく分切れ刃が鈍くなります。ただし、凹凸のある複雑な形状によって広い範囲の切削条件で切りくずが折断されます。つまり、溝形は切れ味が良いが、切りくずが折断される切削条件の範囲が限られ、突起形は切れ味が多少劣るが、切りくずが折断される切削条件の範囲が広いという特徴をもちます。

NC工作機械は自動化や無人化を行うことが可能ですが、自働化や無人化を阻害する要因に「切りくず」があります。切りくずが長く伸びると工作物に絡まり、加工面を傷付けるなど不都合が生じます。このため、NC工作機械では広い範囲の切削条件で切りくずが小さく折断されることが望まれ、突起形のチップブレーカが開発されました。突起形チップブレーカの形状は日進月歩で進化しています。切削点が安定していれば、同じ形状の切りくずが同じ場所に飛びます。切りくずの飛散状況が加工状況の良し悪しのバロメータです。

要点BOX

- 溝形は研削仕上げで切れ味がよい
- 突起形は広い切削条件で切りくず分断できる
- 切りくずは自動化を阻害する要因

湾曲する切りくずの様子

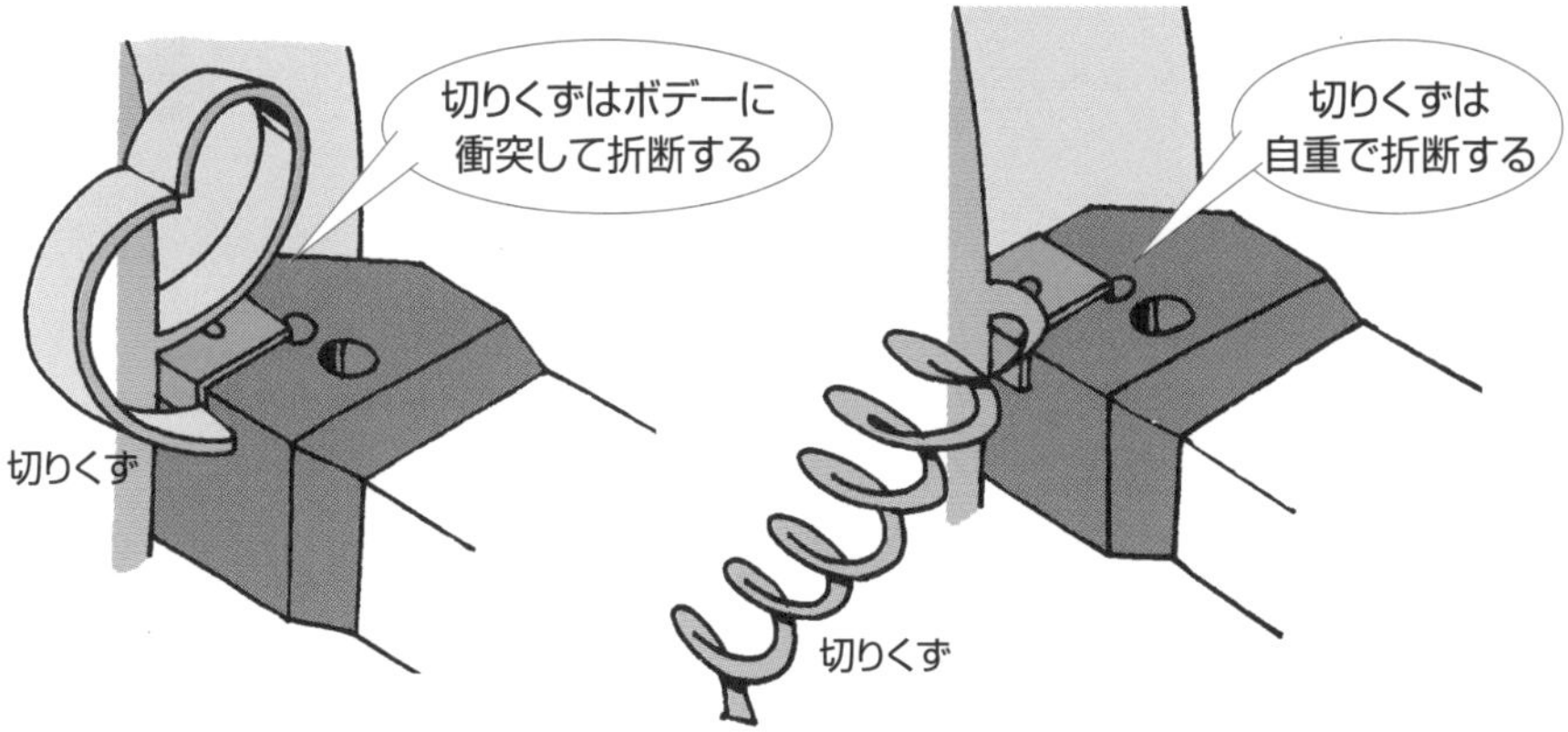

切りくずが湾曲するしくみ

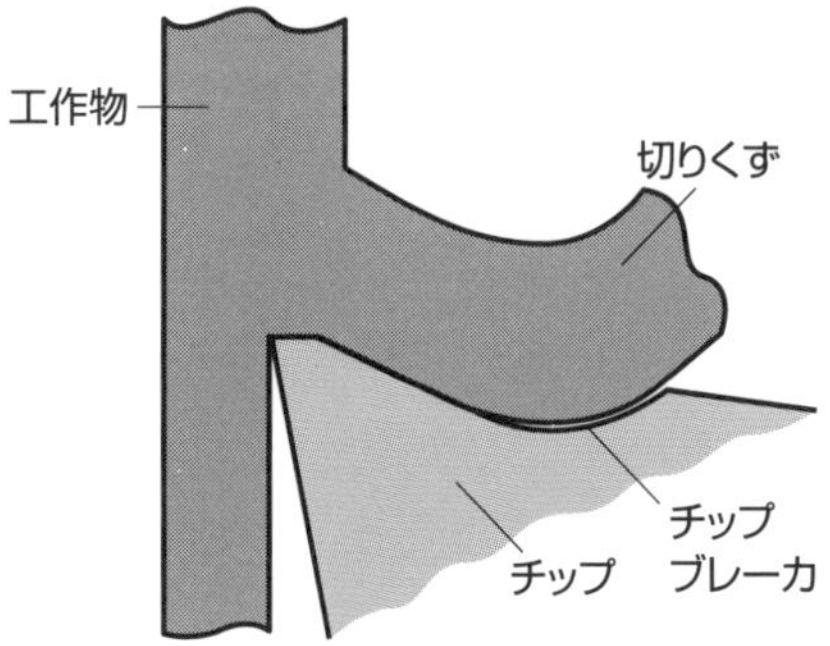

チップブレーカの種類

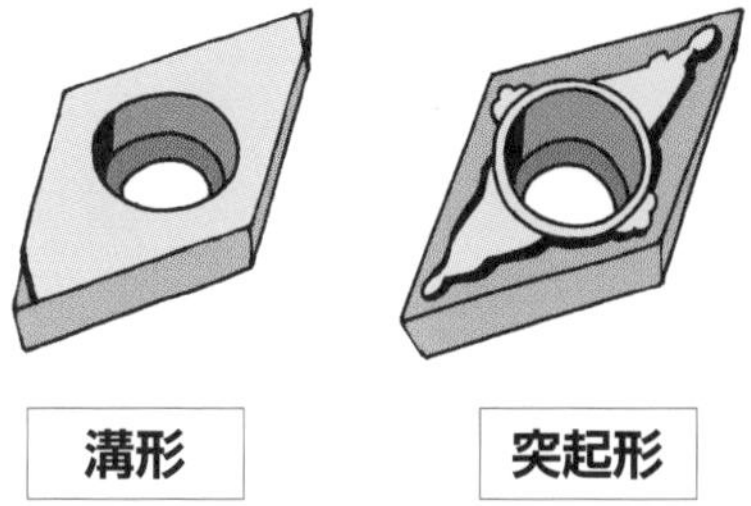

溝形と突起形のチップブレーカの適応範囲（イメージ）

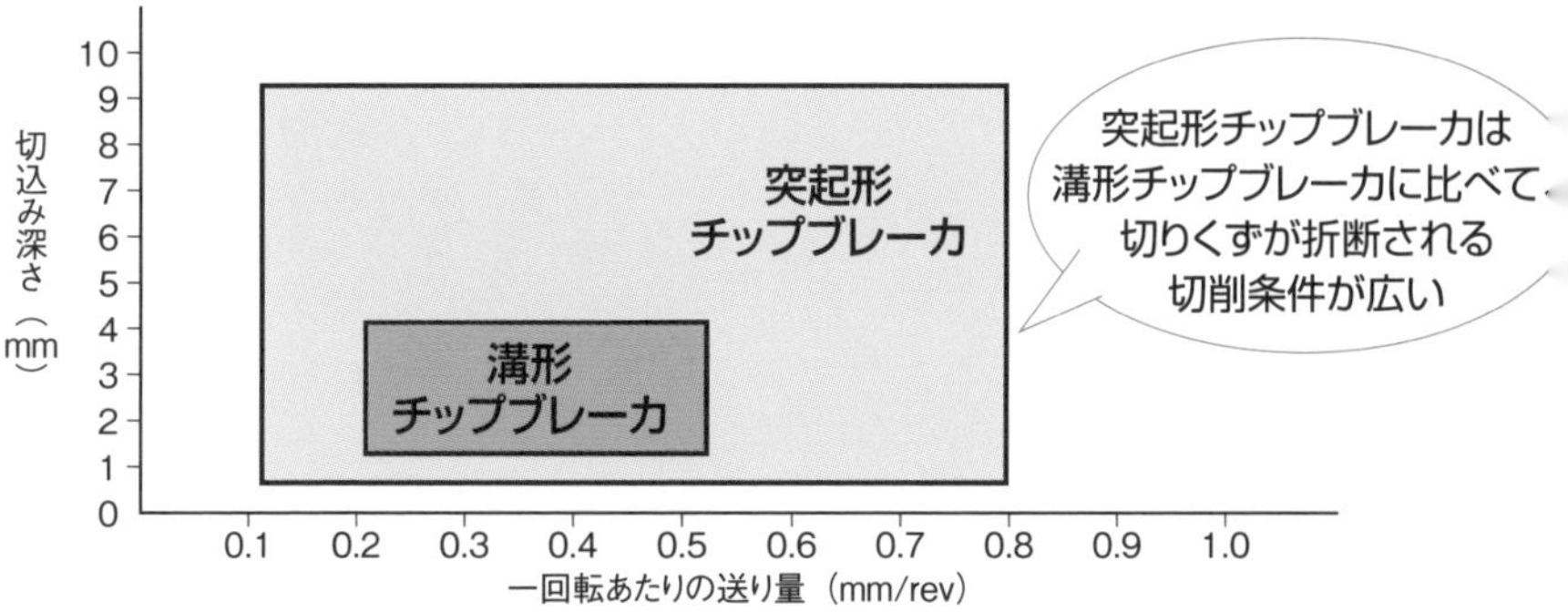

29 チップに施されたさまざまな工夫

チップの形状は科学技術の結晶

チップにはさまざまな工夫が施されています。たとえば、チップブレーカは切りくずを折断するためにすくい面に施された機能です。チップブレーカはチップポケットの大きさによって荒加工用か、仕上げ用か見分けることができます。荒加工は送り量と切込み深さが大きく、切りくずも大きくなるため、荒加工用のチップポケット（切りくずを排出するための溝）は大きいです。一方、仕上げ加工では、送り量と切込み深さが小さく、切りくずも小さくなるため、仕上げ加工用はチップポケットが小さいです。チップポケットの小さいチップで荒加工を行うと、切りくずがポケットに詰まりチップが欠けます。

加工面を滑らか（平滑に）することを目的として、チップ先端（コーナ半径）に接した逃げ面にわずかな平坦部を設けているチップがあります。この平坦部を「さらい刃」といい、さらい刃のついたチップを「ワイパー付きチップ」ということもあります。

機械加工は工作物に切削工具を押し付けて削るため、理論上、加工面はチップ先端の形状（コーナ半径）を転写したような規則正しい模様になります。しかし、実際には振動やチップの摩耗、溶着などにより加工面（表面粗さ）の模様は規則正しくならず、浅い溝や深い溝など不規則な模様になります。そこで、さらい刃付きチップを使用することで加工面に生じる凹凸を平滑化し、凹凸のない平らな加工面を得ることができます。とくに、さらい刃は送り量を大きくしても平滑な加工面（表面粗さ）が得られることが利点です。ただし、さらい刃が工作物に接触するために切削抵抗が大きくなり、びびり（振動）が生じやすく、細い工作物ではたわみやすく加工精度が悪くなります。また、さらい刃は送り方向が工作物の軸方向か半径方向の直線運動のときに作用し、複雑な形状を削る倣い加工では効果を得ることができません。

要点BOX

- ●チップポケットの大きさに注目
- ●さらい刃は平滑な仕上げ面が得られる
- ●さらい刃は倣い加工では効果が得られない

外径切削時の切りくず流出の様子

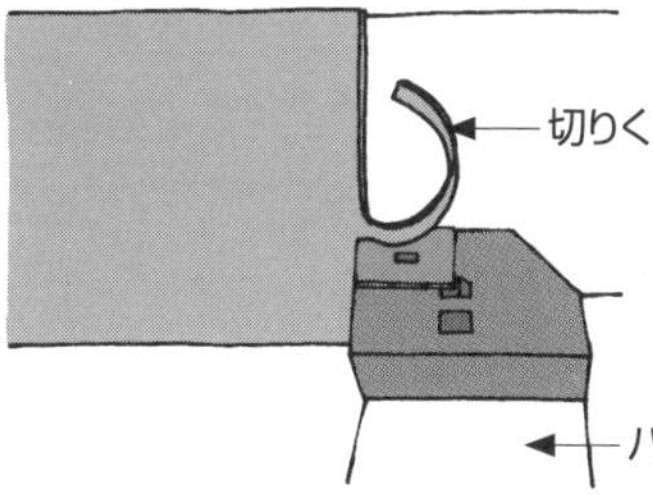

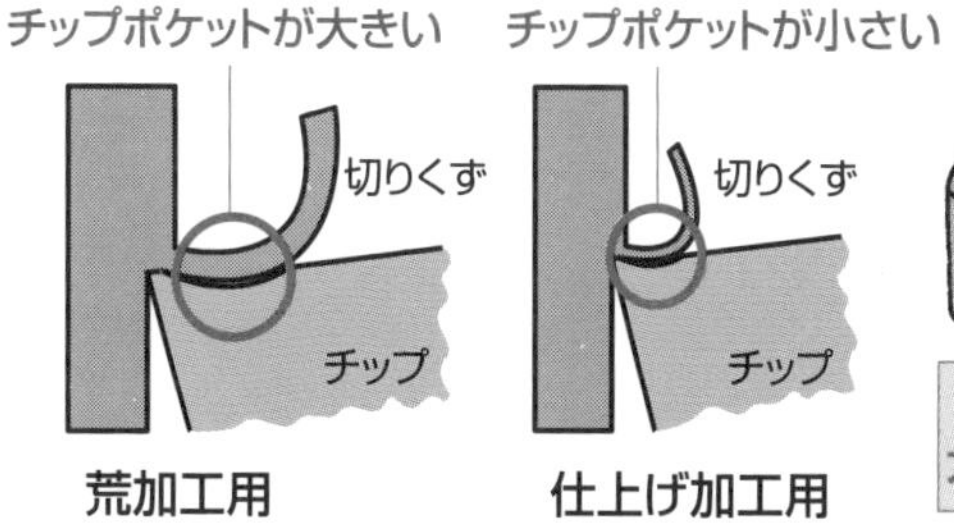

突起形チップブレーカの種類

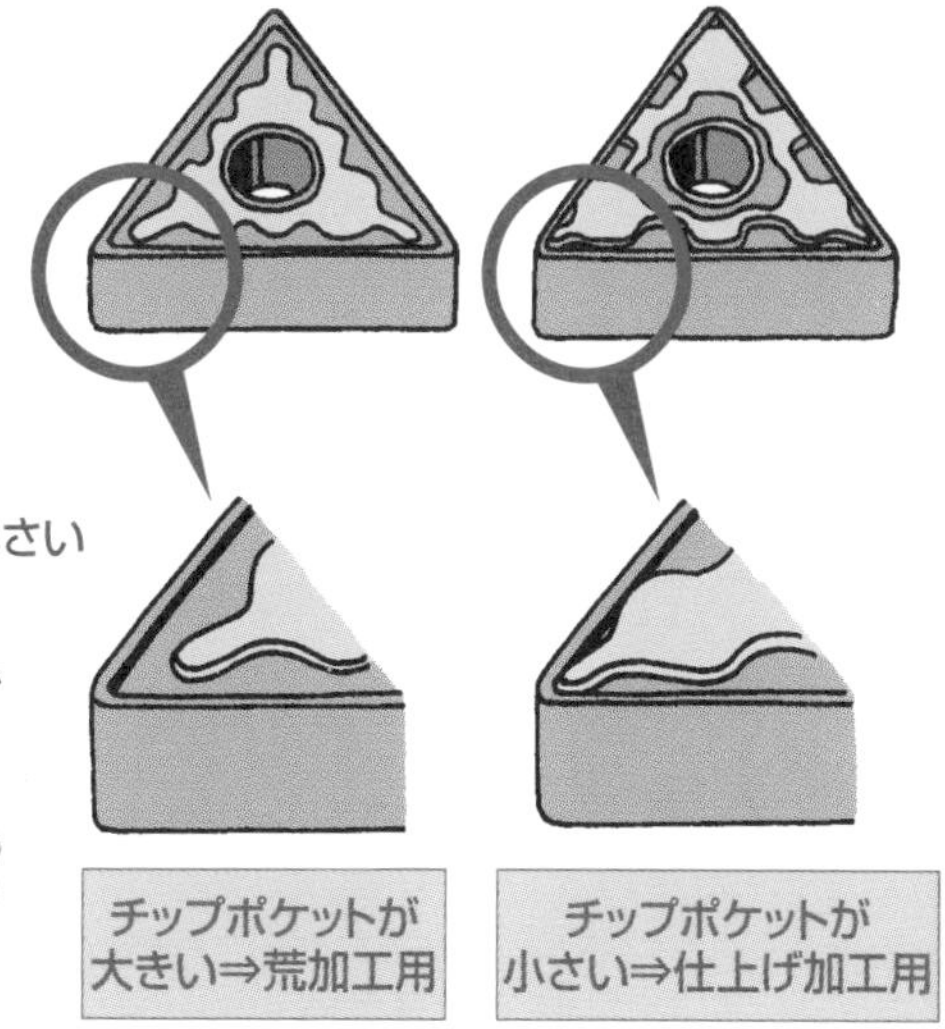

さらい刃(ワイパー)付きのチップとその効果(イメージ)

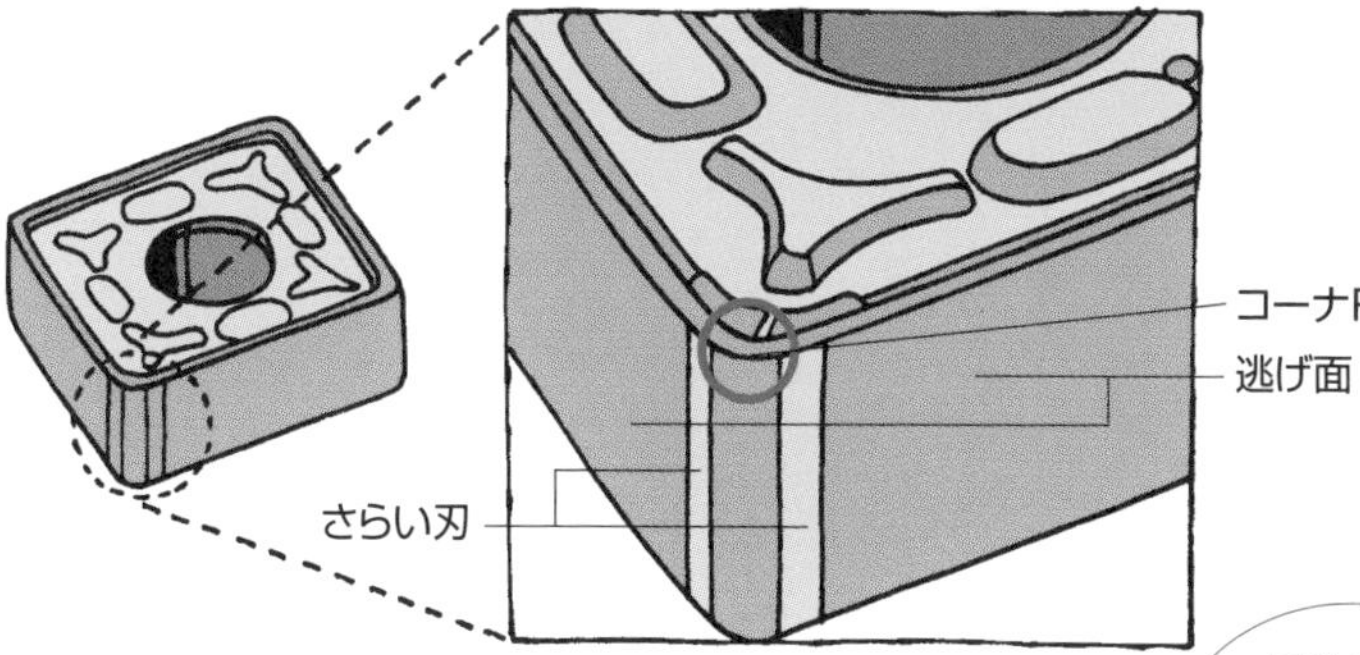

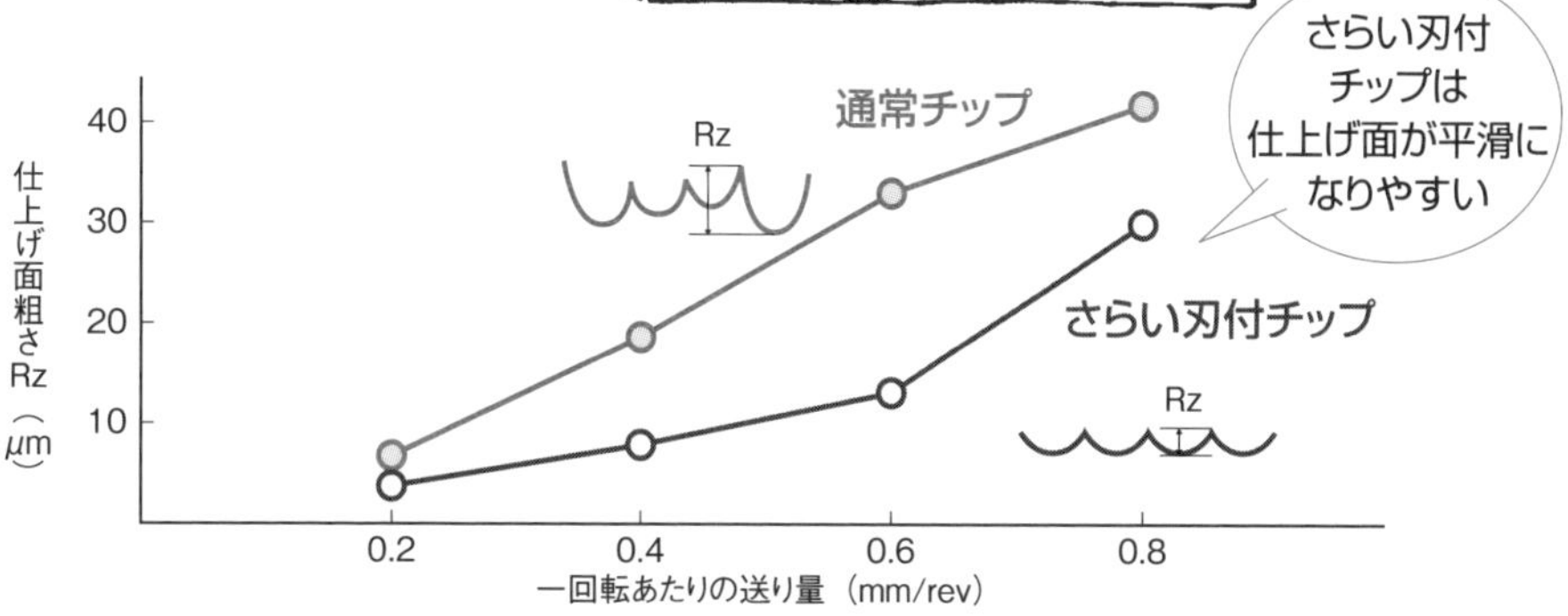

30 チップの形状

チップの形状の特性を理解することが大切

スローアウェイチップの形状は日本産業規格（JIS）では16種類規定しています。チップには色々な形状がありますが、主に加工形状、刃先強度、保持強度、経済性の4点を総合的に考慮して選択します。加工形状は、たとえば、「刃先角が80°のひし形」は外径加工と端面加工の両方に使用することができるため、もっとも汎用性の高い形状です。また近年では複雑な形状の加工が多くなっているため、仕上げ形状を倣う加工や入り組んだ細かい箇所では、先端が細くなった「先端角35°、55°のひし形」が便利です。刃先角が大きいチップは刃先強度が強く、断続切削に有効で、工具寿命も長くなりますが、複雑な形状の加工では刃先が干渉しやすくなります。「丸形」は刃先丸みが大きいため刃先強度がもっとも高く、理論上平滑な仕上げ面が得られることになりますが、工作物との接触弧が長くなるため、切削抵抗が大きくなり、びびり（振動）が生じやすくなります。

保持強度はチップとボデーの接触面積が広いほど強いため、「ひし形や六角形」は保持強度が強く、重切削など荒加工に適しています。「三角形」は接触面積が広くないため保持強度は低くなります。チップの保持力が小さいと切削抵抗により切削中チップが微小振動するため工具寿命が短くなります。

逃げ角がないチップは表裏で使用することができますが、逃げ角があるチップは表面しか使用できないため経済性は悪くなります。使用できるコーナの数を比較すると、逃げ角がない「ひし形」は1チップあたり表裏各2カ所の合計4カ所、「正三角形、六角形」は1チップあたり表裏各3カ所の合計6カ所、「正四角形」は1チップあたり表裏各4カ所の合計8カ所となり、形状によって経済性が異なります。「丸形」は理論上円周すべてを切れ刃として使用できるので経済的には非常に優位です。難削材の荒加工に使用されることが多いです。

要点BOX

- ●加工形状、刃先強度、保持強度、経済性を考慮
- ●刃先強度は刃先角が大きいほど強い
- ●保持強度は工具寿命に影響する

いろいろな形状のスローアウェイチップ

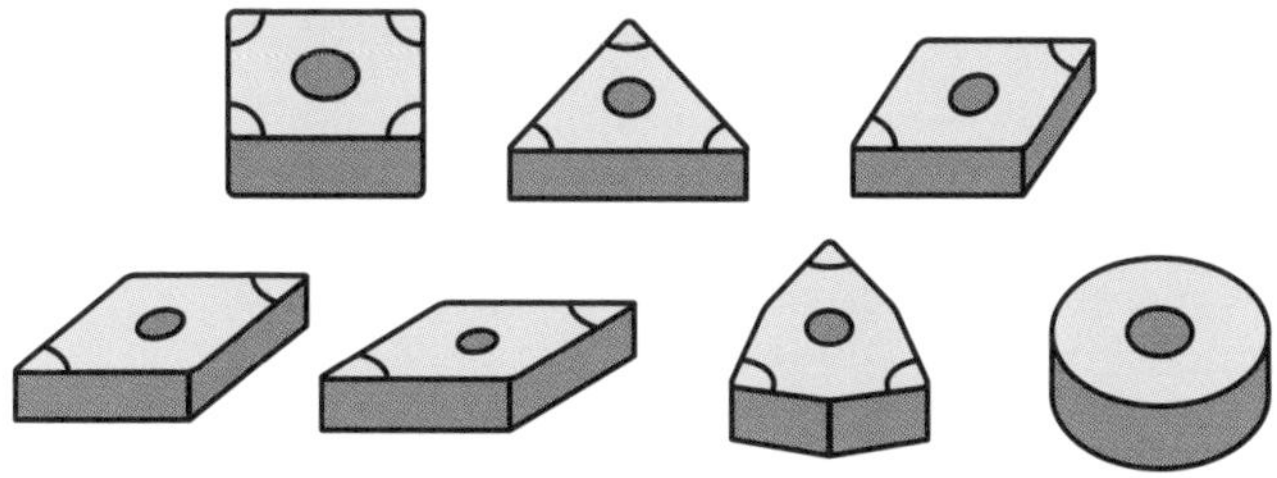

チップの先端角と加工形状の制約の関係

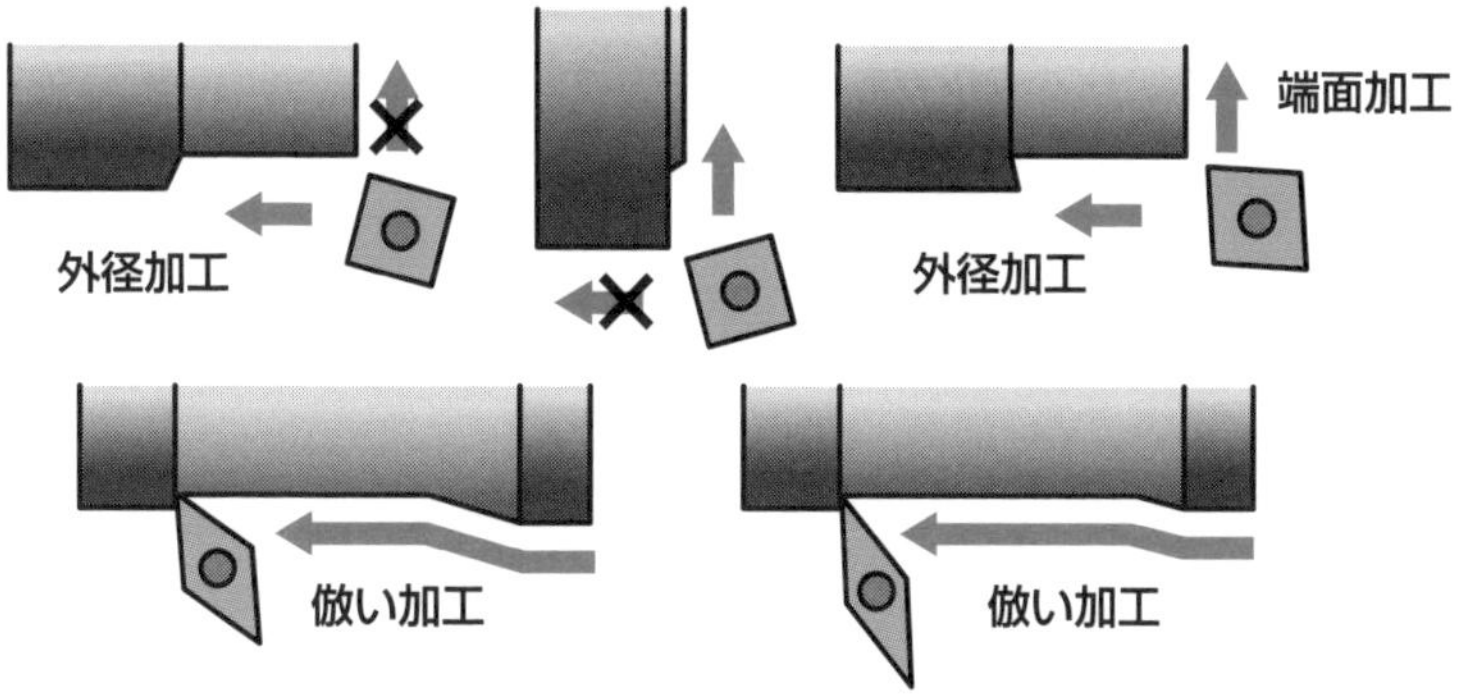

チップの先端角と刃先強度の関係

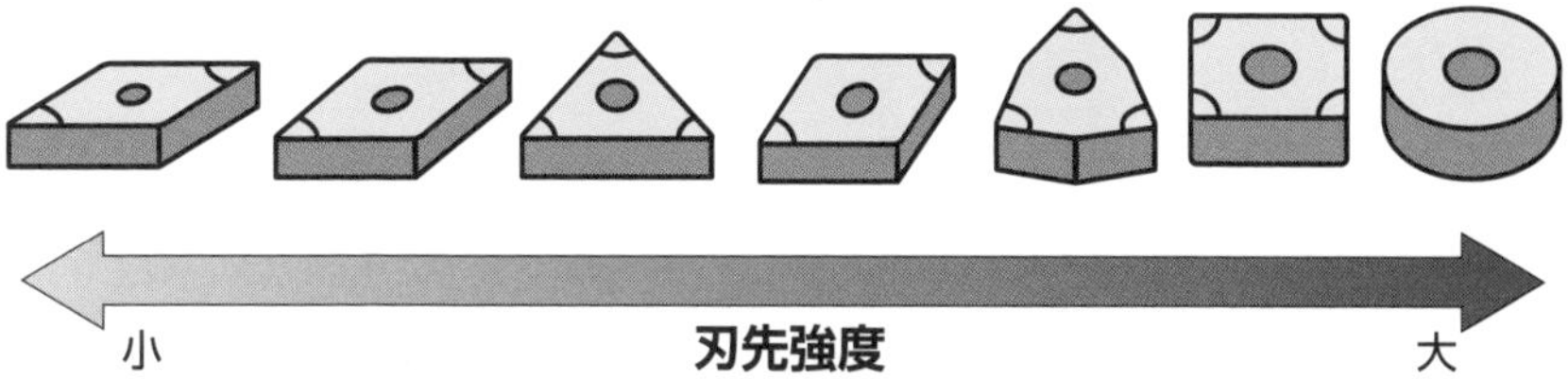

四角チップの経済性

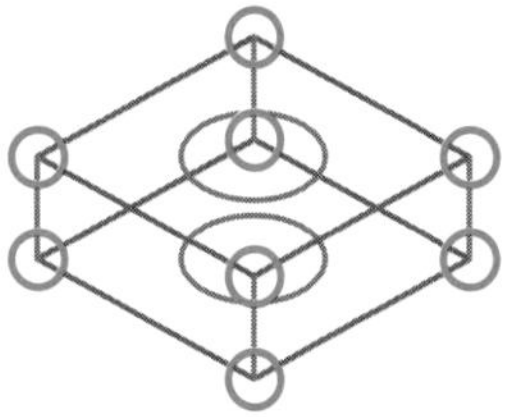

表裏8カ所が使用できる

チップの形状と保持強度の関係

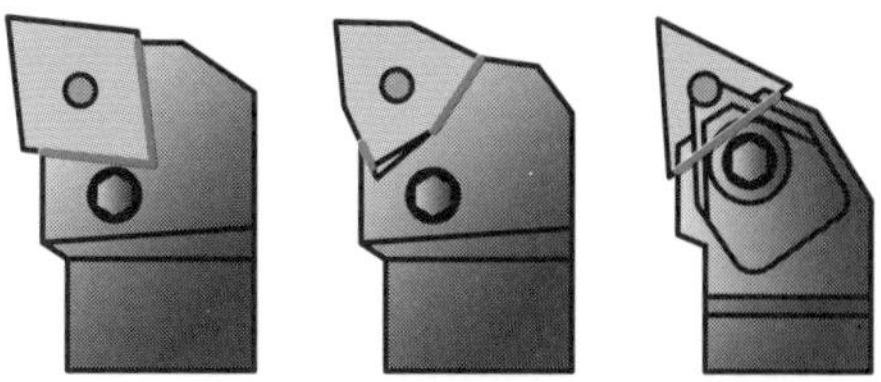

シャンクとの接触面積が広いほど
保持強度が高い

31 多方向旋削チップ

生産性200%UP

通常、旋盤加工の外径切削では、外径切削用バイトを工作物の端面からチャック側に向かって動かして工作物を削り、これを繰り返すことにより工作物の不要な部分を削り取ります。バイトは工作物を削るたびに工作物の端面側に戻りますので、この時間がムダです。加工コストには工作機械を動かす電気代や土地代、作業している人の人件費も含まれますので、切りくずを排出していない時間はすべてロスコストとなります。1つの部品を削る場合はそれほど気になる時間ではありませんが、自動車や半導体の部品のように同じものを多量に削る場合は、部品数の掛け算になるため相当なロスコストになります。「塵も積もれば山となる」です。そこで、バイトが工作物の端面側に戻る際も工作物を削れるようにしたのが「多方向旋削チップ」です。多方向旋削チップはチップの切れ刃が長く、刃先形状（コーナ形状）が前挽きと後挽きの両方に対応しているため、通常の外径切削（1回削るたびにリターンする切削）よりも単純に2倍の生産性（生産性200%UP）を実現できます。工作物の端面からチャック側に向かって削ることを「前挽き」、反対に、チャック側から工作物の端面に向かって削ることを「後挽き（裏挽き、逆挽き）」といいます。

一般的な外径切削用チップを後挽きで使用すると、切込み角が極端に小さくなります。切込み角が小さくなると切りくず厚さが薄くなるため、送り量が大きくでき工具摩耗が抑制できる利点がある一方、切りくずの処理性が悪く（切りくずが詰まりやすく）なる欠点があり、実用が困難でした。この欠点を改良したのが多方向旋削チップです。切込み角を小さくして削る方法を高送り加工といいます。工作物をチャックのみで保持している片持ちの場合は逆挽きしても問題ありませんが、工作物の端面をセンタで指示している両持ちの場合は、バイトとセンタの干渉に注意が必要です。

要点BOX

- ●行きも帰りも削るので生産性2倍、ムダがない
- ●切込み角によって切取り厚さが変わる
- ●後挽きの際はバイトとセンタの干渉に注意

多方向旋削チップの一例

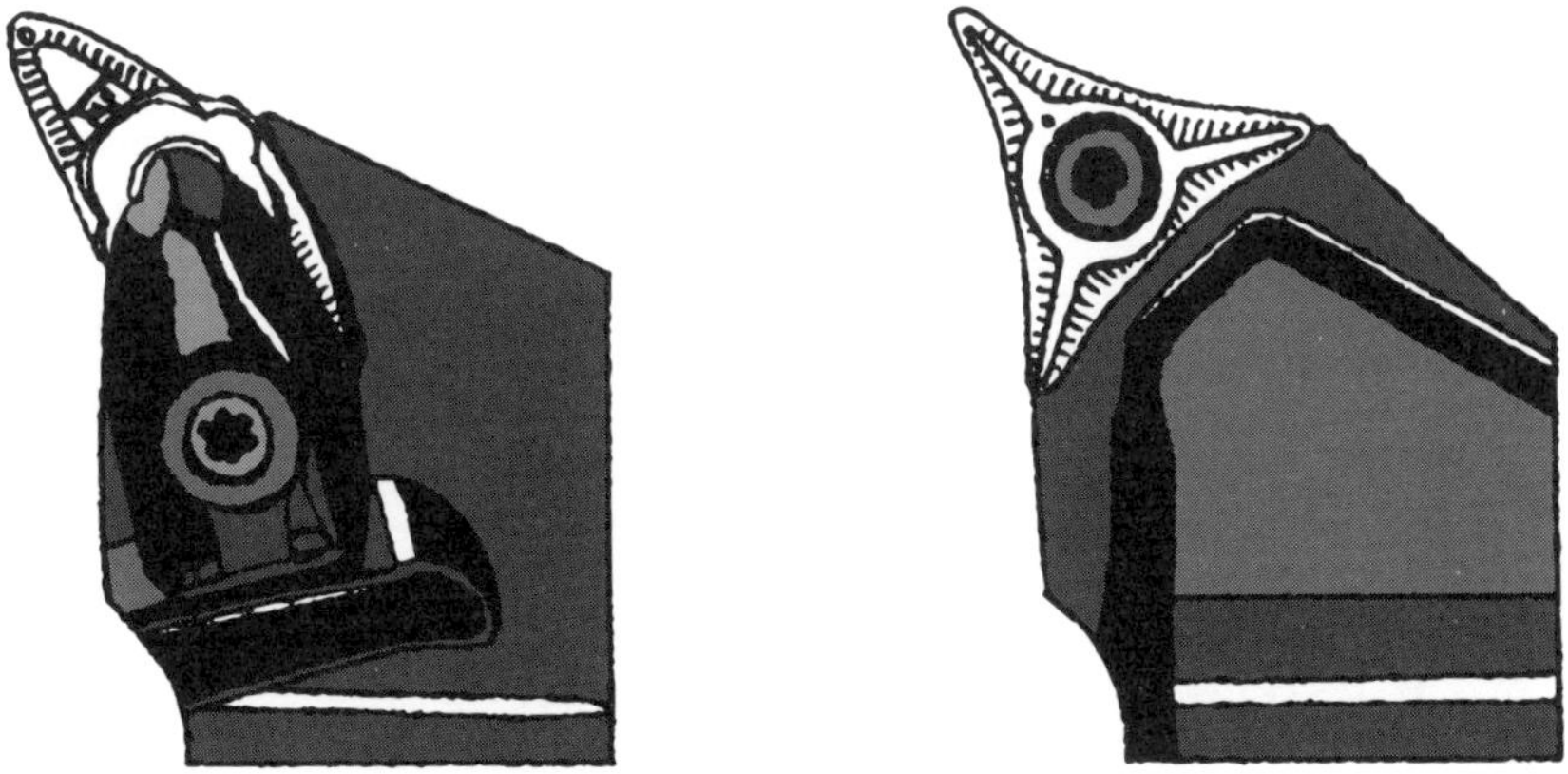

前挽きと後挽きの切込み角の違い(一例)

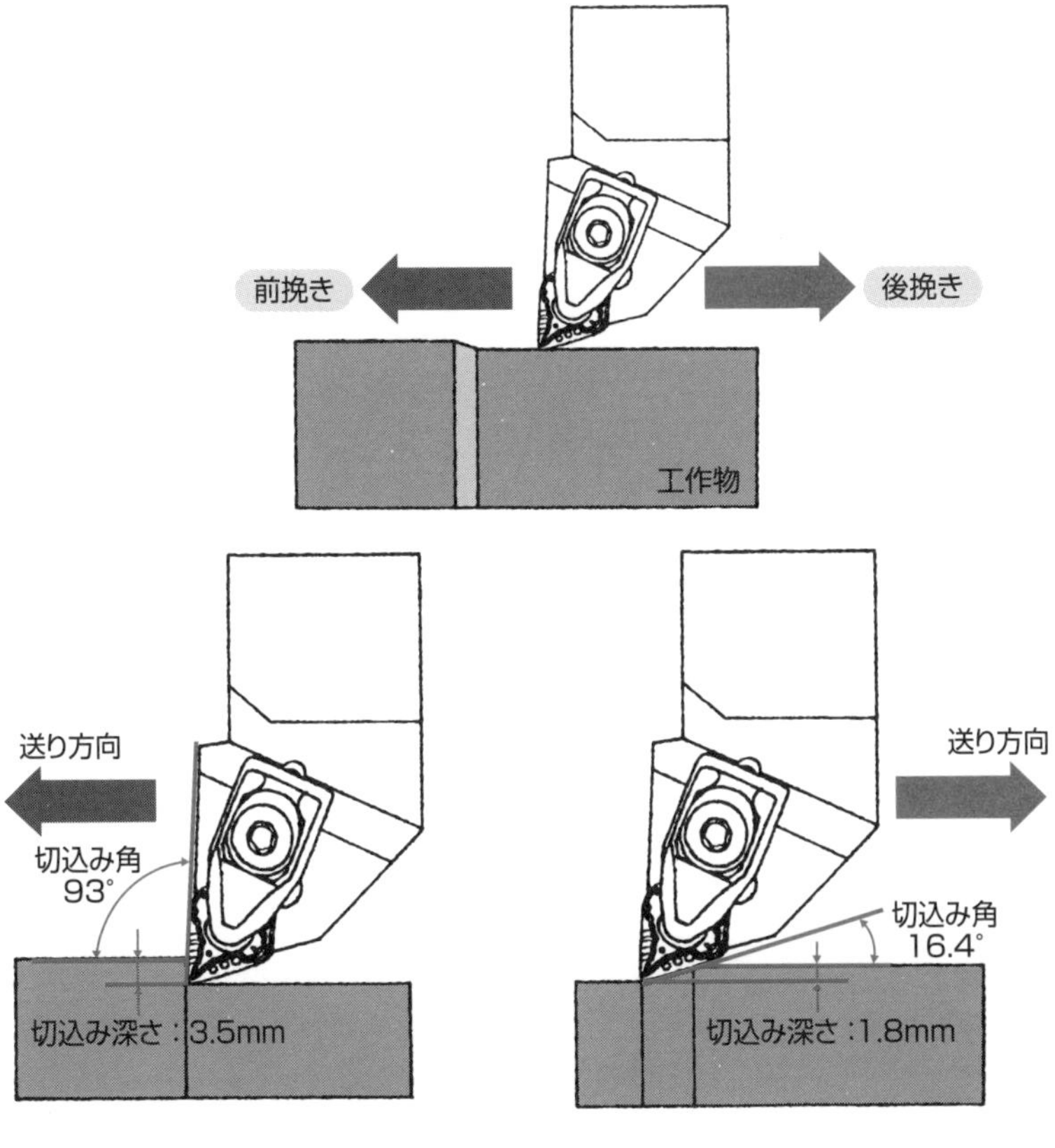

32 保持力を高めた旋削チップ

チップとホルダに溝を付けた

旋削用チップをホルダに固定する方法として、JISでは代表的な5種類の方法を規定しています。表にJIS B 4125（2016）に規定されているチップの固定方法を示します。チップの固定方法は記号で分類されており、C、D、M、P、Sがあります。JISで規定されている5種類以外にもチップメーカ独自の固定方法や仕組みによってチップを固定する方法のもの（JISに規定されていないもの）も流通しています。旋盤加工中、チップには3つの方向に切削抵抗（工作物からチップに作用する力）が作用します。主分力はチップを上から押し付ける方向に作用するため、ホルダ（敷金）で受け止めることになります。主分力はチップをホルダに押し付ける方向に作用するため、ホルダには主分力に耐えられる剛性（曲がりにくい性能）が求められます。送り分力と背分力はチップを平面上に回転する方向に作用するため、ホルダの側壁で受け止めることになります。送り分力と背分力によるチップのズレを抑制するためには、チップを多くの面で支持すればよく、チップとホルダが2面で接触する三角形やひし形チップに比べて、チップとホルダが3面で接触する六角形チップはチップがズレにくい（動きにくい）といえます。チップの保持力が弱いと、切削中、切削抵抗によってチップが微小に動き（ずれて）、欠けや異常摩耗、加工精度悪化の原因になります。

近年ではチップの保持力を増強するために、チップとホルダに三角形やのこぎり刃状の溝を備えたチップが市販されています。この構造によって切削抵抗による微小なチップの位置ズレを抑制でき、安定した切削を行えます。また、チップの取付精度（繰返精度）も向上します。エンドミルでもシャンクに溝をつけて保持力を増強しているものもあります。チップをホルダに取り付ける際は、チップとホルダの間に小さな切りくずや塵が入り込まないよう清掃し、規定された締め付け力で確実に保持することが大切です。

要点BOX

- ●チップの保持力は加工精度・工具寿命に影響する
- ●チップの保持力は接触箇所と接触面積に比例する
- ●JISではチップの保持方法を5種類規定している

旋削用チップをホルダに固定する方法

記号	方式	解説
C	クランプオン式	クランプ駒を用いて穴なしチップを固定する方式
D	ダブルクランプ式	一つの動作で二つの機能を同時に作用させて穴付きチップを固定する方式
M	二重クランプ式	偏心ピンとクランプ駒とを用いて穴付きチップを固定する方式
P	ピンロック式	ピンを用いて穴付きチップを固定する方式
S	スクリュオン式	クランプねじを用いて穴付きチップを固定する方式

（JIS B 4125）

旋盤加工でチップに作用する3つの切削抵抗

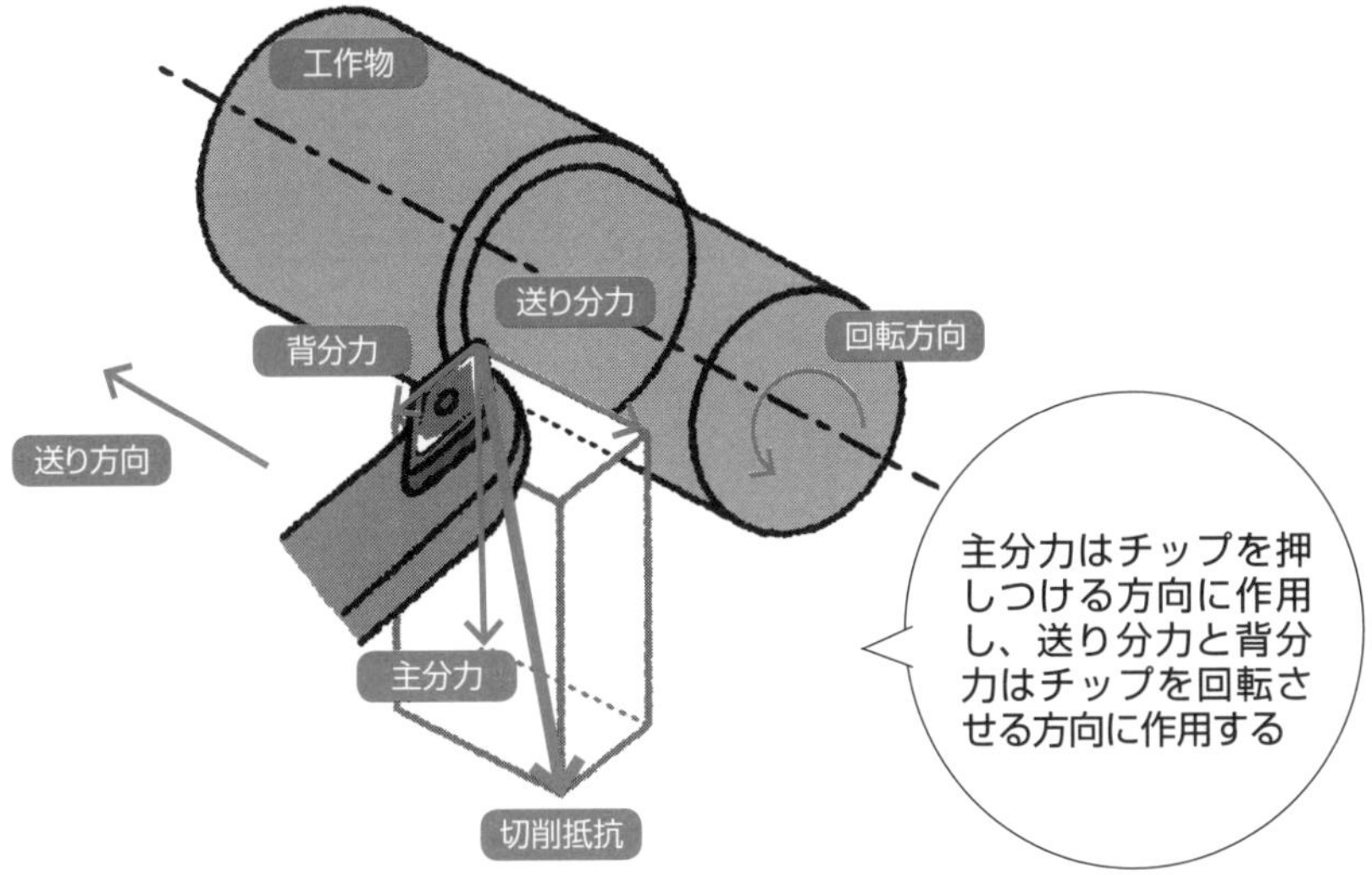

溝をつけたチップ、ホルダ、エンドミル

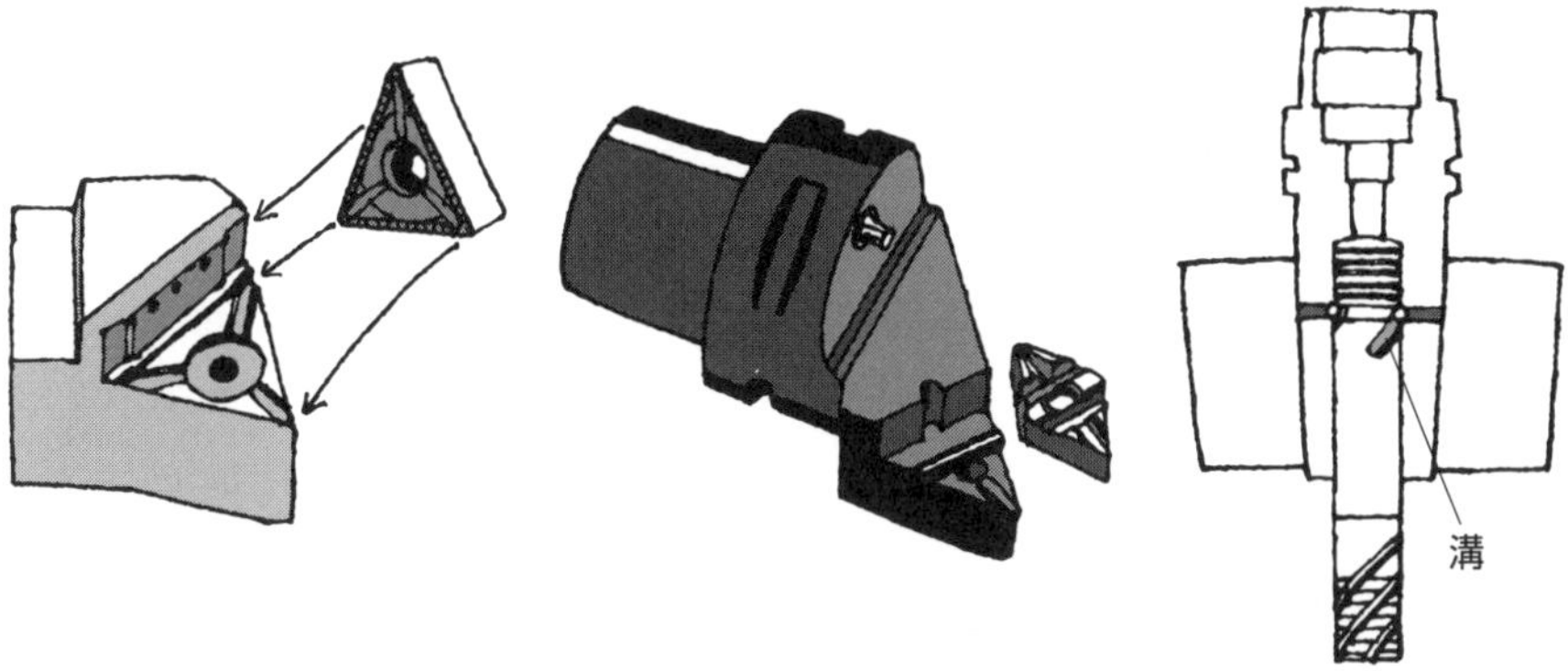

33 溶着物が疑似的な刃先として作用する構成刃先

構成刃先は利点もあるが、欠点の方が多い

アルミニウム合金や軟鋼などを切削した場合、チップの先端に切削熱によって溶解した工作物の一部が付着することがあります。この付着物を「溶着物、凝着物」といいます。溶着物はチップ先端に強く付着し、疑似的に刃先として作用するため、本来の刃先に代わって新たな刃先が構成された状態になります。このように、溶着物が疑似的な刃先として作用する状態を「構成刃先」といいます。

チップ先端に付着した溶着物は組織が変形し、本来の硬さよりも硬くなっているため（加工硬化しているため）刃として作用することは利点のように思えますが、構成刃先の状態で切削を行うと、溶着物は工作物そのものなので、工作物と工作物を押し付けている状態になり、良好な切削にならず、よい仕上げ面を得ることもできません。

構成刃先は疑似的な刃先として作用するため、刃先を保護するという観点では利点として考えられますが、欠点の方が多いため、良好な切削を行うためには溶着物を発生させない（構成刃先の状態にさせない）ことが大切です。溶着物が発生する主な原因は2つあり、1つ目は切削点温度が比較的低いこと、2つ目は刃部材質と工作物の親和性（化学反応性）がよいことがあげられます。

溶着物を発生させない方法には、溶着物が消滅する温度（再結晶温度：金属材料の組織が本来の状態に戻り、加工硬化が消滅する温度）以上に切削点温度を高くすることや、刃部の材質をサーメットやセラミックス、コーティング工具など工作物材質と親和性が低いものを使用することなどがあります。切削点温度を高くするためには、切削速度（回転数）を高くする、送り量および切込み深さを大きくすることが有効です。また、溶着（構成刃先）の角度はおおむね30°になるので、あらかじめ、すくい角30°のチップを使用すると溶着の発生を抑制できます。

要点BOX

- ●再結晶温度以上で削ると溶着が消滅する
- ●親和性の低いチップを使用する
- ●すくい角30°のチップを使用する

構成刃先は敵か味方か?

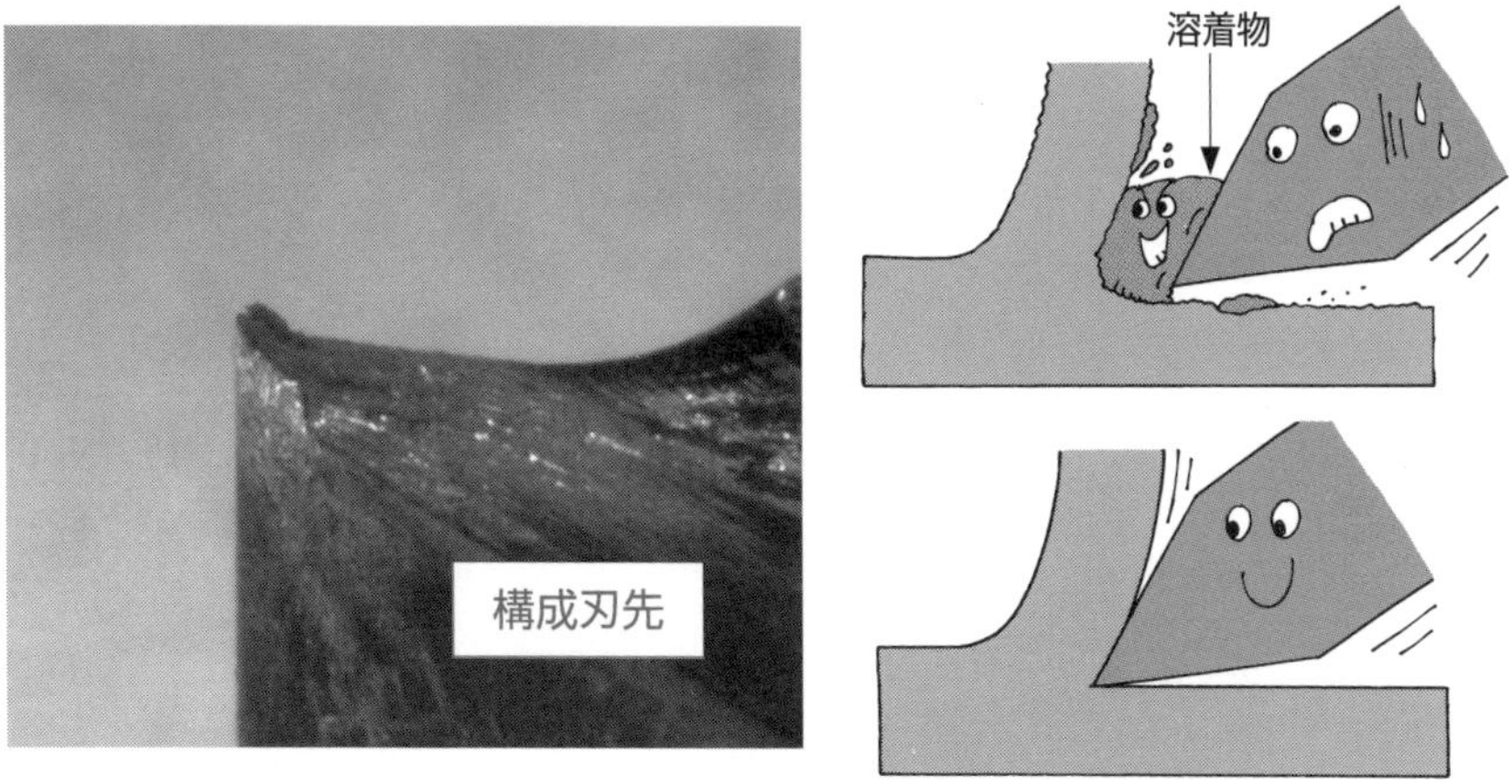

溶着物が擬似的な刃先として作用する構成刃先

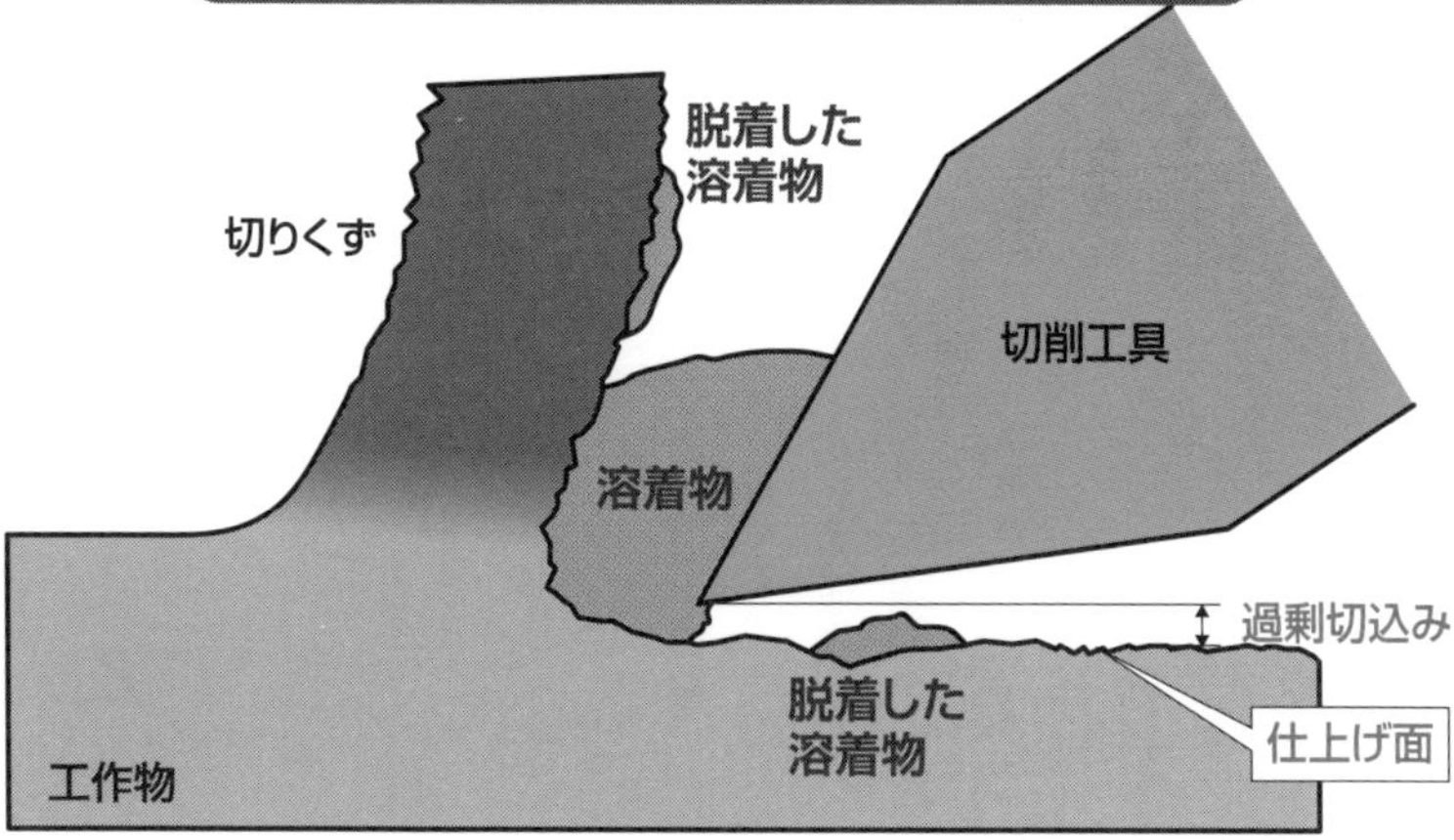

構成刃先による主な悪影響

①不連続な切りくずが発生し、切削抵抗が絶えず変動する。そのため工作物の形状精度が悪くなる。
②溶着物は工作物そのものであり、同じ材質同士で切削していることから、工作物の仕上げ面品位が悪くなる。
③溶着物は切れ刃に強く付着し、大きく脱落した場合、切れ刃先端を欠損させることがある。

34 摩耗と損傷から切削状態の良否を判断する

摩耗と損傷の違い

世の中に摩耗しない刃物はありません。切削工具（チップ）も必ず摩耗します。切削工具の状態は使用時間の経過とともに刃先が劣化する「摩耗」と、使用時間にかかわらず突発的に刃先に不具合が生じる「損傷」に大別されます。

摩耗は主として、すくい面摩耗と逃げ面摩耗、境界摩耗の3種類があります。すくい面摩耗は高温の切りくずがすくい面を流出することによって、すくい面の成分がもち去られ、すくい面上にくぼみが生じる摩耗です。切削熱が高く、粘りのある工作物を削った時に発生しやすくなります。逃げ面は切削時工作物と接触する面で、工作物の回転方向に擦れることによって生じる摩耗が「逃げ面摩耗」です。硬い工作物を削った時に発生しやすくなります。一般に、逃げ面摩耗幅が0.2㎜または0.4㎜になるとチップ交換（工具寿命）の目安といわれています。境界摩耗は逃げ面摩耗の一種で、工作物の表面が接触する箇所に局所的に発生する摩耗です。境界摩耗は鋳物や表面部が加工硬化しやすい工作物（ステンレス鋼）などを削った時に生じやすいです。

損傷は主として、欠損、チッピング、はく離、塑性変形、熱亀裂、破損などがあります。欠損は硬い材料などを削った時など衝撃力に耐えられずチップの刃先が欠ける現象です。チッピングは切削時の振動や衝撃によって切れ刃稜線が微小に欠ける現象です。フレーキングは刃先先端のすくい面が貝殻状に欠ける現象です。フレーキングは高硬度材を削った時など切削抵抗（特に背分力）が大きい場合に生じやすいです。塑性変形は切削熱により刃部が軟化し、刃先が押し曲げられる現象で、切削熱が高く、熱伝導率が低い材料（チタン合金など）を削る場合に生じやすいです。熱亀裂は切削熱による膨張と切削油剤の冷却による収縮を短時間で繰り返すことにより、刃部材料の結晶粒境界に亀裂が生じる現象です。

要点BOX

- ●使用時間とともに劣化するのが「摩耗」
- ●突発的に不具合が生じるのが「損傷」
- ●損傷はおおむね切削初期に生じる

チップの摩耗と損傷の例

摩耗の種類

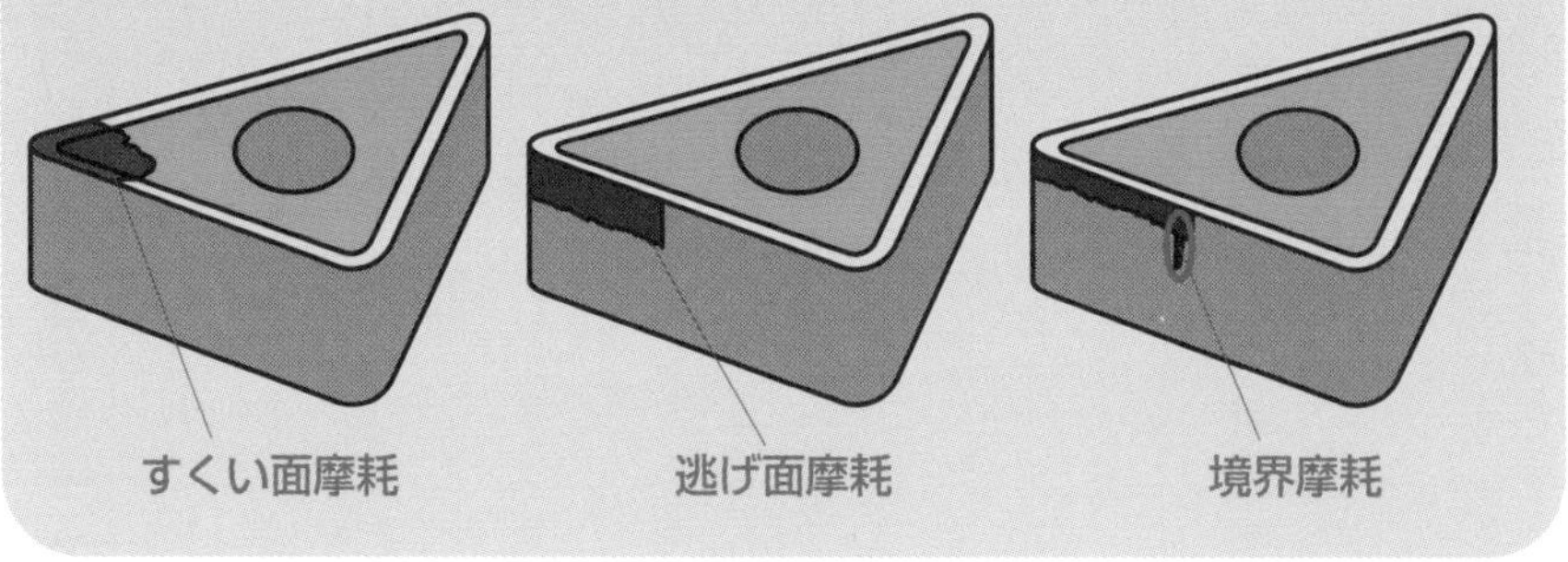

損傷の種類

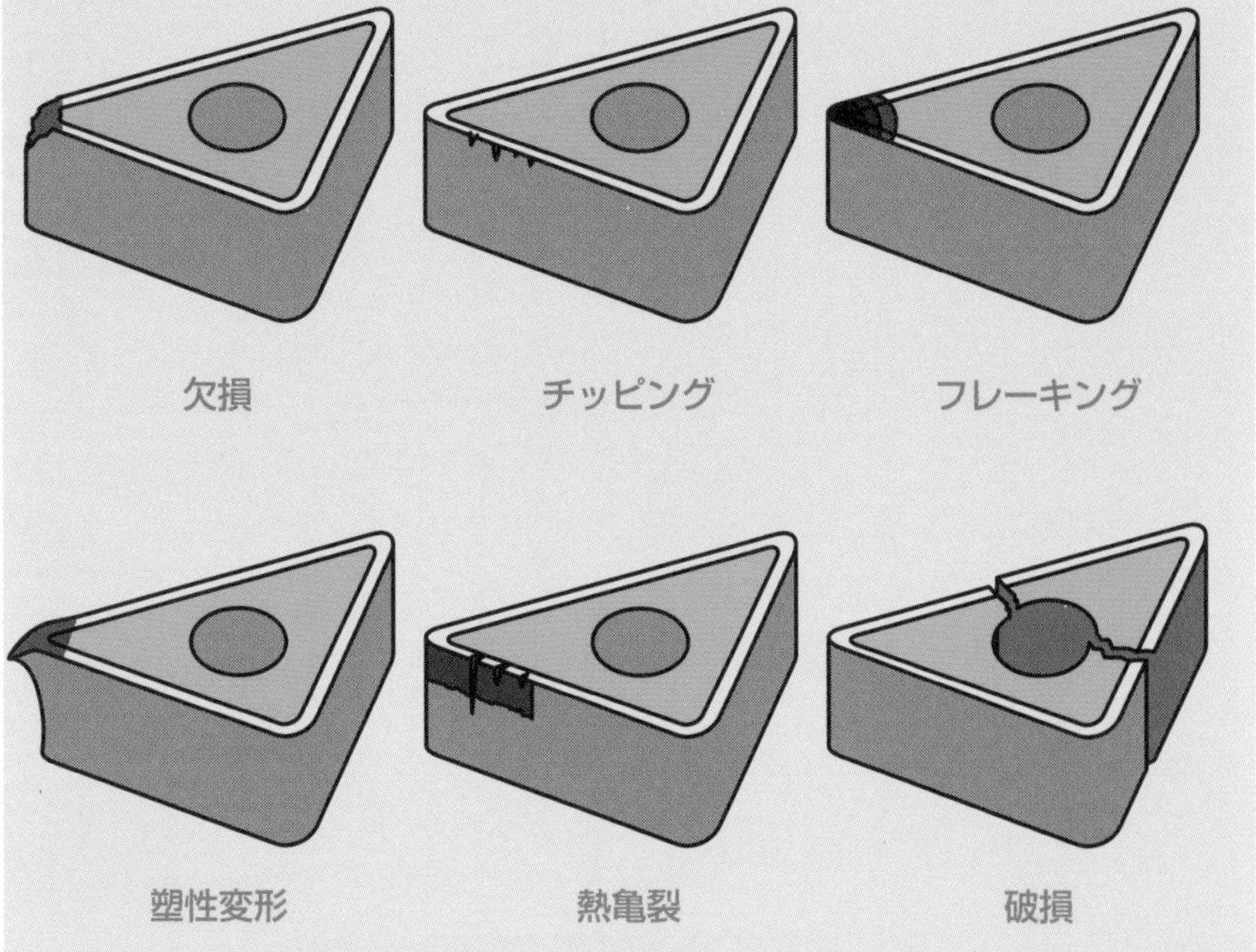

※熱亀裂はサーマルクラックと呼ばれる場合もある

35 切削工具の性能を使いこなす

同じ形状の切りくずを同じ場所に飛ばす

時代とともに切削工具は進化し、近年では刃先交換式切削工具が主流になりました。チップの種類は多種多様で、海外の切削工具メーカを含めるとその数は膨大です。ユーザにとって選択肢が増えることは嬉しいことですが、多すぎるのも困ります。選択する際には正しい知識を持ち、目的に合ったものを選ぶ必要があります。チップが持つ性能を発揮できているか否かを判別する方法の1つに「切りくずコントロール」があります。切削点（チップが金属を削る点）が良好で安定な状態であれば、同じ形状の切りくずが同じ場所に飛ぶはずです。プロゴルファーが常に同じ場所にボールを飛ばすことができるのはフォームが安定しているからです。一方、切削点が不良で不安定な状態であれば、異なった形状の切りくずが四方八方に飛散することになります。つまり、加工が安定していれば同じ形状の切りくずが同じ場所に飛ぶことになり、切りくずの飛散状況が加工の良否を判定する指標になるといえます。また、チップの性能を十分に発揮させて使いこなせていると考えることもできます。そして、削った時に発生する切りくずは高温で熱いですが、これは切りくずがせん断変形することが主因です。言い換えれば、切りくずを変形させずに削ることができれば切りくずは熱くなりません。金属加工で発生する切りくずが熱いというのは常識ではなく、熱くない切りくずを排出することが金属加工を行う上で重要な視点です。切削熱を抑制できれば（切りくずの変形を抑え、切りくずが熱くならなければ）、工作物に蓄積する残留応力も少なくなり、本来工作物が持つ性能を維持したまま形状をつくることができるでしょう。チップが本来もつべき性能以上で使いこなせればよいですが、それはなかなか難しいことです。まずは本来もつべき性能を十分に発揮させるためには何が必要かを考えることが大切です。そのためには加工点に意識を向け、切りくずに注目してください。

要点BOX

- ●切りくずコントロールが1つの指標
- ●同じ形状の切りくずが同じ場所に飛ぶ
- ●切りくずが熱いというのは常識ではない

旋盤加工で行われる代表的な加工

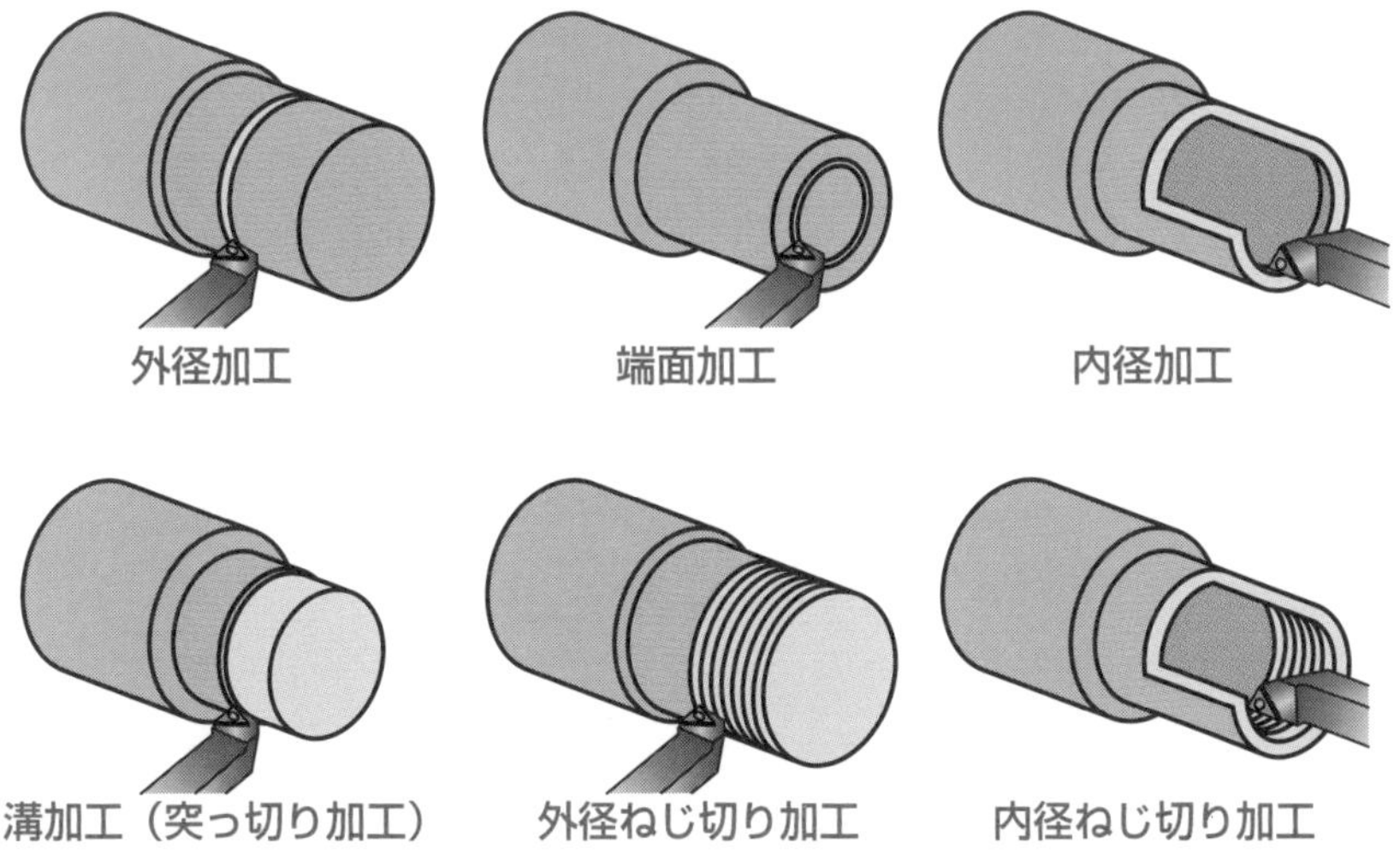

旋盤加工で使用されるスローアウェイチップの一例

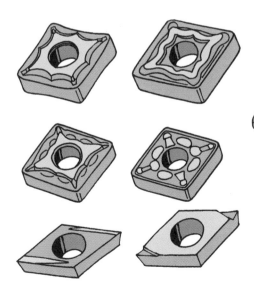

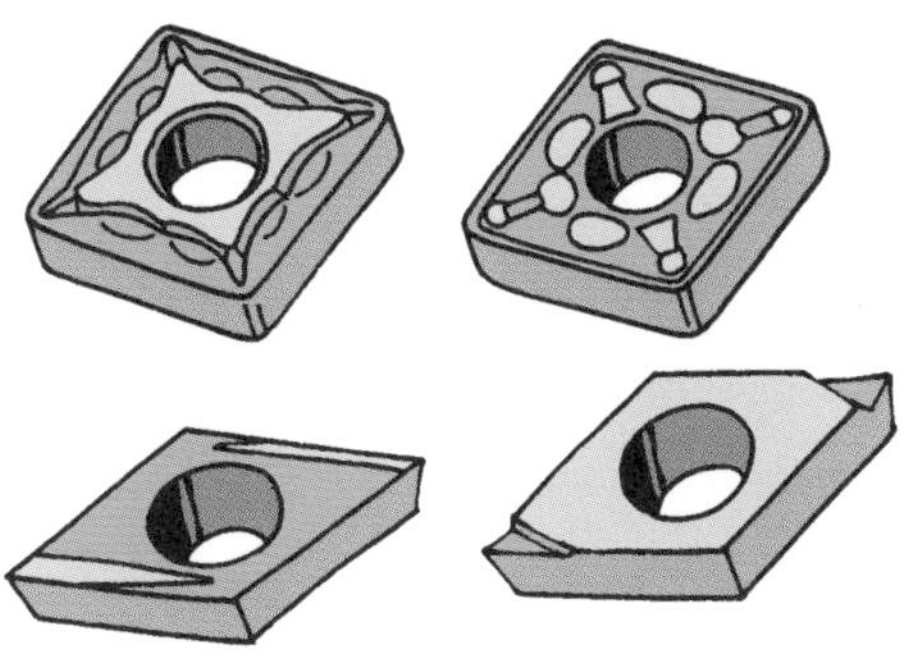

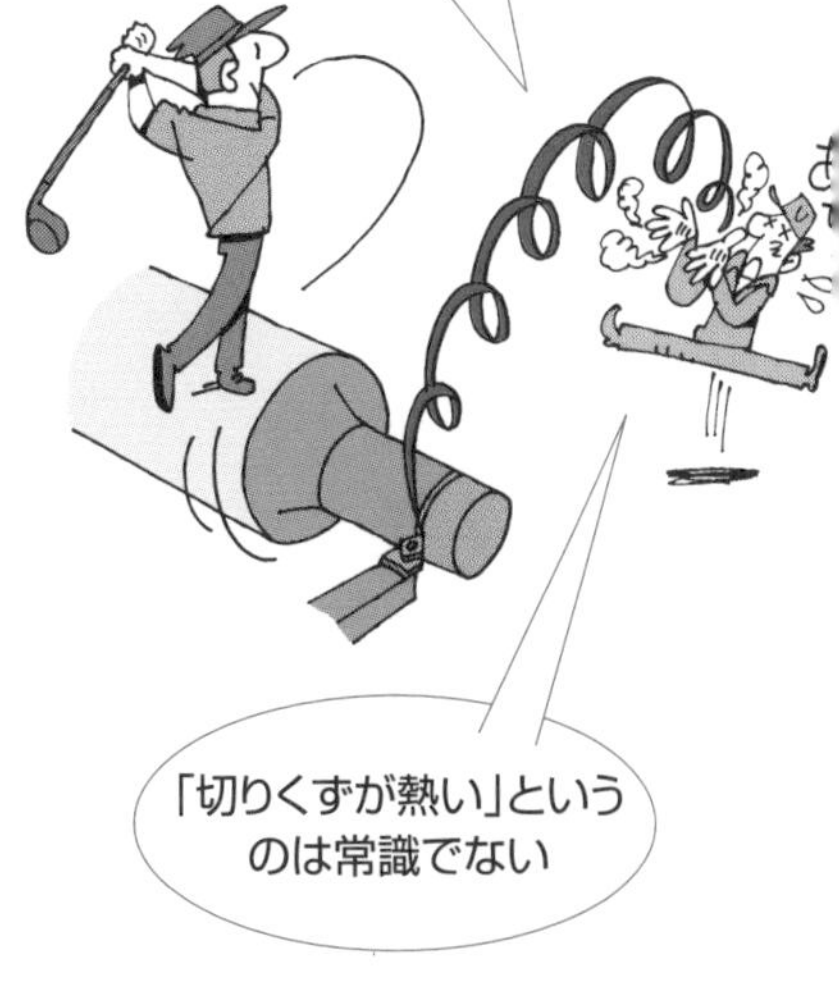

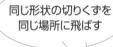

36 規則正しい微小な凹凸を付けるローレット

ローレットには転造式と切削式がある

丸棒の円周上に規則正しい微小な凹凸を付ける工具を「ローレット」といい、ローレットを使用した加工法を「ローレット切り（ローレット加工）」といいます。ローレットには回転する駒が付いており、駒の目を回転する工作物に押し付けることによって工作物表面に凹凸を施します。ローレットは滑り止めや美観向上などを目的として材料表面に施され、ダイヤルのつまみや100円ライターのローラはローレットを施した加工面になります。ローレットはフランス語でギザギザを意味する「ルーレット（Roulette）」が語源です。ルーレットは回転盤を使用したカジノゲームの一つです。ローレットは海外ではギザギザを意味する「ナーリング（Knurling）」といわれることもあります。

ローレットの目は主として、平目とアヤ目があり、平目は1方向の線状模様になり、アヤ目は2方向の線が交差する模様になります。ローレットは「切りくずを排出せず刃部の形状を転写させる転造式」と「切りくずを排出しながら形状をつくる切削式」の2種類に分かれます。転造式は目の模様を転写させるだけの単純な作業ですが、安定した加工を行うためには一定のスキルが必要で、生産現場ではさまざまなトラブルが生じることが多い加工です。特に大きな抵抗が作用するため工作機械への負担が大きくなります。

一方、切削式は切りくずを排出する切削（削り）のため、切削抵抗が抑制され、工作機械への負担は小さく、工作物の盛り上がりはほとんど生じません。したがって、薄肉や長物、細物、軟らかい材料（樹脂など）に加工に適しています。ただし、一般に仕上がり具合は切削式よりも転造式の方がきれいです。転造式、切削式ともにローレット加工は切削油剤の供給は必須です。切削油剤は転造式では駒と工作物の潤滑性を促し、駒と軸部の焼き付きや破損を防止する働きがあります。切削式では切りくずの噛み込みを防止する働きをします。

要点BOX

- ●ローレットの語源はルーレット
- ●英語ではナーリングといわれる
- ●ローレット加工は切削油剤の供給が必須

ローレット加工された製品の例

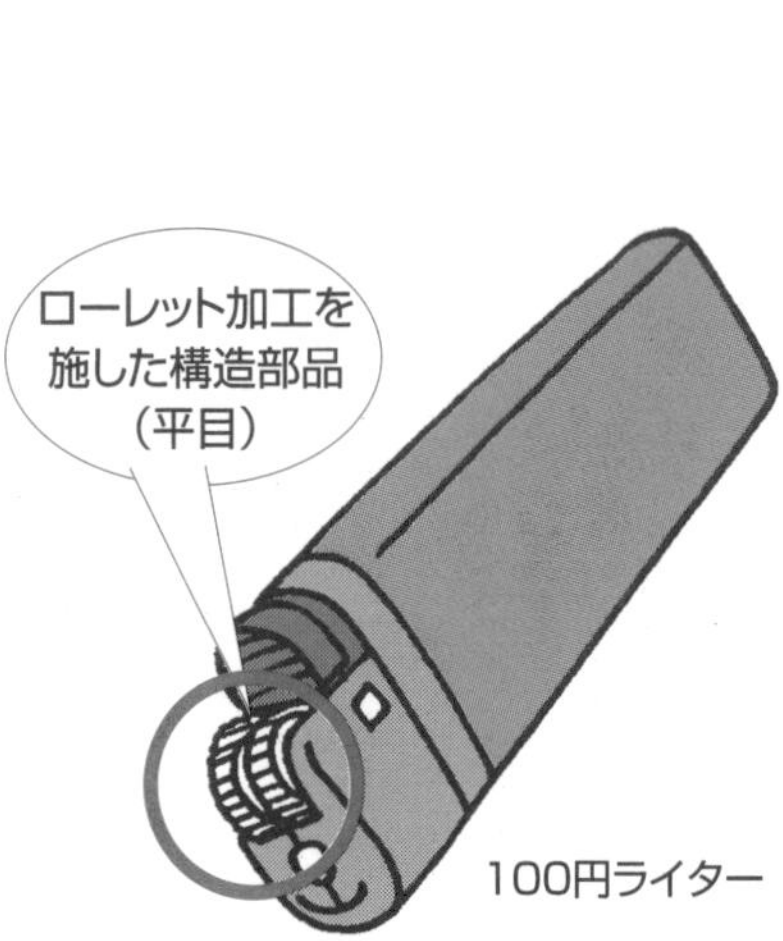

ローレット加工の様子

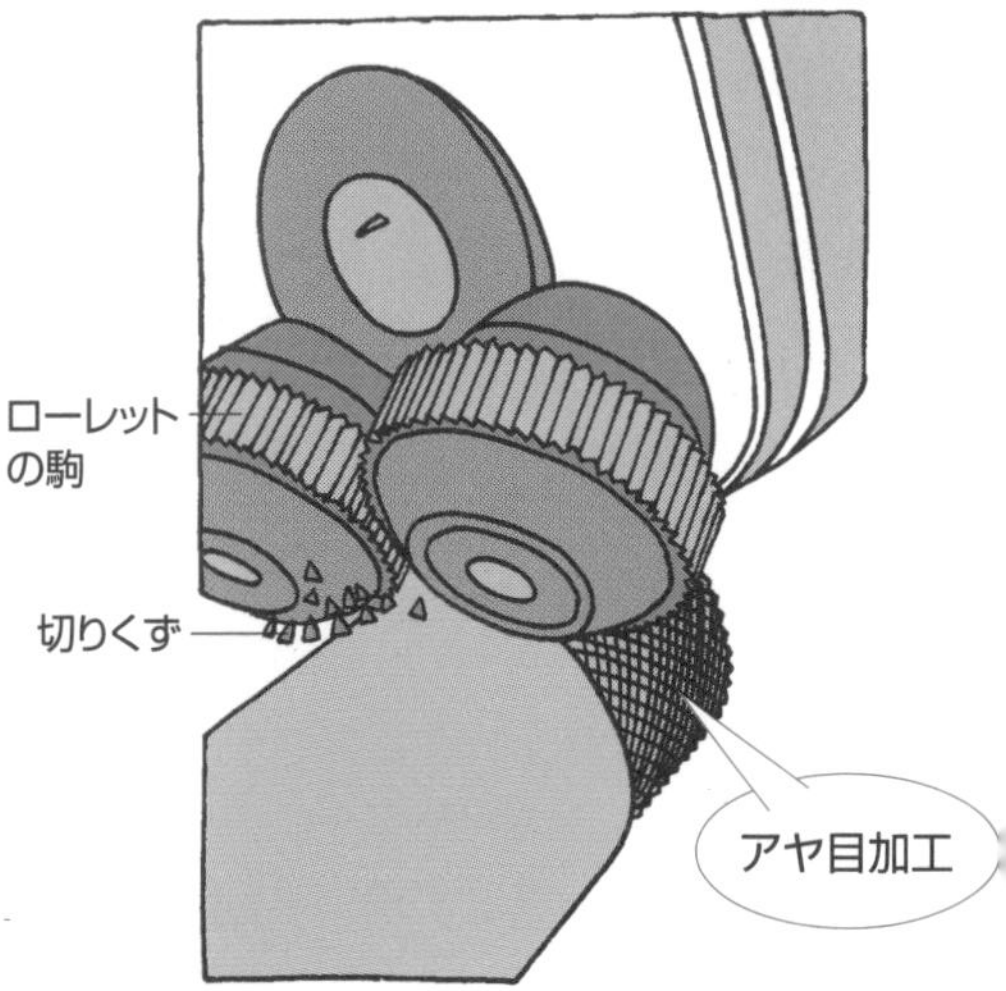

切削式と転造式のローレット

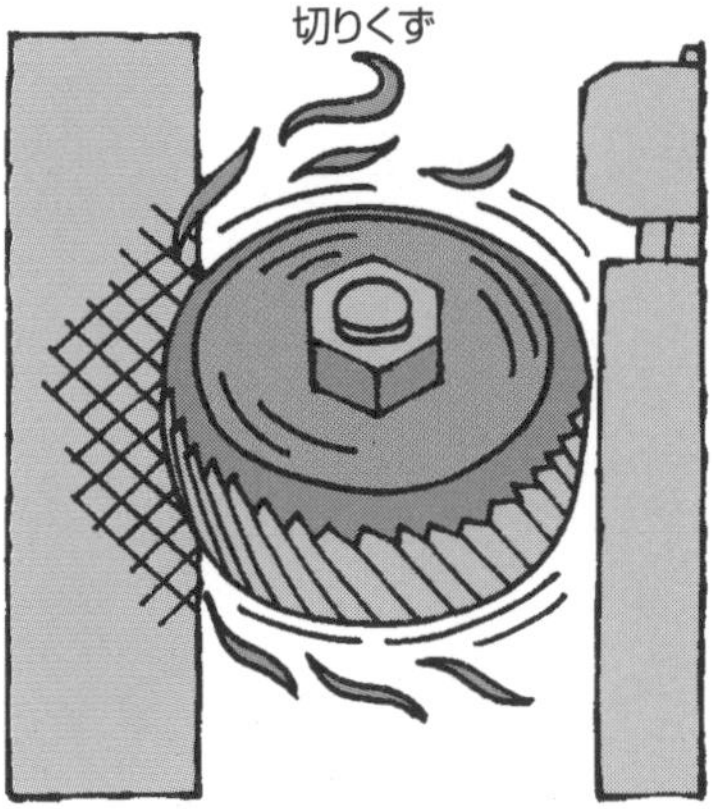

切削式ローレット

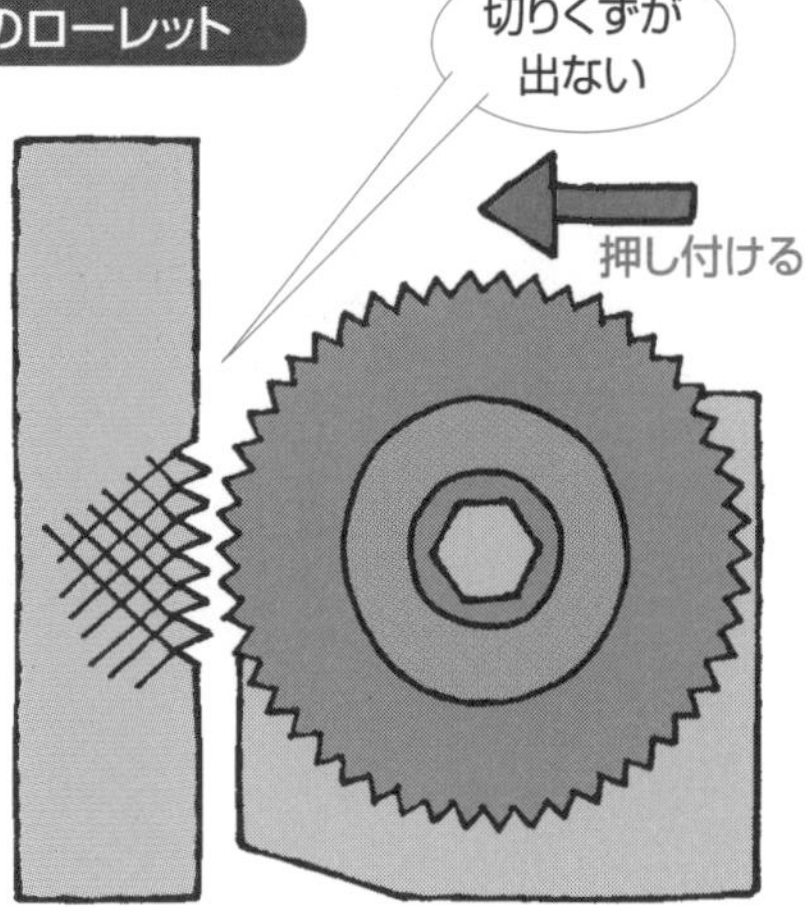

転造式ローレット

ローレットの目の模様

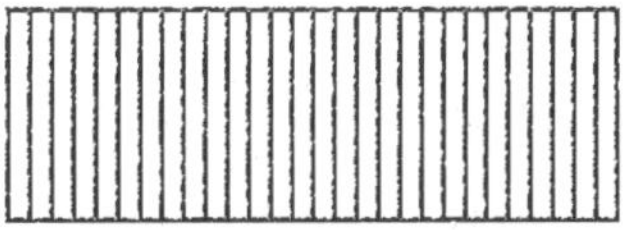

平目

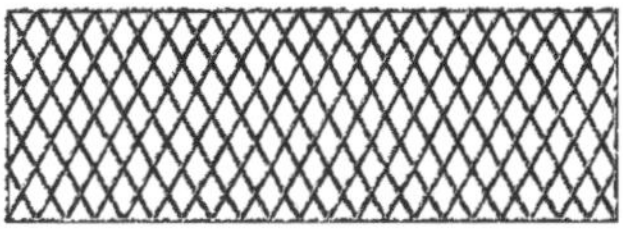

アヤ目

Column

油砥石《といし》と水砥石

　包丁を研ぐための砥石を探してみると、「油をかけながら研磨する油砥石」と「水をかけながら研磨する水砥石」の2種類あることに気づきます。両者は何が違うのでしょうか。両者とも天然石を前提とすると、油砥石はアメリカで採取された天然石の砥石で、水砥石は日本で採取された天然石の砥石を示します。

　油砥石は米国・アーカンソー州で採取される天然の岩石（ノバキュライト、けい酸）を主原料とする石英（水晶）に似た砥石で、アルカンサス砥石やインディア砥石と呼ばれることもあります。アルカンサス砥石は、元々ネイティブアメリカンが狩猟用の矢や刃物などの武器として用いてきた石で、その後、刃物用の砥石として使用されるようになりました。開拓当時のアメリカ内部では水が貴重だったことから、潤滑や砥石の目づまり抑制のために油を使用していたため、刃物および研磨用として油と相性の良い石が選ばれました。これが油砥石といわれる所以（ゆえん）です。油砥石は手作業用の砥石としては硬く、現在では主として職人さんが使用することが多いです。

　一方、水砥石は日本の各地で採取される天然の岩石です。ただし、現在では採掘を終了している産地も多く、流通量は限られています。品質の良いものは手に入れることも難しくなっています。水砥石は包丁や日本刀、農具、大工道具といった刃物を研ぐための砥石として使用され、砥石自体は軟らかく、刃物と砥石が接触することで砥石の表面が削られ、細かい石の粒子が水と混ざり研磨剤として作用し、刃物が磨かれる仕組みになります。したがって、水砥石は研磨力に優れていますが、摩耗が早く、形崩れしやすいです。古来より日本では水が豊富であったことから、刃物を研ぐ際に水を使用したことにより、水と相性の良い石が選ばれてきました。これが水砥石といわれる所以です。

　簡単にまとめると、油砥石は仕上げ面性状に優れ、水砥石は研磨力に優れた砥石といえます。

第4章

フライス盤で使われる切削工具

37 フライス工具とバイトに求められる性能の違い

衝撃に耐え得る強靭性が求められる

フライス加工の特徴は切削工具が回転することです。そして、フライス加工に使用される切削工具の特徴は工具円周上に複数の刃を有することです。多数の刃を有する切削工具を「多刃（たじん）工具」といいます。フライス加工は切削工具が回転することによって、回転する刃が次々に工作物に食い込み、不要な箇所を削り取る加工法です。刃が工作物に衝突する瞬間には大きな衝撃力が作用するため、フライス工具には断続的に発生する衝撃に耐え得る強靭性（粘り強さ）が求められます。また、フライス加工は切削工具が回転するため、刃は工作物を削っている時間（切削時間、接触時間）と削っていない時間（非切削時間、非接触時間）を繰り返します。切削時間では刃は工作物を削るため、切りくずの変形にともない高温になりますが、非切削時間では刃は空気により冷却されます（切削油剤を供給している場合には水冷または油冷されます）。このように、短時間に急加熱、急冷却を繰り返すことになるので、フライス工具には温度差に強い耐熱衝撃性が求められます。加熱・冷却の温度差によって刃が欠けることを熱亀裂（サーマルクラック）といいます。一方、旋盤加工の特徴は工作物が回転し、切削工具（バイト）は回転しないことです。そして、バイトの特徴はボデーに1枚の刃を有することです。1枚の刃を有する切削工具を「単刃（たんば）工具」といいます。旋盤加工は工作物が回転し、バイトが直線または曲線運動するため、工作物表面に溝や凹凸がない場合には、刃が工作物に衝突するのは加工開始時のみで、衝撃力はこの時しか作用しません。一方、刃は回転する材料に常に接触していることになるので摩耗が激しく、摩擦熱も高くなります。このため、バイトには連続的な接触に耐え得る耐摩耗性と耐熱性が必要です。このように、フライス加工は断続切削、旋盤加工は連続切削のため切削工具に求められる性能が異なります。

要点BOX

- ●フライス工具には靭性と耐熱衝撃性が求められる
- ●バイトには耐摩耗性と耐熱性が求められる
- ●フライスは断続切削、旋盤は連続切削

単刃工具と多刃工具

バイト(単刃工具)

(多刃工具)

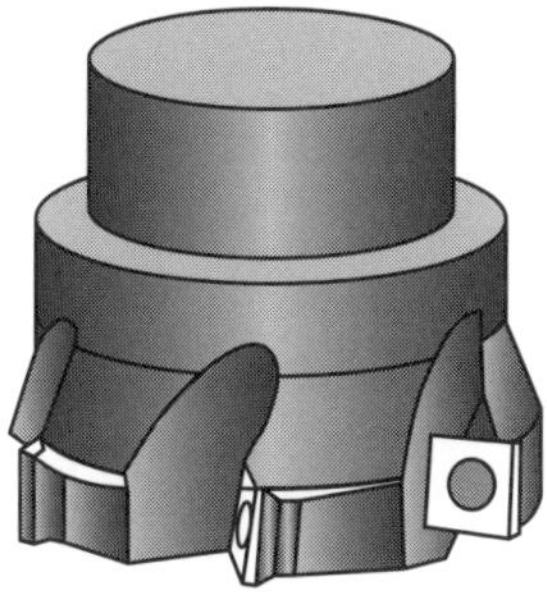

正面フライス

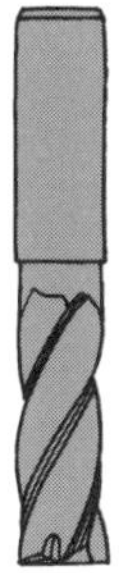

エンドミル

連続切削と断続切削

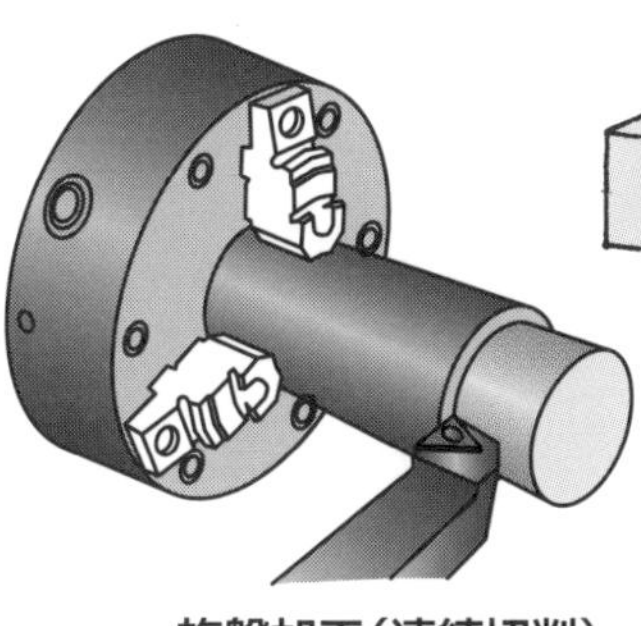

旋盤加工(連続切削)

フライス加工(断続切削)

フライス加工の特徴

正面フライス加工の切削の様子

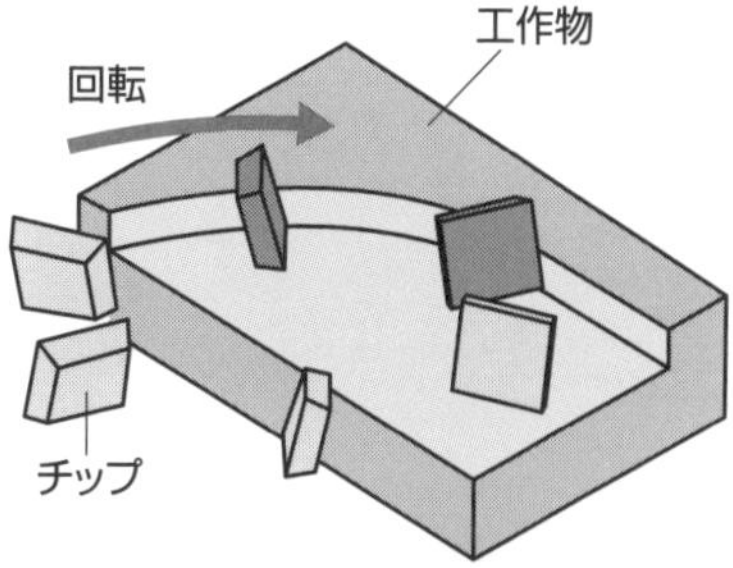

フライス加工は接触時間(加熱)と
非接触時間(冷却)の繰り返し

38

広い平面を削る正面フライス

ムリ、ムダ、ムラを考えることが重要

広い平面を削りたい場合に使用する切削工具を「正面フライス（またはフェイスミル：Face mill）」といいます。正面フライスは生産現場で「フルバック」と呼ばれることがありますが、これは以前、正面フライスが「フルバック」という商品名で発売され、広く普及したことに起因します。正面フライスは広い平面を効率よく削るためボデーの外径が大きく、円周上に多数の刃を等間隔に付けた構造をしています。たとえば円周上に6枚の刃を取り付けた正面フライスでは、1刃が工作物を削る量を1とした場合、1回転すると削る量は6になります。つまり、ボデーの外径が大きいほど、また刃数が増えるほど加工能率が高くなることになります。ただし、ボデーの外径が大きくなると重くなるため、使用するフライス盤（工作機械）のパワーも大きいものが必要になります。小さなフライス盤に大きな正面フライスを取り付けるのは「ムリ」で、大きなフライス盤に小さな正面フライスを取り付けるのは「ムダ」です。機械加工では「ムリとムダ」を考え、工作機械に適合した大きさの切削工具を選択することが大切です。また、マシニングセンタで使用する場合は、ツールマガジンでの隣同士の干渉に注意が必要です。

刃数が増えると、刃と刃の間隔が小さくなるため、排出する切りくずが円滑に排出されず詰まり気味になり、良好な切削が継続できません。刃と刃の間隔を「チップポケット」といい、チップ（Chip）は切りくず、ポケット（Pocket）は物入れの意味です。正面フライスは見る角度によって2つのすくい角があり、正面フライスを横から見た時のチップの挿入角を「アキシャルレーキ」、正面フライスを裏から見た時のチップの挿入角を「ラジアルレーキ」といいます。両角度は切れ味と切りくずの流出方向に大きな影響を及ぼす角度です。また、刃が工作物を切り取る角度を「コーナ角」といい、コーナ角の余角を「切込み角」といいます。コーナ角（切込み角）は切削抵抗の向きに影響します。

要点BOX

- 刃数が増えるほど加工能率が高くなる
- ツールマガジンでの隣同士の干渉に注意
- コーナ角（切込み角）は切削抵抗の向きに影響

正面フライスは広い平面を加工する切削工具

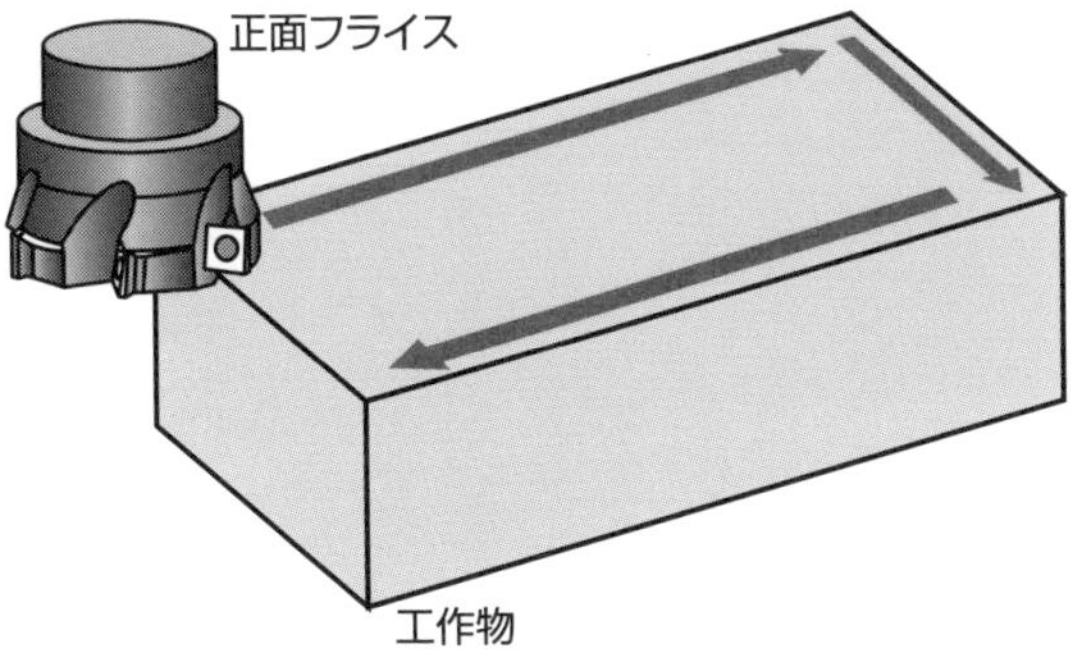

刃（歯）の間隔が狭いと
切りくずが詰まりやすい

正面フライスの刃数

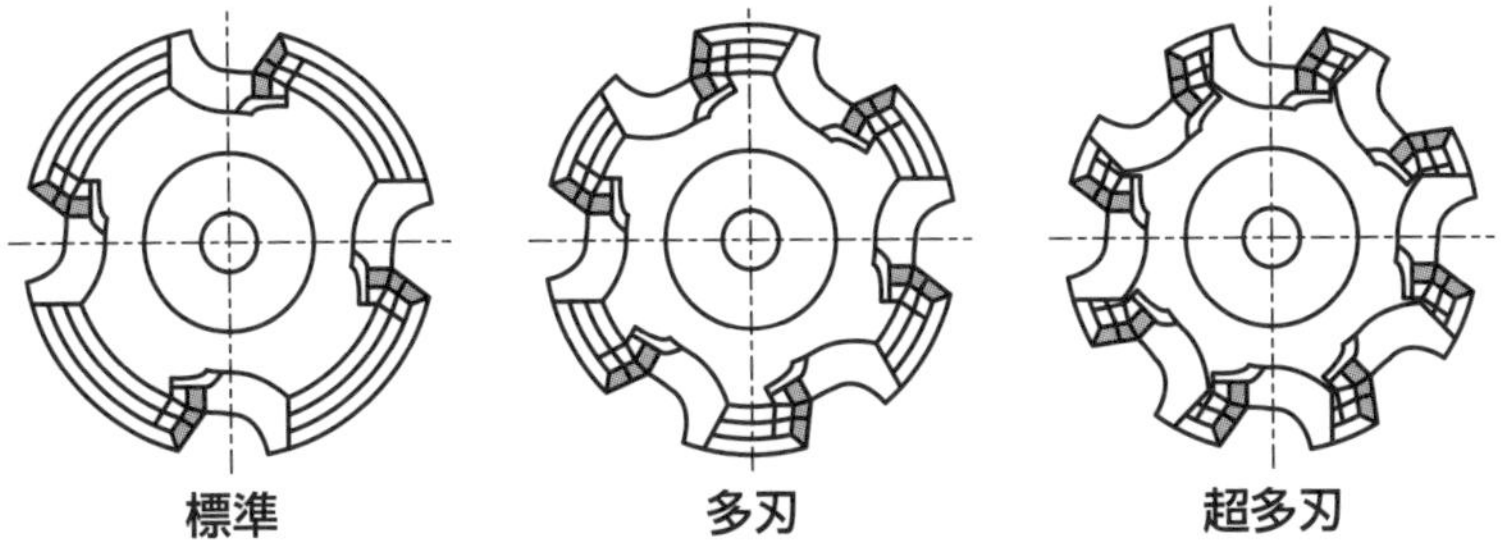

正面フライスの重要な4つの角度

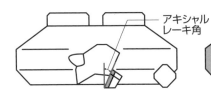

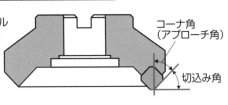

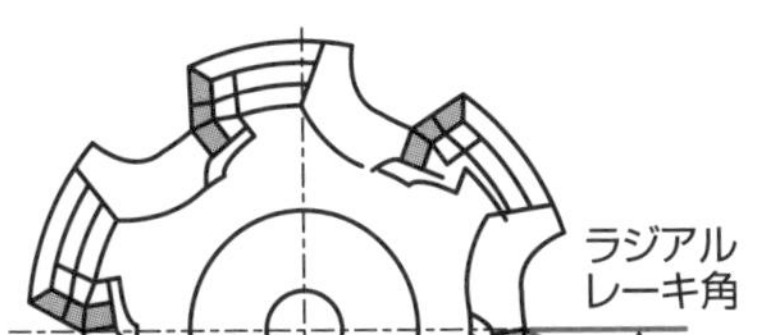

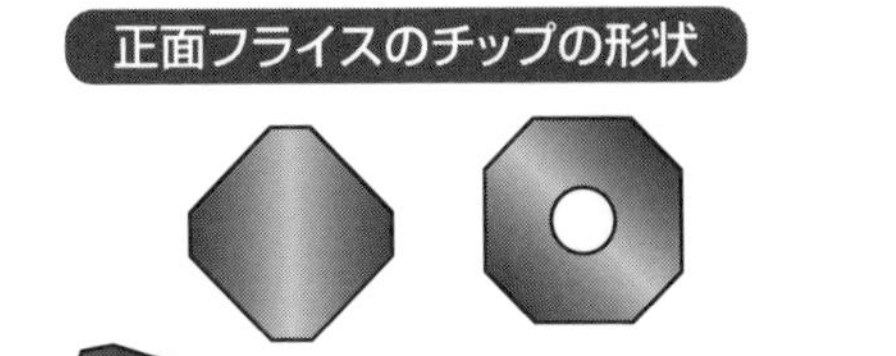

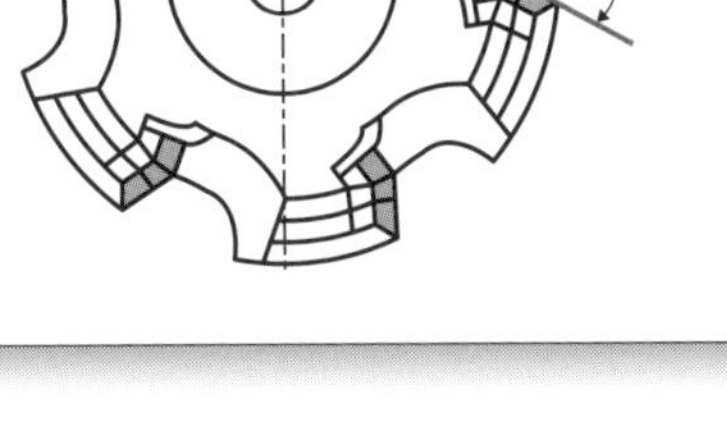

正面フライスのチップの形状

39 正面フライスを使う時の注意点

摩擦（上滑り）は切削工具の天敵!!

正面フライスは外径の大きなボデー円周上に多数の刃をもった切削工具で、刃数が増えるほど1回転あたりに工作物を削る量が増えるので加工能率が高くなります。しかし、刃数が増えると管理が難しくなることがあります。ボデーから付き出す刃の高さです。人が多くなると集団行動の管理が難しくなるのと同じです。刃の突き出し高さが揃っていない正面フライスで平面加工すると、刃の凸凹が工作物表面に転写されるため、工作物の表面は平滑になりません。

正面フライス加工で平滑な平面に削るためには、刃の付き出す高さを揃えることが重要です。正面フライスに取り付けたすべての刃の突き出し高さをバラツキなくそろえることは難しく、刃数が増えるほど手間は増えます。一般に正面フライスの刃の突き出し高さのバラつきは0.1㎜以内が理想といわれています。すべての刃の突き出し高さを揃えたとしても、正面フライスが材料を削る瞬間には大きな衝撃力が作用するため、正面フライスには微小な振動が発生します。刃の高さをバラツキなく揃えたとしても、振動分だけ凸凹ができ平滑な面は削れません。つまり、バラつきが0.1㎜以内であれば、刃のバラつきによる凹凸と振動による凹凸が重なって相殺されるため、正面フライスの突き出し高さは0.1㎜以内であれば十分といえます。

次に、主軸側から正面フライスを見たとき、刃が工作物に食い込む瞬間の角度（エンゲージ角）も大切です。エンゲージ角が大きい場合には、刃が工作物を削りはじめる厚さが薄くなり、刃が工作物に食い込みにくく、工作物の表面を滑る「上滑り」という現象が生じやすくなります。上滑りが生じると摩擦熱が発生し、刃が異常摩耗する原因になります。一方、エンゲージ角が小さい場合には、刃が工作物を削りはじめる厚さが厚くなり、刃がしっかりと工作物に食い込むので、上滑りは発生せず良好な切削になり、刃が異常摩耗することはありません。

要点BOX

- ●チップの突出し高さを揃えることが重要
- ●エンゲージ角が大きいと上滑りが生じる
- ●上滑りは異常摩耗の原因になる

正面フライスは歯並びが大切

歯の高さがバラバラ

歯の高さが揃っている

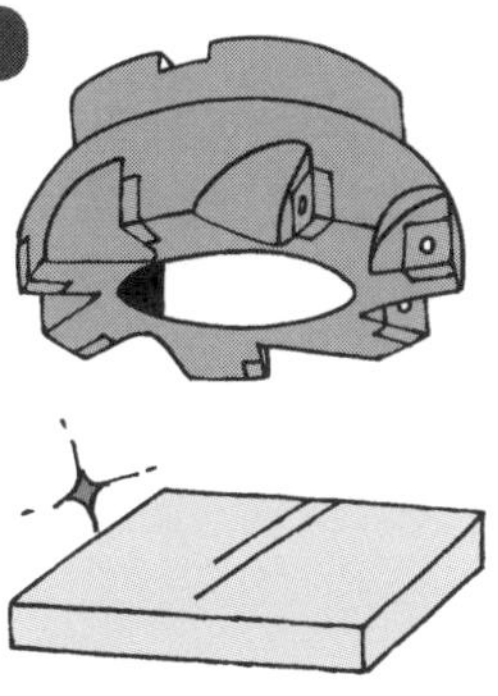

刃の高さを揃えないと
仕上げ面が平滑にならない

正面フライス加工時に発生する切削抵抗

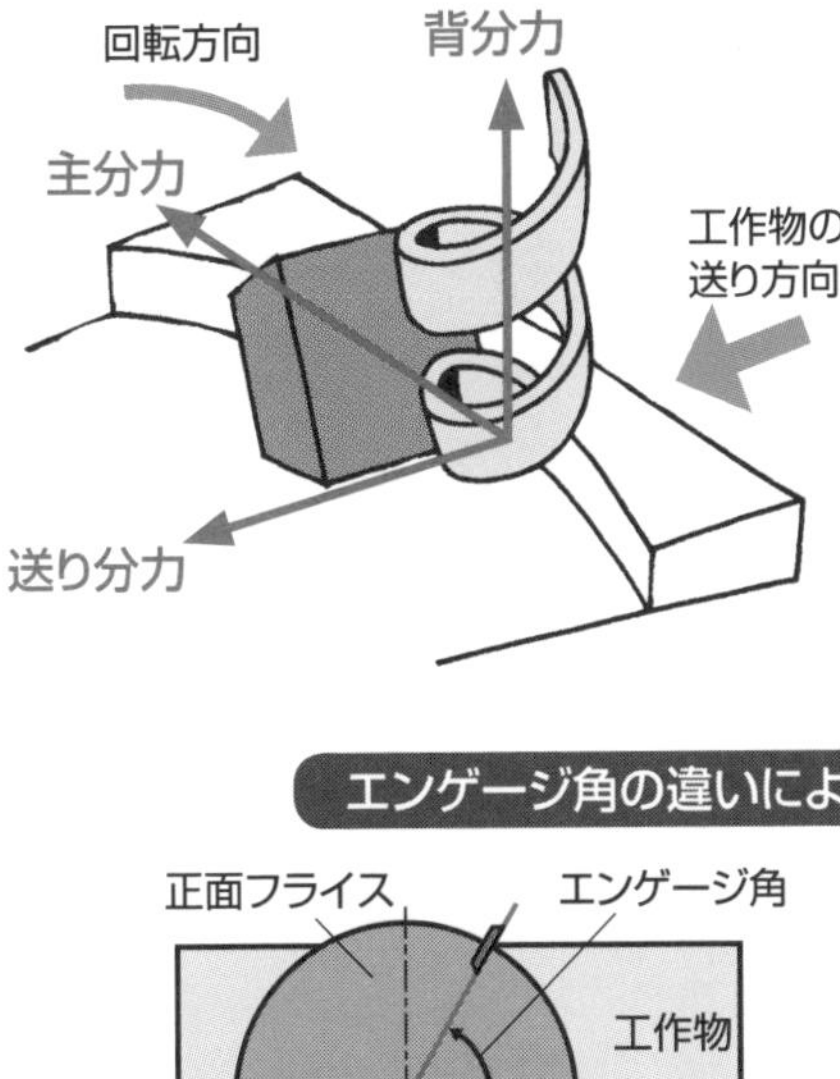

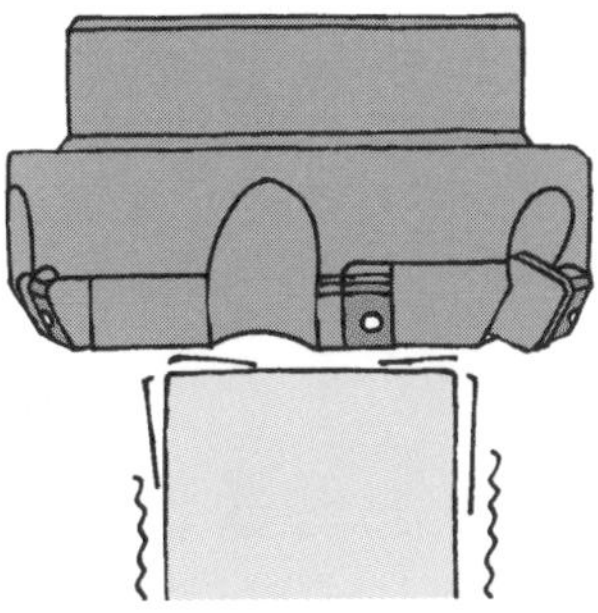

びびり振動が発生することがある

エンゲージ角の違いによる切取り厚さの違い

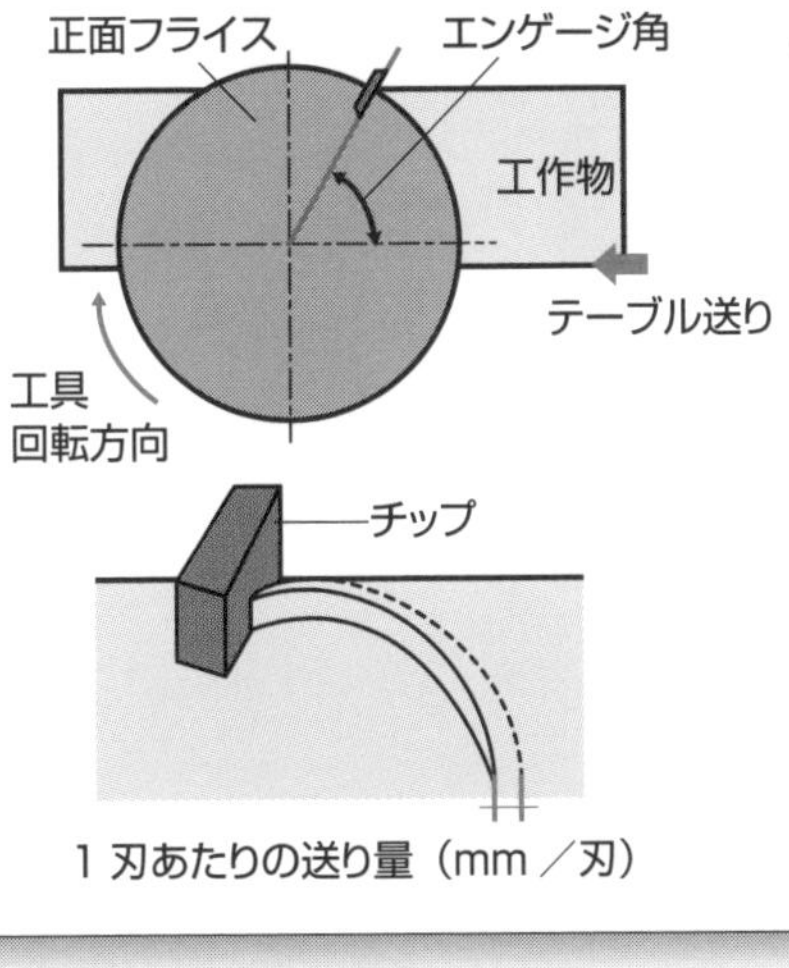

1 刃あたりの送り量（mm ／刃）

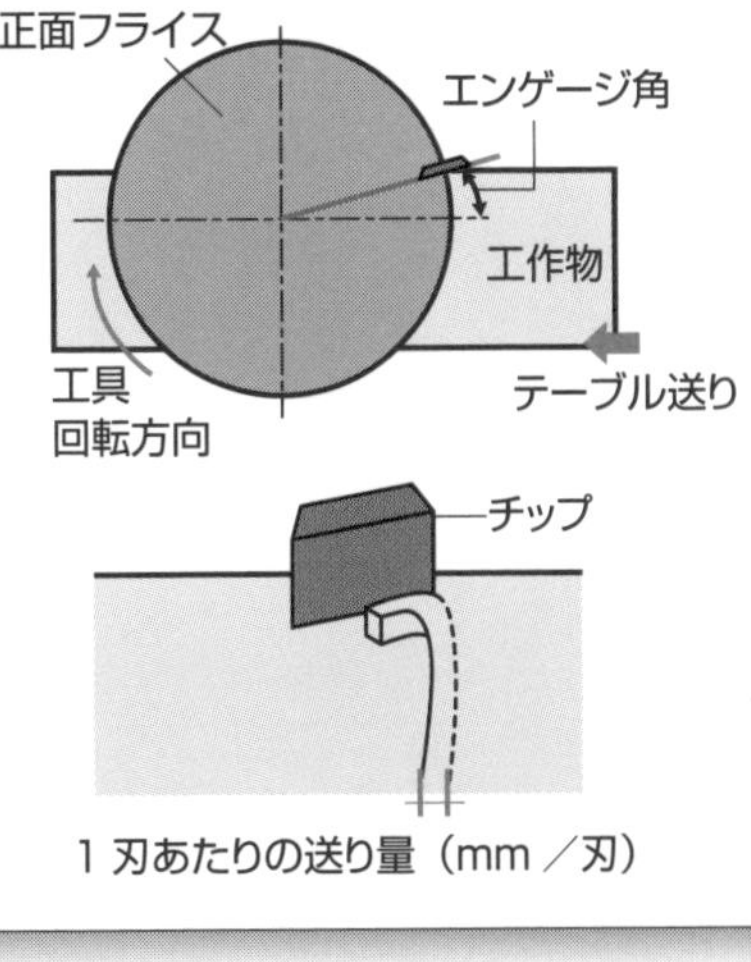

1 刃あたりの送り量（mm ／刃）

40 フライス用チップの平置きと縦置き

ボデーの剛性とチップの切れ味は相対関係

フライス工具（正面フライスや刃先交換式のエンドミル）は、チップが平置き（横置き）タイプと縦置きタイプの2種類があります。平置きは従来から流通しているものに多く、チップのすくい面が広く、すくい角を大きくできます。チップポケットも大きいため、切削抵抗が低く、切りくずの排出性が高いことが利点です。反対に、縦置きに比べてボデー（ホルダ）の心厚が細く、剛性が低くなります。一方、縦置きは平置きに比べてボデー（ホルダ）の心厚が太いため剛性が高く、びびりにくく、高精度加工に適します。また、チップの厚み（工具回転方向の厚み）が厚いため重切削にも有効です。反対に、すくい面が狭く、すくい角を大きくすることが難しくなります。チップポケットも小さいため、切削抵抗が高くなりやすく、切りくずの排出性が悪くなりやすいという課題があります。

平置きと縦置きはボデーの心厚とチップのすくい面の広さが相反する関係、言い換えれば、ボデーの剛性とチップの切れ味（低切削抵抗）が相対する関係となります。近年、マシニングセンタは小型化しています（主軸剛性が低くなっている）ので、ボデー剛性とチップの切れ味のどちらを優先させるか、使い方が重要です。基本的には平置きは低切削抵抗向き、縦置きは重切削向きと考えてよいでしょう。ただし、縦置きのチップでも切れ刃角度の変更やチップブレーカ形状の適正化により切りくずの排出も高く、高能率加工と低切削抵抗の両立が図られています。切りくずの分断に課題があるときは切削油剤を切りくずの裏面に当て、切りくずの分断を促すのもよいでしょう。

高速に回転するフライス工具では回転振れを小さくすることや、チップの突き出し高さ（円周方向と軸方向）を揃えることが加工精度向上と工具寿命延命のポイントになります。ただし、ねじで締め付けるタイプ（スクリューオンタイプ）では、チップの取付精度が構造的な精度に影響されます。

要点BOX

- ●平置きは切りくずの排出性がよい
- ●縦置きは心厚が太く、剛性が高い
- ●平置きは低切削抵抗向き、縦置きは重切削向き

平置きと縦置きの違い

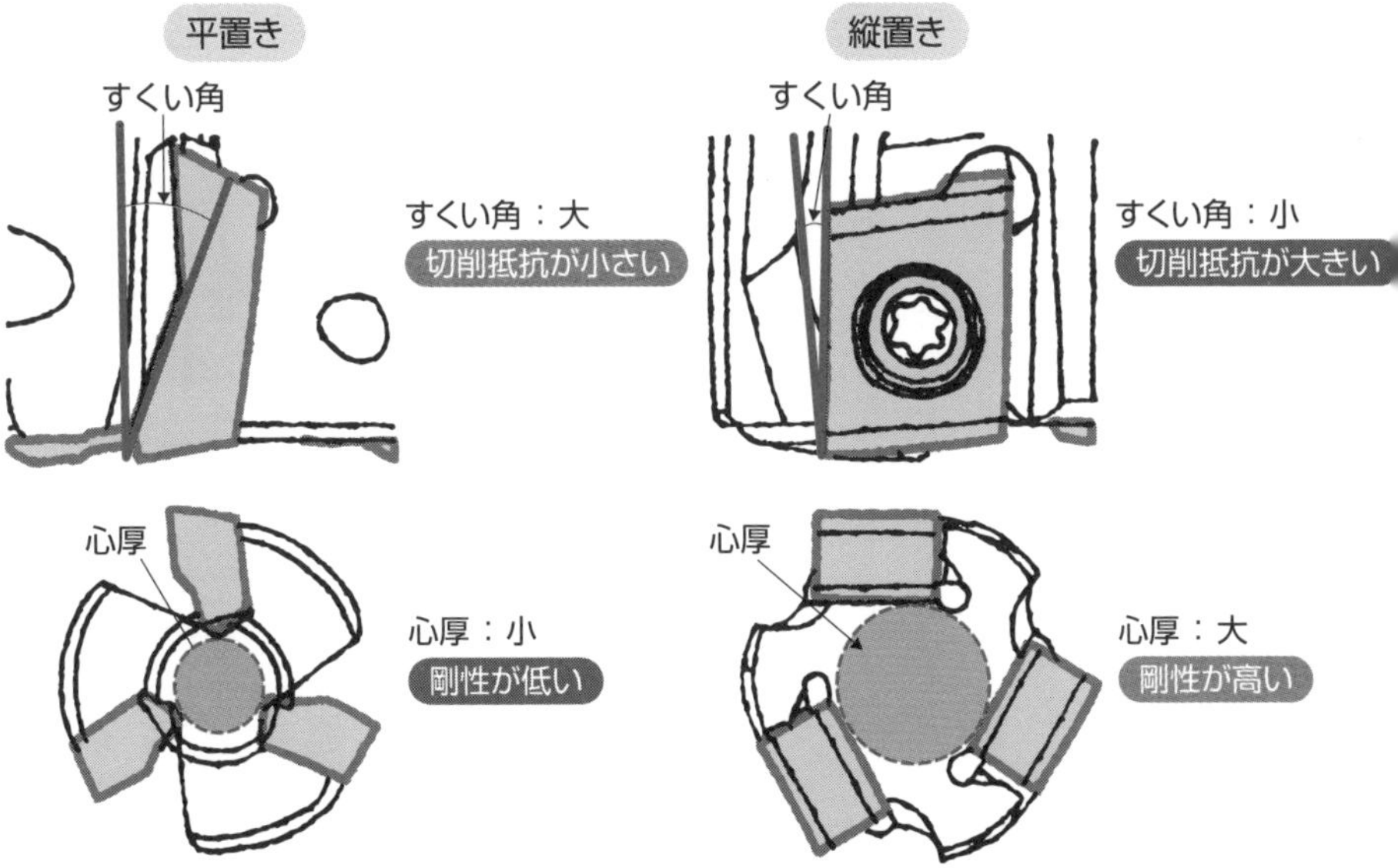

縦置きは主分力に対して強い（重切削向き）

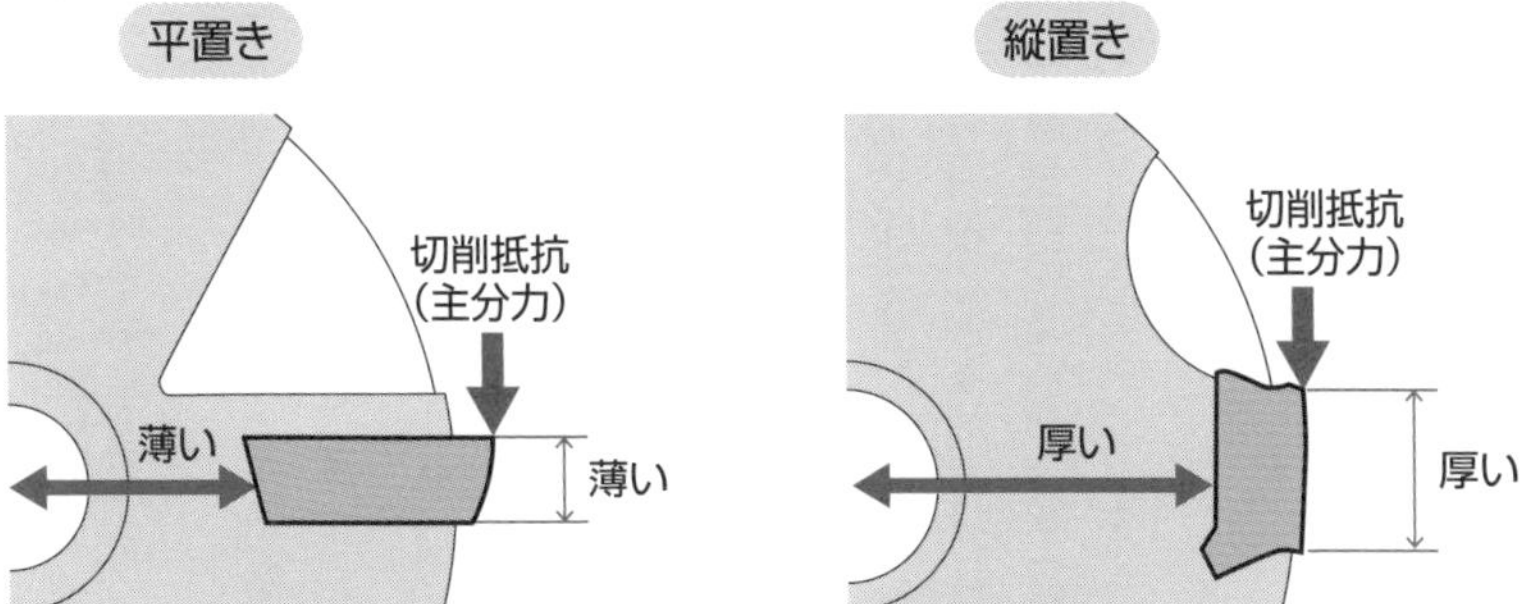

切削油剤で切りくずの分断を支援する

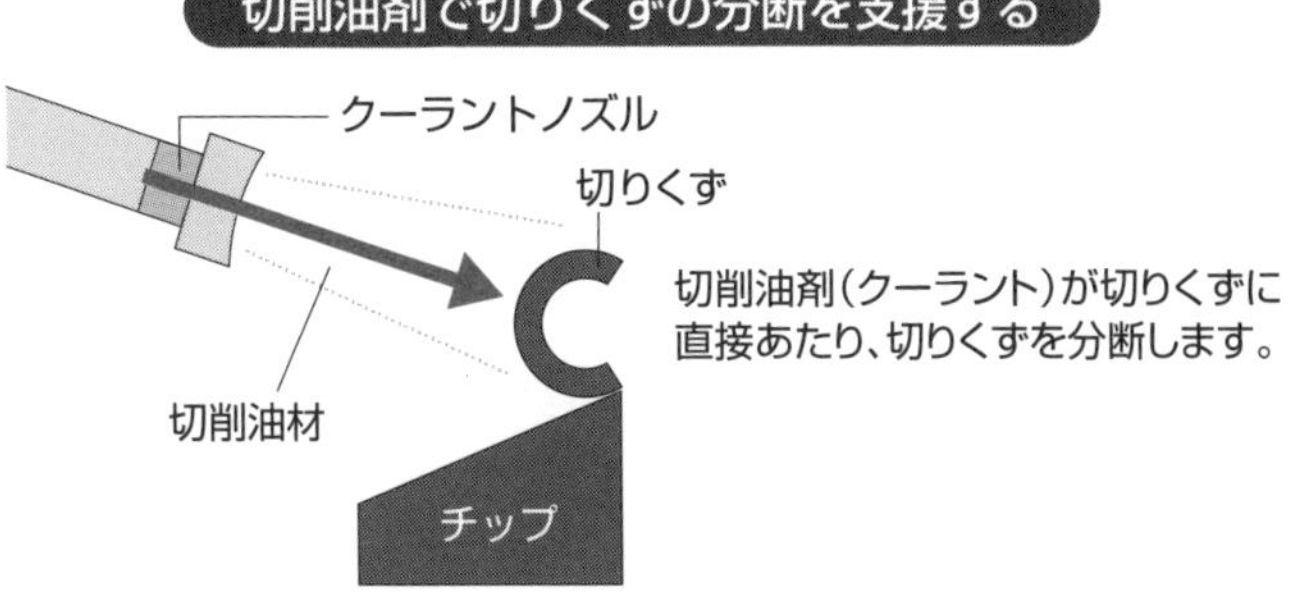

41 1本で多様な形状を加工できるエンドミル

荒加工は刃数少、仕上げ加工は刃数多を選択

溝や側面、凸凹などの形状を削りたい場合に使用する切削工具を「エンドミル(endmill)」といいます。エンド(End)は端、ミル(Mill)は粉砕を意味します。つまり、エンドミルは外周部(側面)と底面(端面)に刃をもった切削工具(粉砕工具)という意味から名付けられました。コーヒー豆を砕く道具を「コーヒーミル」、材料を砕く調理器具を「ミキサー」といいますが、これらも「粉砕」が名称の由来です。

エンドミルは側面加工、溝加工、穴加工など1本で多様な形状を加工できる万能切削工具です。エンドミルは刃の数、側面および底面の刃の形状、底面中心の刃の有無などにより多くの種類があります。エンドミルの刃数は一般に1枚から8枚程度で、偶数刃が多用されます。偶数刃では必ず対向する位置に刃をもつので、エンドミルの外径を把握しやすいためです。奇数刃では対抗する位置に刃がないので、専用の測定器を使用しないとエンドミルの外径を把握することができません。また、刃数が多いほど、エンドミルの芯は太くなり、曲がりにくくなる一方、刃と刃の間隔が小さくなり、切りくずの排出能力は悪くなります。この反面、刃数が少ないほど、エンドミルの芯は細くなり、曲がりやすくなる一方、刃と刃の間隔が大きくなり、切りくずの排出能力は良くなります。つまり、寸法精度を気にせず、大きな切りくずが排出される荒加工や両側面が閉ざされた環境の溝加工では「刃数の少ないエンドミル」を、寸法精度を重視し、小さな切りくずが排出される仕上げ加工では「刃数の多いエンドミル」を選択するのが1つの指針といえます。

近年、刃先交換式のエンドミルも普及してきましたが、ボデーと刃部が1つの材料から削り出してつくられるソリッド(固体の意味)エンドミルも多用されています。超硬合金製ソリッドエンドミルは剛性が高く、加工精度が高いですが、太くなると高価になります。摩耗した場合、再研削を繰り返すことで使用できます。

要点BOX

- ●エンド(End)は端、ミル(Mill)は粉砕の意味
- ●エンドミルの刃数は一般に1枚から8枚程度
- ●刃先交換式のエンドミルも普及してきた

エンドミルの各部の名称

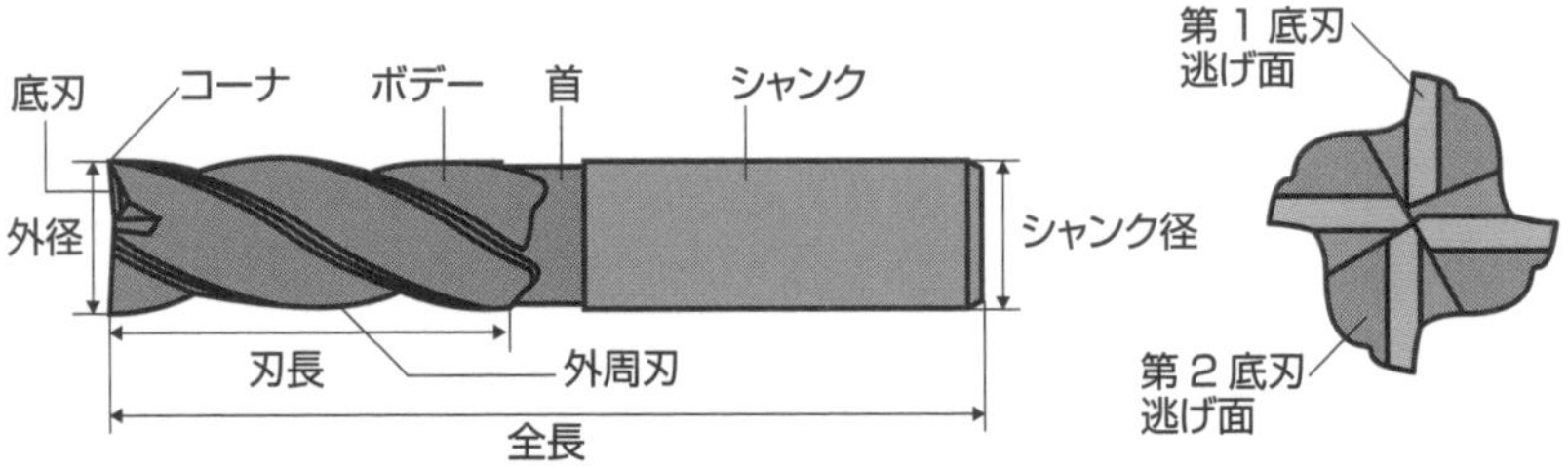

エンドミルを使用した側面加工と溝加工

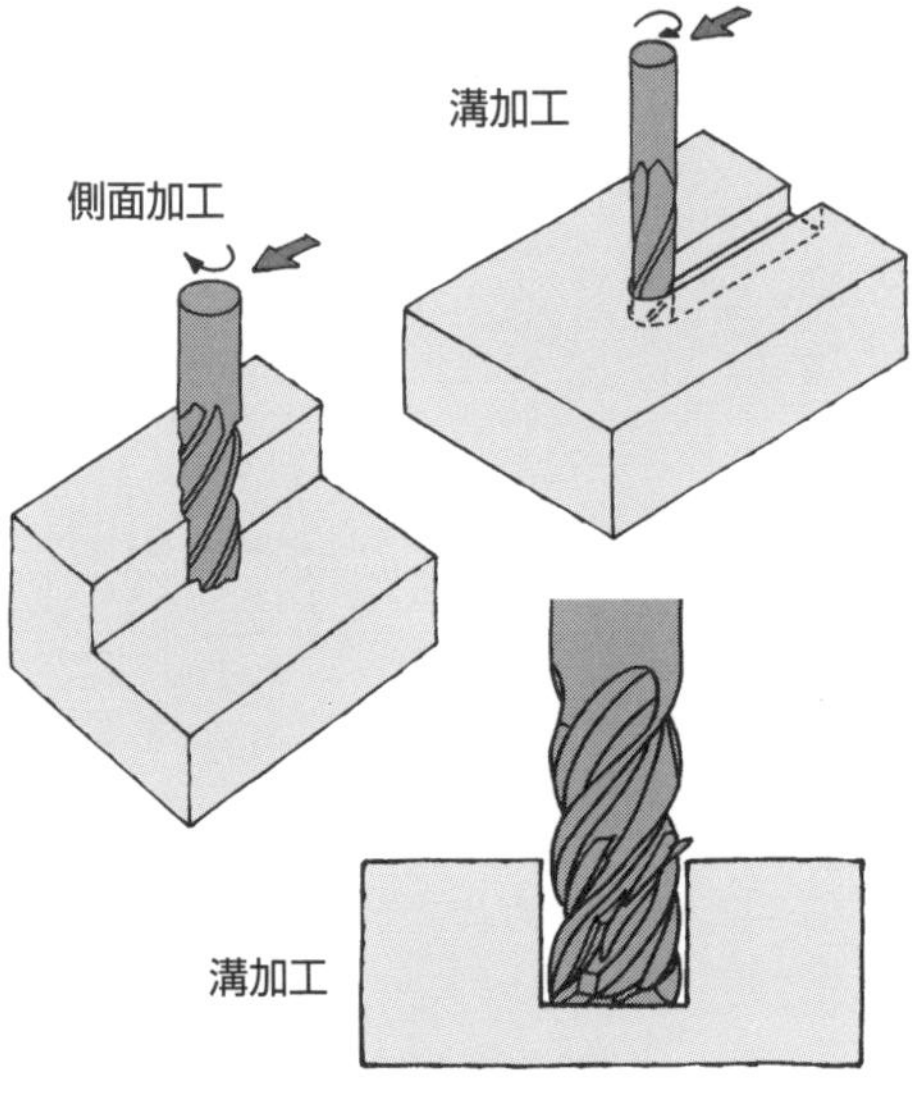

エンドミルの構造の種類

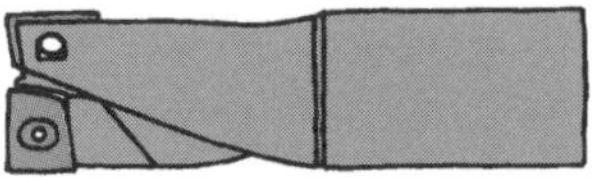
刃先交換式エンドミル

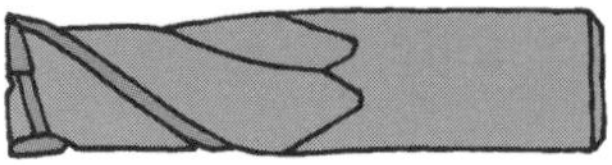
ソリッドエンドミル

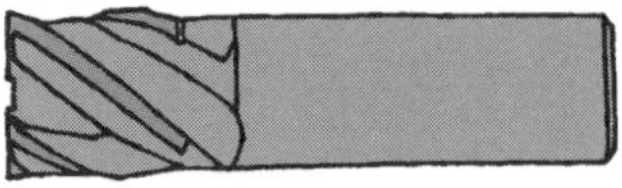
ろう付けエンドミル

ろう付けエンドミル

エンドミルの摩耗

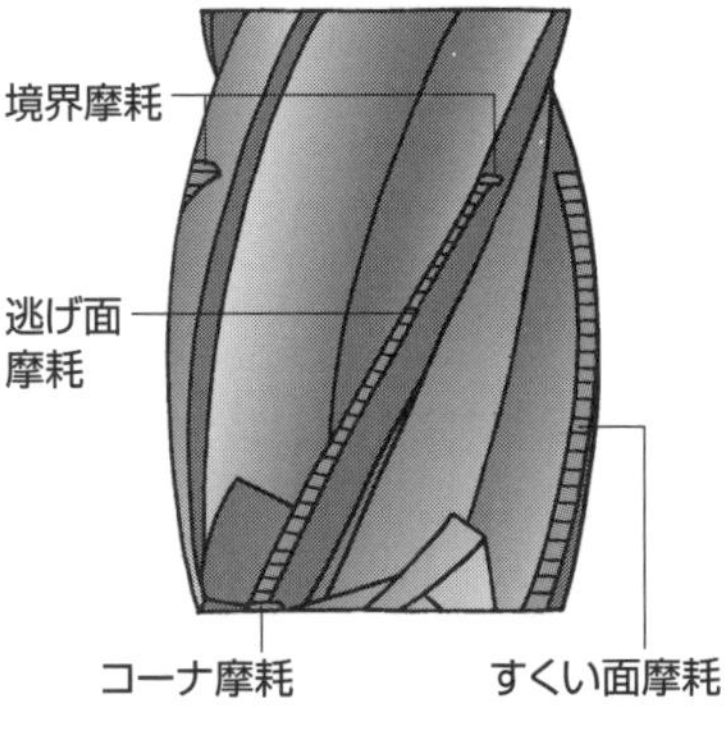

エンドミルの刃数の一例

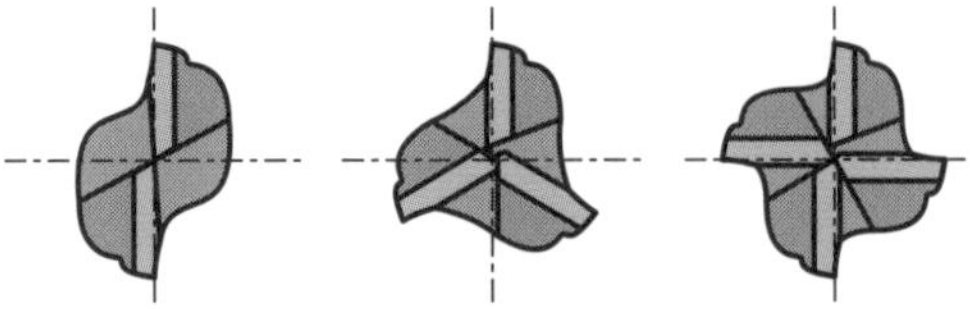

チップポケットの大きさ

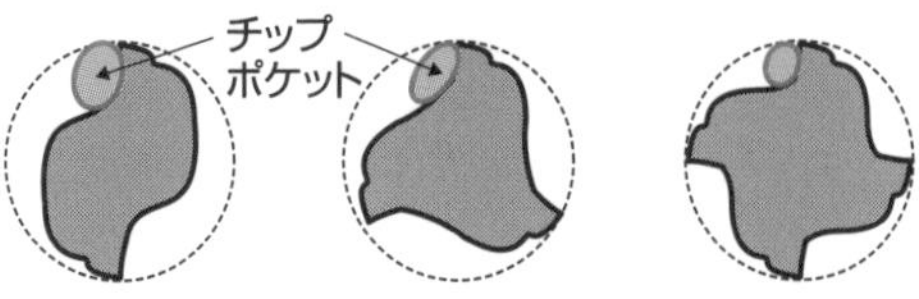

42 エンドミルは特性を見きわめて適正に選択する

特殊なエンドミル

エンドミルは外周と端面に切れ刃をもつ切削工具で、用途や目的に応じていろいろな工夫が施されています。たとえば、外周刃が波形になった「荒削り（ラフィング）エンドミル」や「ニック」と呼ばれる溝を付けた「中仕上げ（ニック付き）エンドミル」があります。ニックは旋盤加工で使用するバイトのチップすくい面に施された溝形チップブレーカと同じで、切りくずを折断する機能をもちます。両者ともに一般的なストレート刃のエンドミルに比べて、切りくず排出能力に優れるため、送り量と切込み深さを大きくできます。ただし、側面の仕上げ面性状は粗くなります。

また、一般的なエンドミルは外周刃と底刃が直角になっている（スクエアエンドミルと呼ばれます）のに対し、底刃の形状が球状になった「ボールエンドミル」や底刃の角が丸くなった「ラジアスエンドミル」があります。ボールエンドミルおよびラジアスエンドミルは曲面の加工ができるため、主として金型の加工に使用されます。ラジアスエンドミルは肩削り加工でも使用され、底刃が直角になったスクエアエンドミルよりも工具寿命が長くなります。さらに、底刃がエンドミルの中心まである「センタカット刃」と中心までない「センタ穴付き刃」があります。センタカット刃は穴あけ加工（軸方向の送り）を行うことができますが、センタ穴付き刃は穴あけ加工はできませんので注意してください。

ボールエンドミルで平面加工や傾斜加工を行うと、仕上げ面はエンドミルの底刃形状を転写した模様になり、底刃の干渉による凹凸が残存します。凹凸の山の高さを「スキャラップハイト（またはカスプハイト）」といいます。スキャラップ（scallop）はホタテを意味し、仕上げ面の模様がホタテ貝の貝殻に似ていることから名付けられました。ボールエンドミルの中心は回転速度（切削速度）がゼロになるため仕上げ面がきれいになりません。ボールエンドミルは材料を15°程度傾斜させて削るときれいな仕上げ面が得られます。

要点BOX

- ●切りくずを折断する機能を持つエンドミル
- ●ラジアスエンドミルは工具寿命が長い
- ●ボールエンドミルの中心は切削速度がゼロ

特殊な外周刃のエンドミル

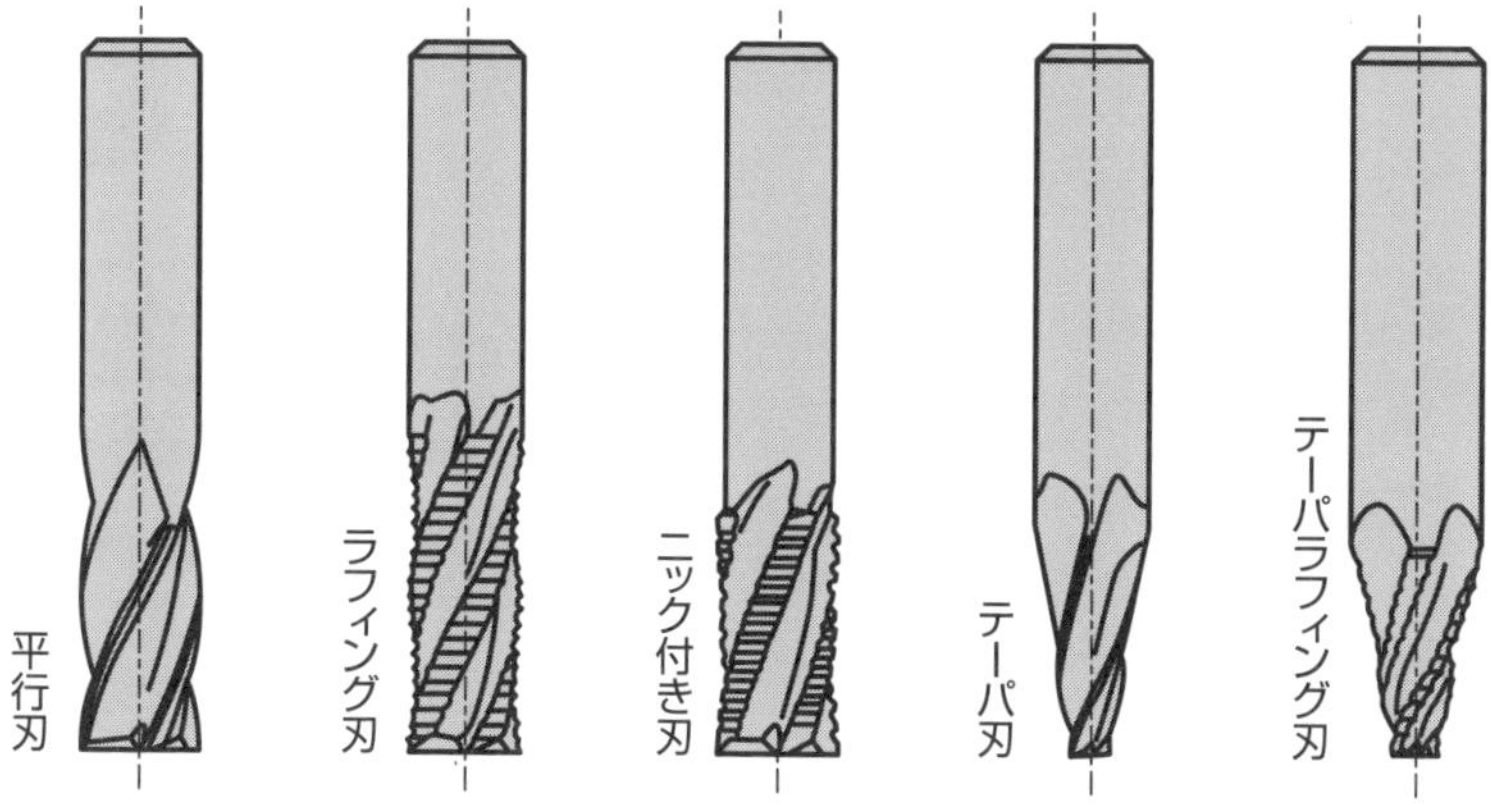

ボールエンドミルを使用した傾斜加工

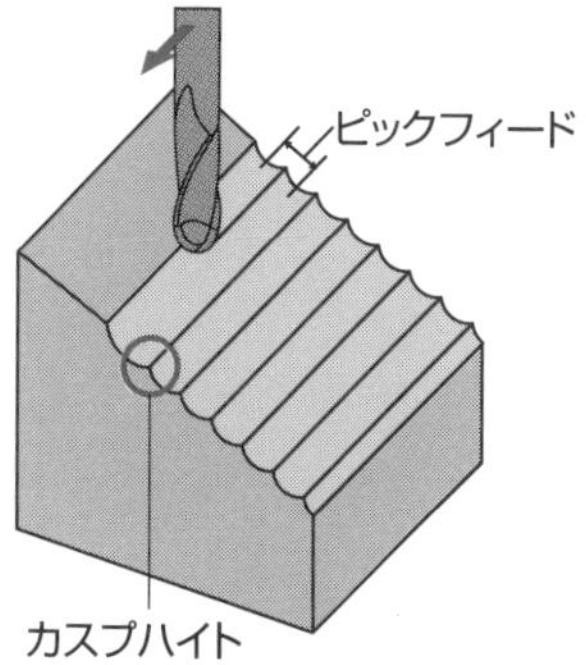

底刃の違うエンドミル

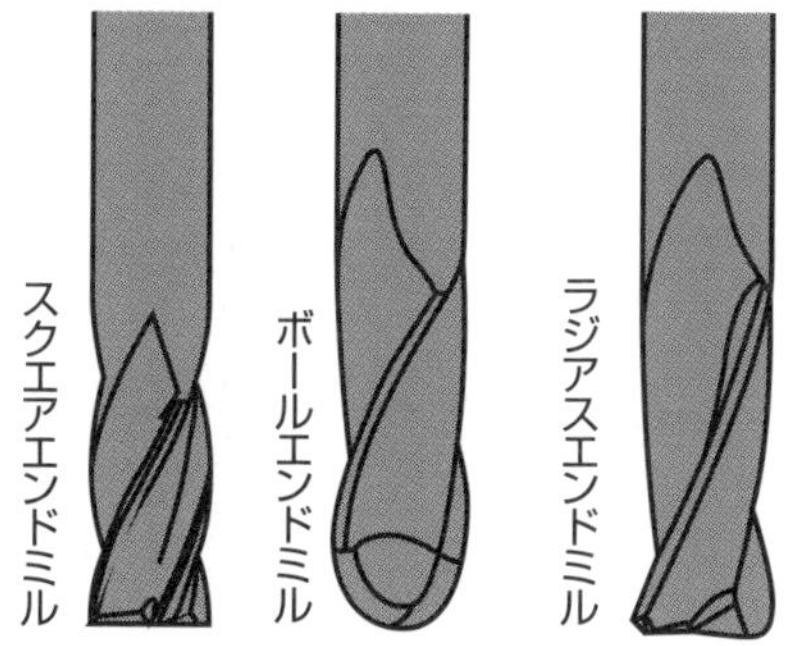

ボールエンドミルとラジアスエンドミルの使い分け

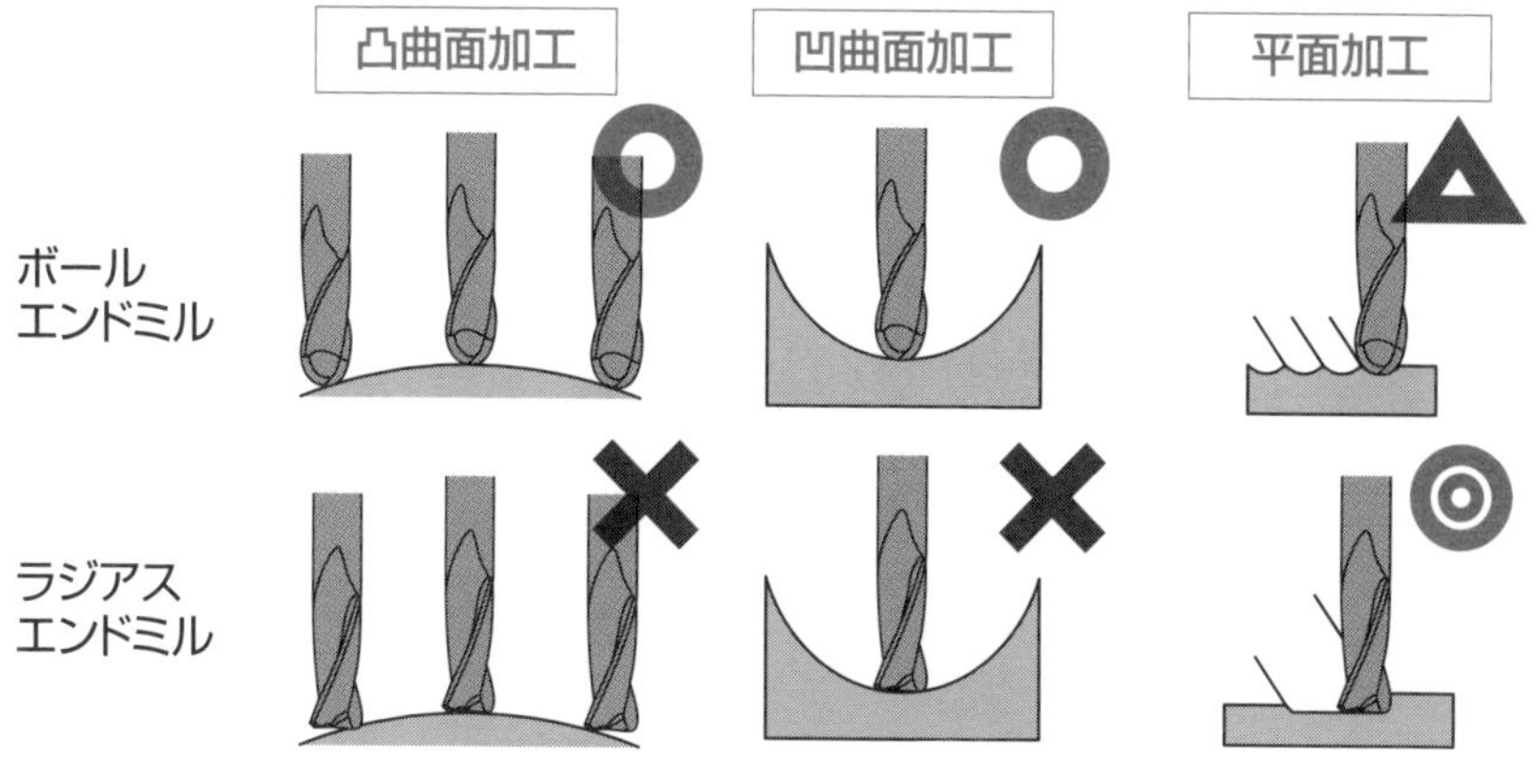

43 エンドミル使用時の注意点

エンドミル加工はカッタパスが命!!

エンドミルを使用した側面加工ではいくつの注意点があります。たとえば、上向き削り（アップカット）と下向き削り（ダウンカット）の違いです。上向き削りはエンドミルの外周刃が仕上げ面から削りはじめ、工作物（またはエンドミル）の移動量に比例して切削量が増加します。言い換えれば、上向き削りは外周刃が工作物に食い込む量がゼロからはじまり、最大値になる加工法です。一方、下向き削りはエンドミルの外周刃が工作物の表面から削りはじめ、工作物やエンドミルの移動量に比例して切削量が減少します。つまり、下向き削りは切れ刃が工作物に食い込む量が最大値からはじまりゼロになる加工法です。

上向き削りは外周刃が工作物に食い込む瞬間、仕上げ面に擦れる（上滑りが生じる）ことになります。このため外周刃が摩擦によって異常摩耗し、工具が短命になります。下向き削りは外周刃が確実に工作物に食い込みますので異常摩耗は進行しません。つまり、工具寿命を優先する際には、上向き削りよりも下向き削りを選択することが肝要です。ただし、黒皮が付いた工作物や表面が硬い工作物を削る場合には、下向き削りでは外周刃が工作物の硬い表面から衝突するためチッピングや欠けが生じることがあります。

また、エンドミルはホルダからの突き出しが長くなるほど、切削抵抗によってたわみやすくなります。エンドミルがたわむと寸法精度も悪くなり、びびり振動が発生する主因になります。エンドミルのたわみを抑制するにはエンドミルの突き出し長さを短くすることとエンドミルの外径を太くすることが有効です。さらに、曲げ剛性が高い超硬合金製のソリッドエンドミルを使用するのも効果的です。エンドミルの刃先だけ使用すると刃先のみが摩耗するため、エンドミルの全長を使ったカッタパスを考えることも重要です。工作物材質によっては外周刃よりも底刃の摩耗が進行することがあるため、底刃の観察も大切です。

要点BOX

- 上向き削りと下向き削りの違い
- 工具寿命を優先する際には下向き削りが有効
- 突き出し長さは短く!!

上向き削りと下向き削りの切削形態の違い

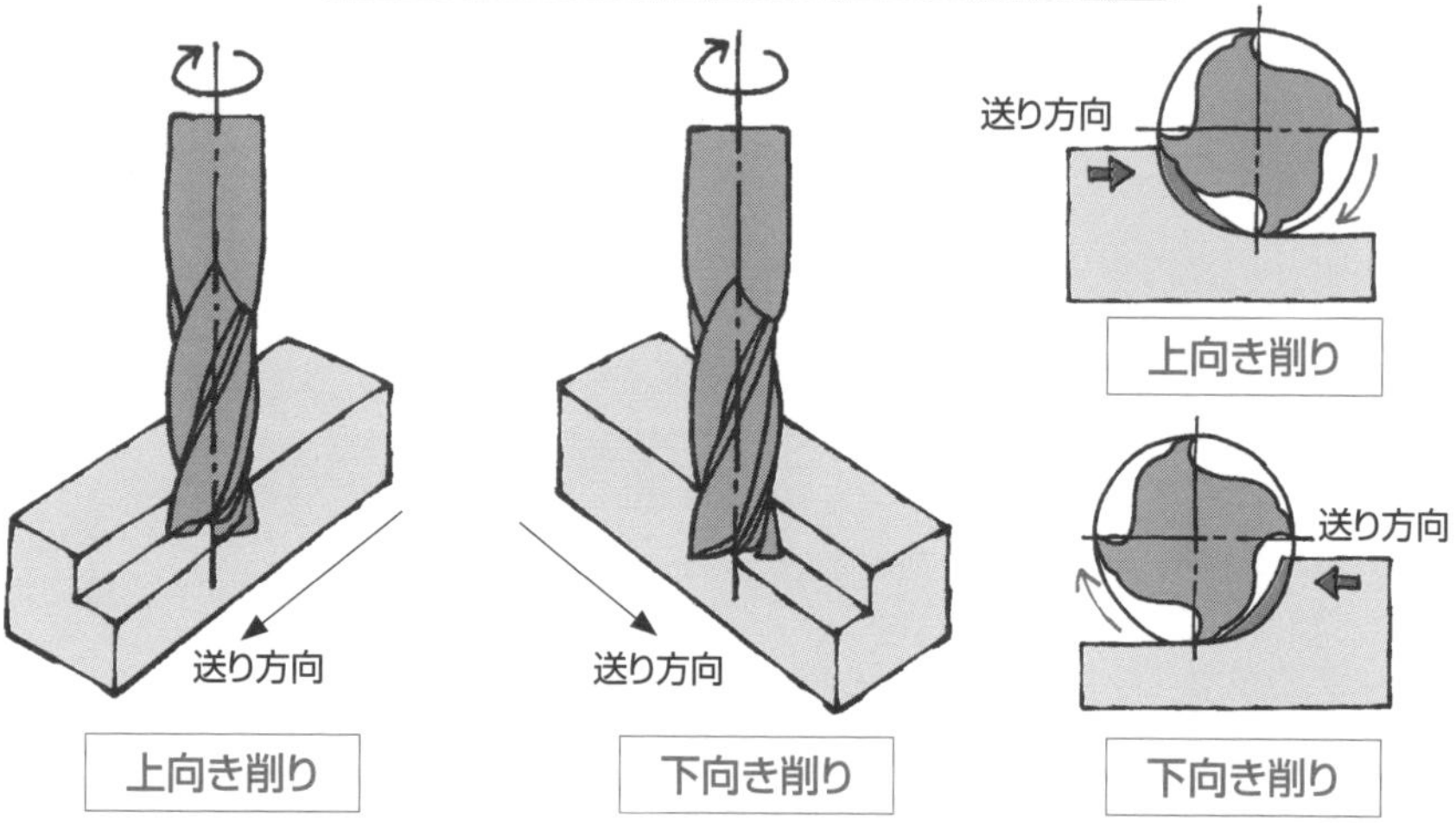

エンドミルを使用した側面加工ではエンドミルがたわむ

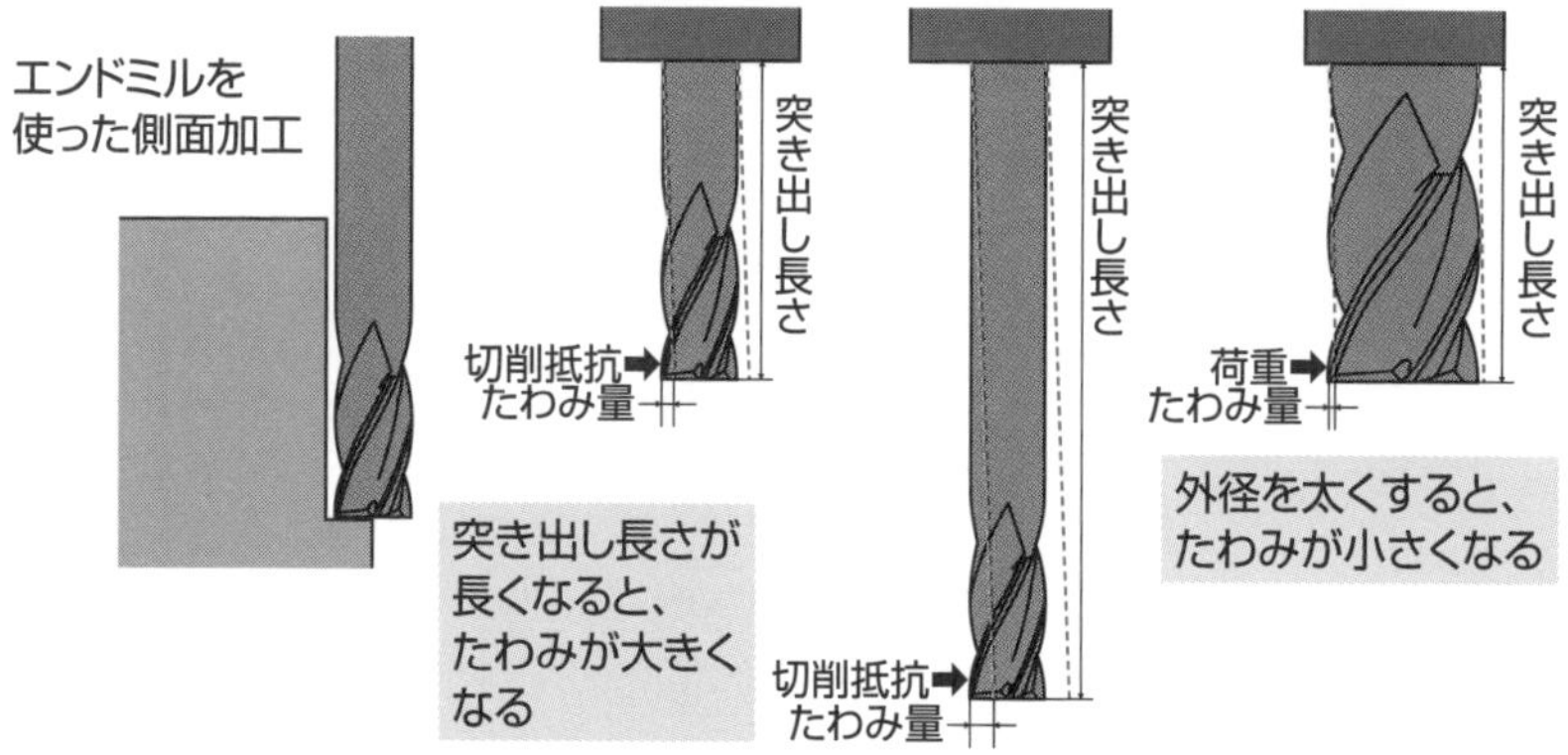

刃長を有効に使うカッタパスの考え方

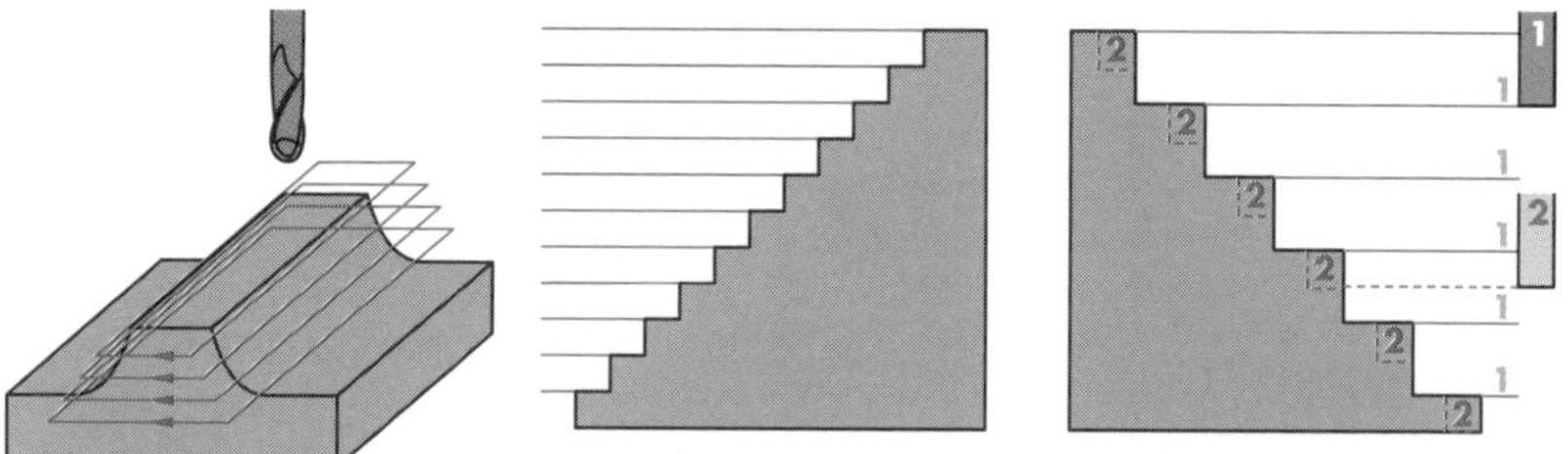

等高線加工

先端部のみ使用するため、
摩耗が大きくなる

刃長を有効に使用できるため、
摩耗が少なくなる

44 エンドミルの刃数

曲げ剛性とチップポケットはトレードオフ

　通常、旋削工具（バイト）は1枚刃（単刃）で、フライス工具は複数刃（多刃）です。多刃には2枚、3枚、4枚……と色々な刃数がありますが、種類が多いのでどれを使用すべきか悩みます。フライス工具は刃数によって断面積が異なり、刃数が少ないほど断面積は小さくなり、刃数が多いほど断面積は大きくなります。換言すれば、エンドミルは刃数が少ないほど曲げ剛性が低く、切削抵抗によって曲がりやすくなるため、加工精度や表面粗さが悪くなります。一方、刃数が多いほど曲げ剛性が高く、切削抵抗によって曲がりにくいため、加工精度や表面粗さが良くなります。

　切削時の切りくずに注目して刃数について考えます。切りくずはチップポケット（溝）によって収容・排出されるため、切りくずの排出性ではチップポケットが大きい方が有利です。チップポケットが小さい場合には、切りくずが詰まり、トラブルの原因になります。チップポケットは仮想円柱の断面積からエンドミルの断面積を引いた値になるため、刃数が少ないほど大きくなり、刃数が多いほど小さくなります。すなわち、チップポケットの大きさとフライス工具の断面積は相反するため、刃数を選択する際には、曲げ剛性と切りくずの排出性の両方を考慮する必要があります。荒加工では、加工精度や表面粗さが幾分悪くなってもよいので、曲げ剛性よりも切りくずの排出性を優先し、刃数の少ないエンドミルを選択します。一方、仕上げ加工では、切込み深さや送り量が小さく、大きな切りくずも排出されません。そのため、加工精度や表面粗さを重視し、切りくずの排出性よりも曲げ剛性を優先して、刃数の多いエンドミルを選択します。

　ただし、工作物が硬い場合などは剛性を優先し、刃数の多いものを使用したほうがよい場合もあります。また、波形や溝の付いた外周刃を持つラフィングエンドミルは切りくずが小さく分断されるため、剛性が高い、刃数の多いものを選択するとよいでしょう。

要点BOX

- ●刃数が少ないほどチップポケットが大きい
- ●刃数が多いほど心厚が太い（曲げ剛性が高い）
- ●ラフィングは刃数多を選択

エンドミルの刃数と剛性・チップポケットの関係

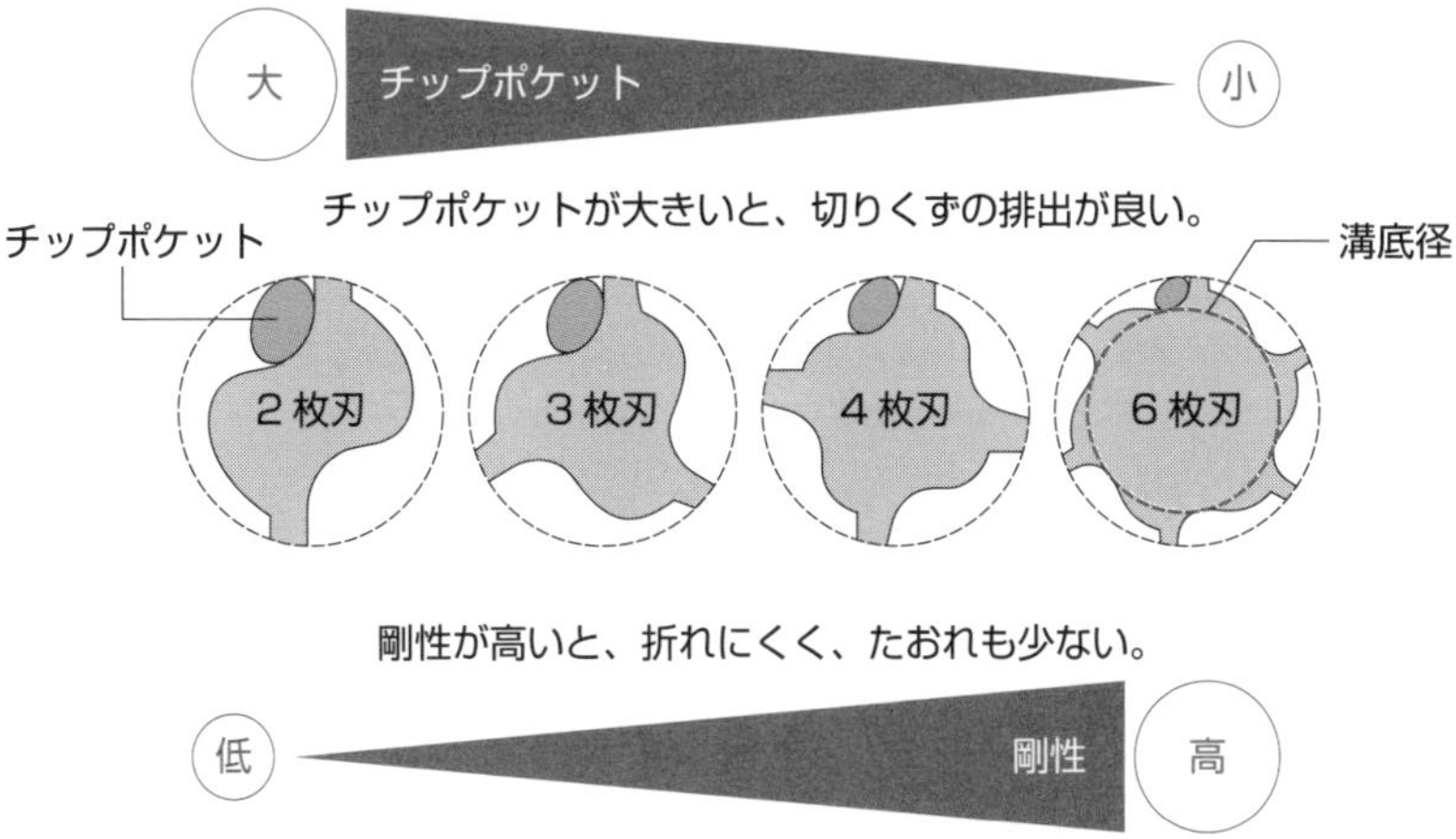

※1 刃当たりの送り量（仕事）が同じなら多刃の方が加工能率が高い！

ラフィングエンドミルと通常のエンドミルの違い

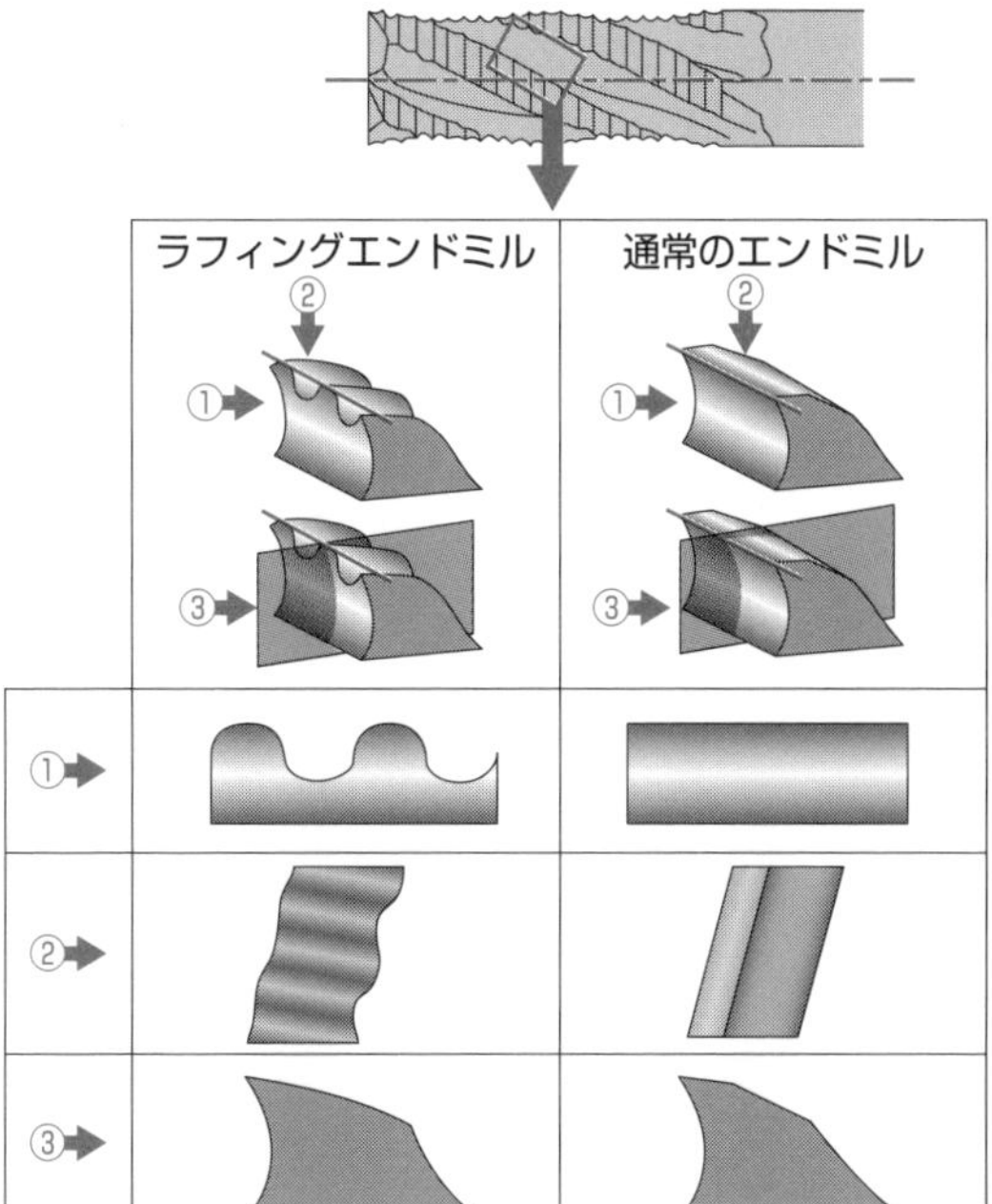

45 エンドミルの偶数刃と奇数刃

奇数刃のメリット、デメリット

フライス工具の刃数には2枚、4枚などの「偶数刃」と3枚、5枚などの「奇数刃」があります。外周刃が摩耗したときは外径をマイクロメータなどで測定しますが、奇数刃は対向する位置に刃がないため測定できません。このため、従来はあまり使用されてきませんでしたが、近年ではレーザやカメラ（画像測定）など非接触で外径（摩耗具合）を測定できるようになってきたため、奇数刃も偶数刃と同様に多用されるようになりました。

偶数刃と奇数刃の切削性能に大きな違いはありませんが、偶数刃は断面形状が軸対称で、対向する位置に刃があります。切削抵抗により発生する振動の形態（種類）が直交する2方向で類似するため、共振が発生しやすく不安定なびびりが生じやすくなります。一方、奇数刃は断面形状が非軸対称で、対向する位置に刃がありません。振動の形態（種類）が異方となり共振しないため、びびりが抑制されやすいことが特徴です。奇数刃は同時接触刃数の観点から溝加工にも有効です。

また、たとえば、2枚刃は断面積割合が少ないため剛性が低くたわみやすくなり、加工精度や表面粗さが悪化します。一方、4枚刃はチップポケットが小さいため、切りくず詰まりが懸念されます。このような場合、3枚刃を使用することにより両者の欠点を補えます。つまり、奇数刃は隣り合う偶数刃の両方の特性を有したエンドミルであると考えることができます。

近年、工作物が硬く、難削化する傾向にあります。切削工具の曲げ剛性の向上とさらなる加工能率向上のためフライス工具の刃数はどんどん増える傾向があります。しかし、チップ交換式では刃数が多くなるほど取り換えに手間が掛かり、取り付け精度の確認も必要になるため段取り時間が課題です。エンドミルの刃数は、切りくずが詰まらない最大のものを選択するというのが基本的な選択指針です。

要点BOX

- 奇数刃はびびりにくい
- 奇数刃は隣り合う偶数刃の両方の特性を持つ
- 奇数刃は溝加工に有効

偶数刃と奇数刃（奇数刃は対向する位置に刃がない）

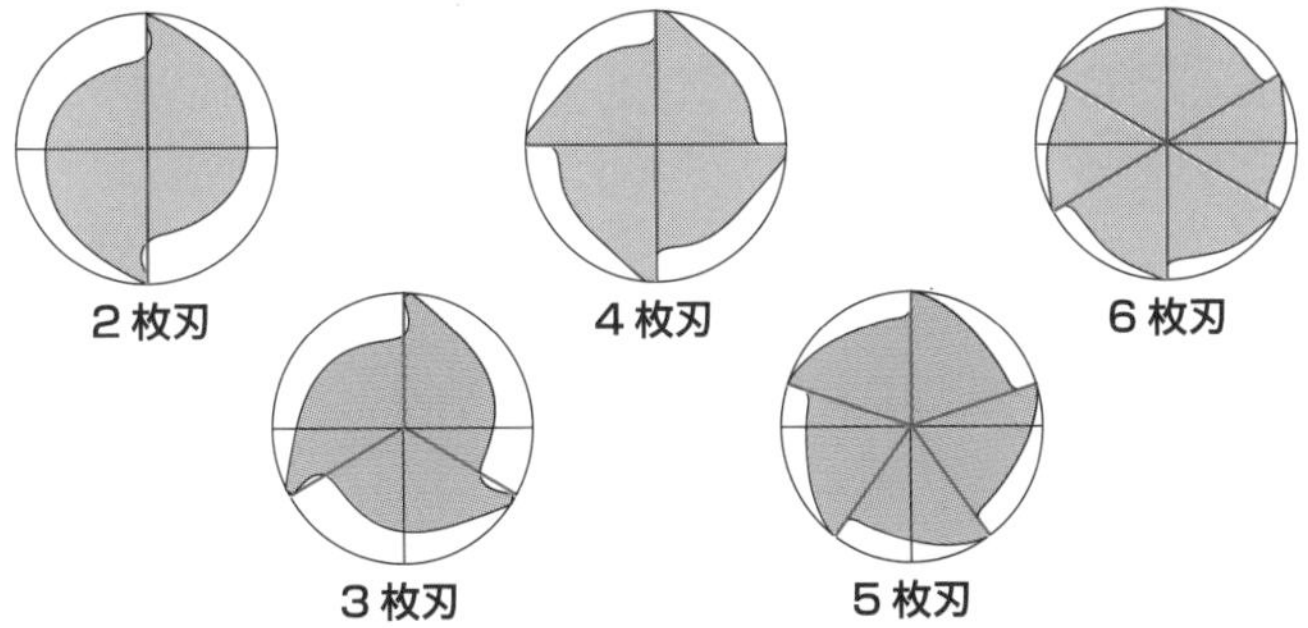

「奇数刃は切削抵抗が小さくなる」と言われることがありますが、これは、たとえば、6枚刃と5枚刃、4枚刃と3枚刃を比較した時など、奇数刃+1刃と比較した場合のことであり、奇数刃だから切削抵抗が低くなるということはありません。

奇数刃は対向する位置に刃がないので外径をマイクロメータで測定できない

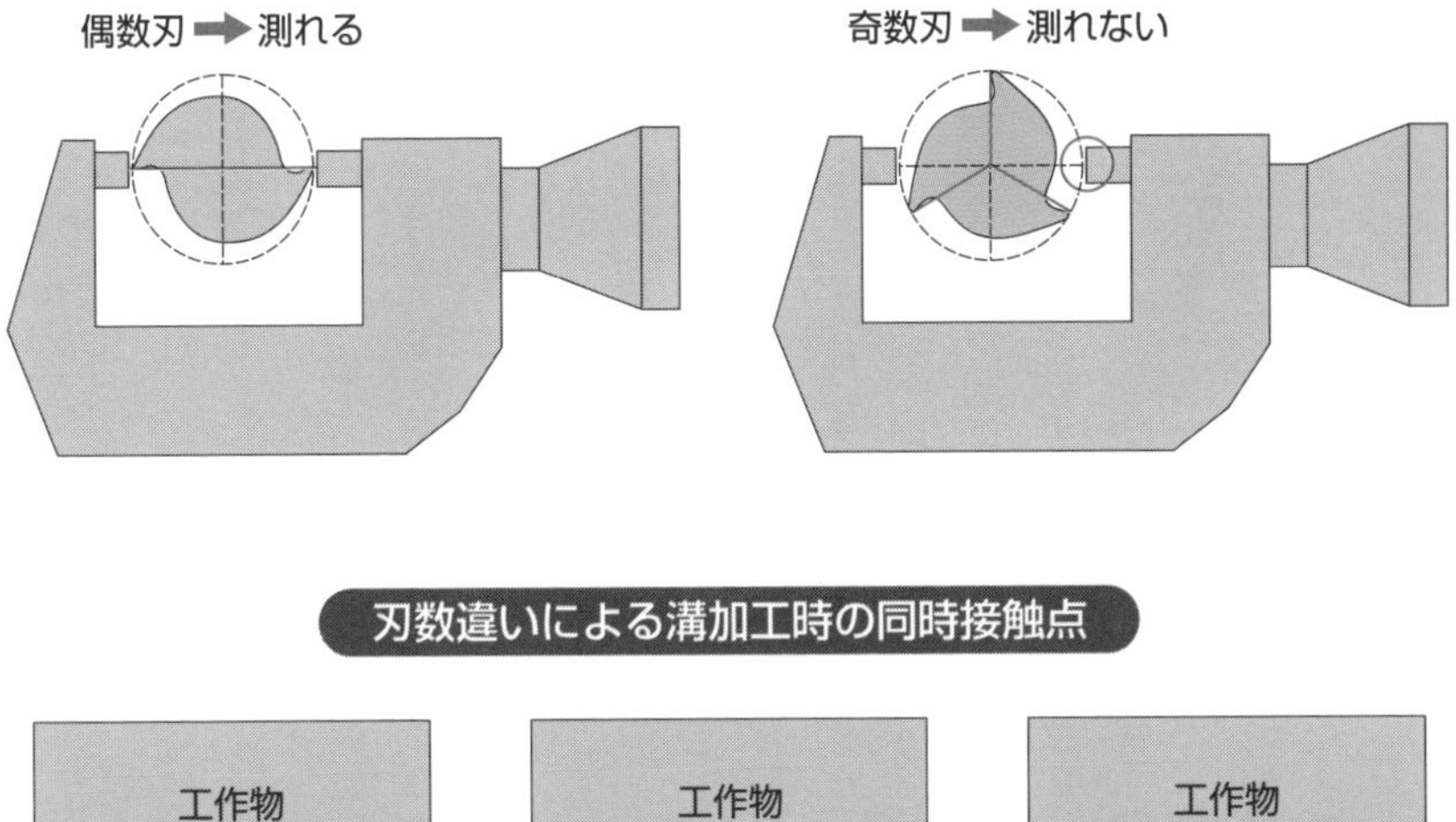

刃数違いによる溝加工時の同時接触点

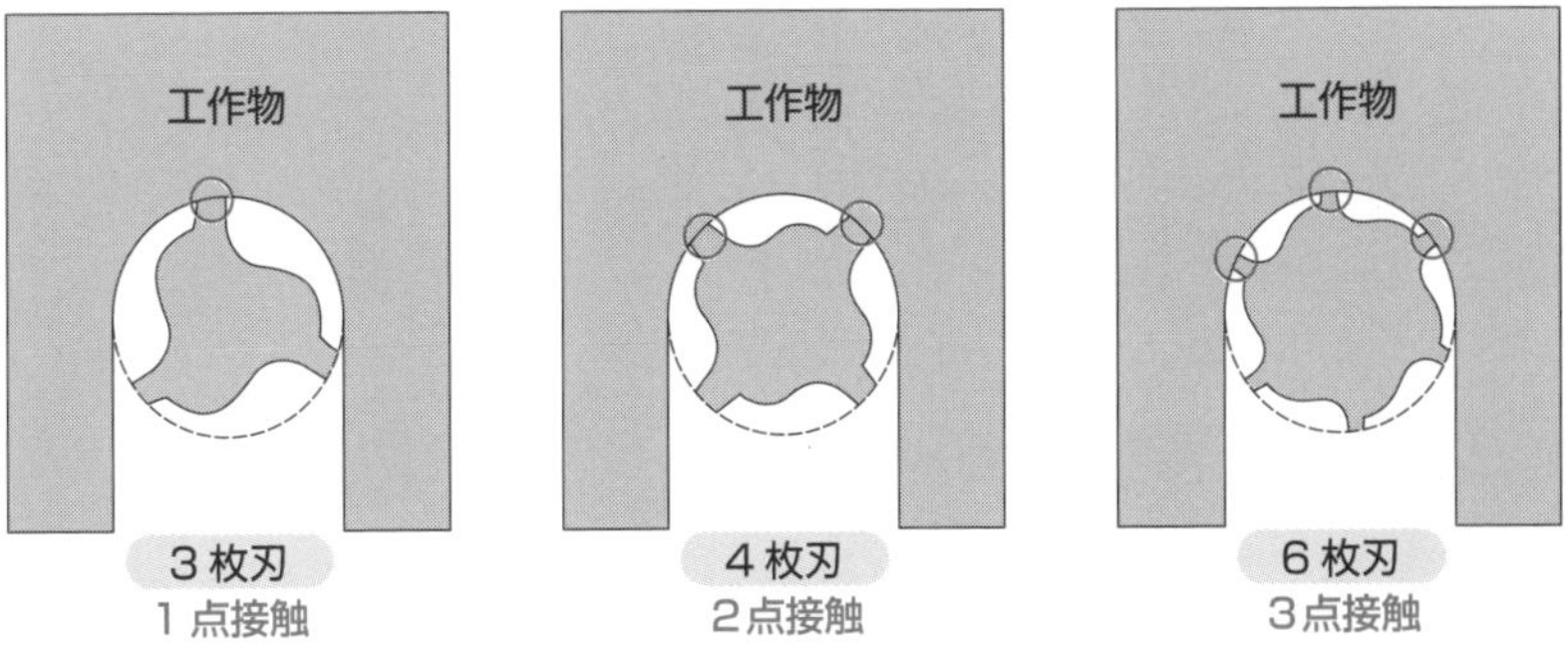

46 ドリルは穴をあけるための切削工具

ドリルと富士山の意外な関係

穴をあけるために使用する切削工具を「ドリル」といいます。一般的に使用される標準的なドリルの先端角は118°になっています。ドリルを刃先から見た場合、ねじれ溝の形状が影響し、先端角が118°の時に切れ刃が直線状になり、寿命が長く、穴あけ加工を安定に行うことができるためです。一方、先端角が118°よりも小さい時には、切れ刃が外周に向かってに凸型に湾曲し、バリの抑制に効果があります。また、先端角が118°よりも大きい時には切れ刃が外周に向かって凹型になり、切りくずの分断・排出に効果があります。ただし、いずれも切れ刃強度は低下するため、安定的な穴あけ加工を行うことは難しくなります。最近では多様な先端角のドリルが市販され、適材適所で使い分けることが大切です。たとえば、硬い工作物を加工する場合には、刃先（チゼル）強度を高くするため先端角を120°～140°程度のものを使用するとよいでしょう。

従来は柄の部分と刃部が一体になった「ソリッドドリル」が主流だったため、切れ刃が摩耗すると、作業者が研削といしで研ぎ、刃先を修正して切れ刃を蘇らせていました。しかし近年はチップ交換式やヘッド交換式のものが増えています。

ソリッドドリルの切れ刃を研ぐ時に重要となるのが両刃を等角に研ぐことです。ゲージ（測定具）に合わせながら確認して研ぐのですが、ゲージを使わなくても先端角を118°に合わせ、両刃を均等に研ぐ秘技があります。世界遺産で日本が誇る富士山の傾斜はおおむね118°です。太宰治は『富嶽百景』において、陸軍の実測図によって東西および南北に富士山の断面図をつくってみると東西縦断は頂角124°、南北は117°に広がっていると記載しています。昔の職人さんは富士山にドリルを合わせて先端角を確認したそうです。研削した後は穴をあけてみて、左右の切れ刃から同じ形状の切りくずが同じ量だけ排出されれば、両刃の角度は均等であると判断できます。

要点BOX

- ●標準的なドリルの先端角は118°
- ●富士山の傾斜は118°
- ●両刃から同じ切りくずが排出されることが大切

ドリルの各部の名称

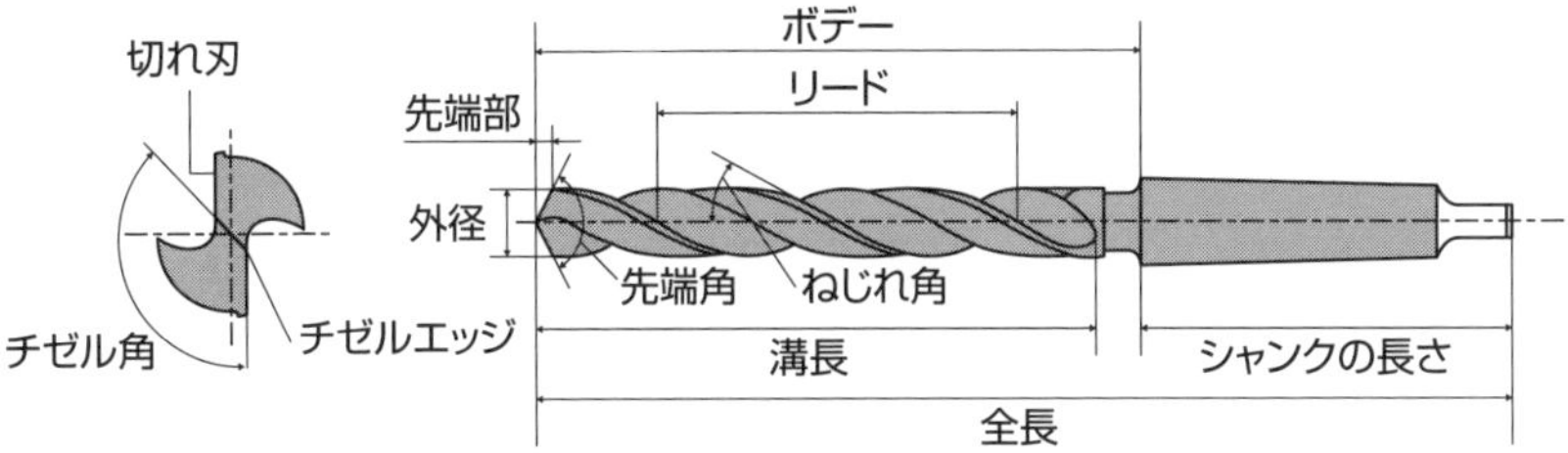

ドリルを使用した穴あけ加工

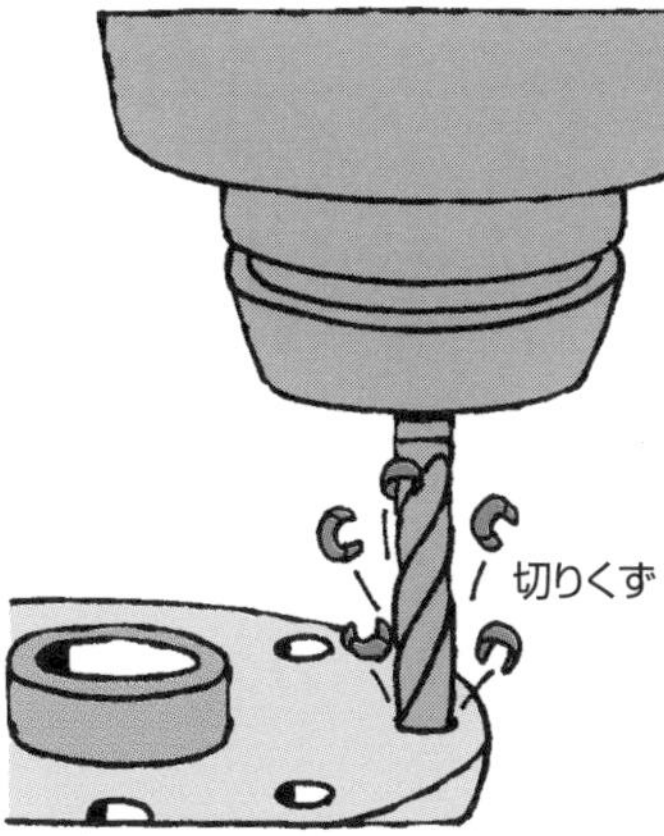

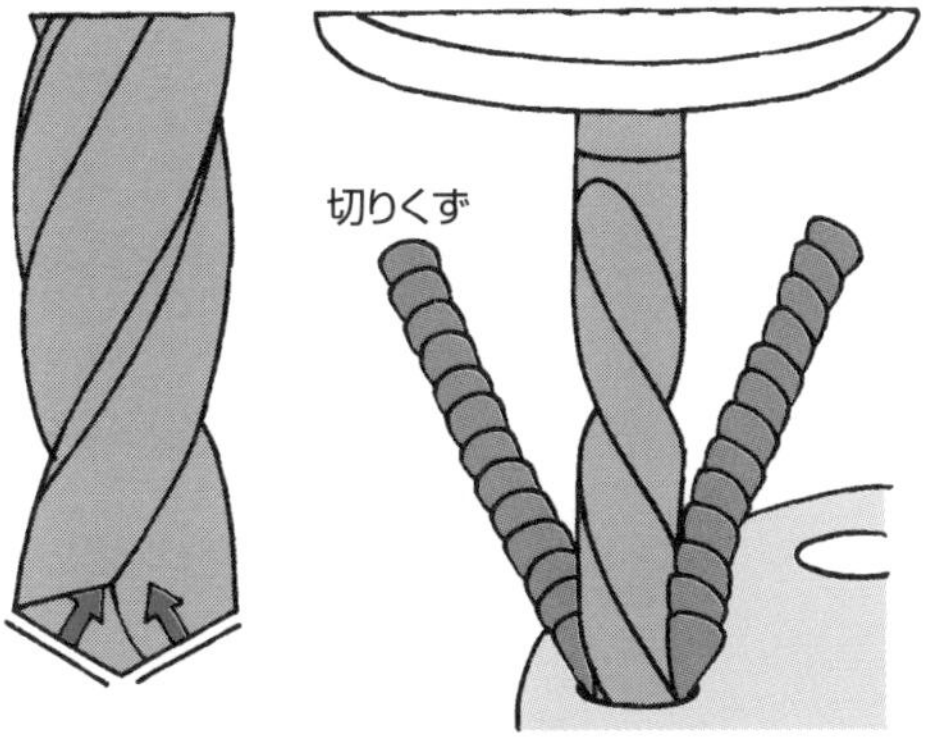

切れ刃を均等にし、両刃から
同じ量の切りくずが出るようにする

切れ刃と切りくずの関係

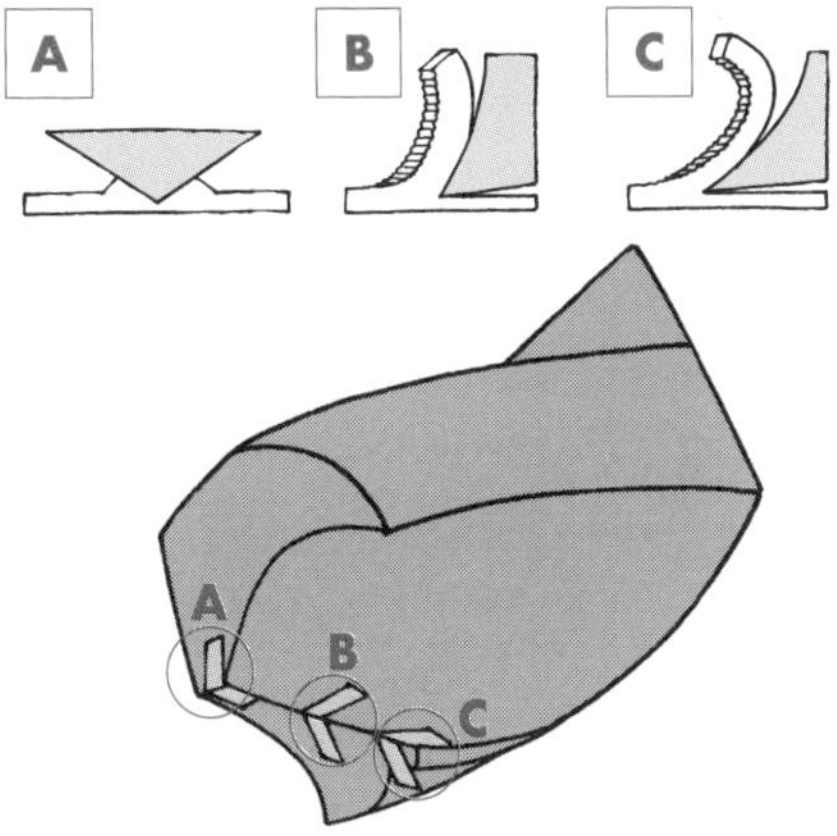

外周ほど切れ味がよい

ドリルの先端角と底刃の形状

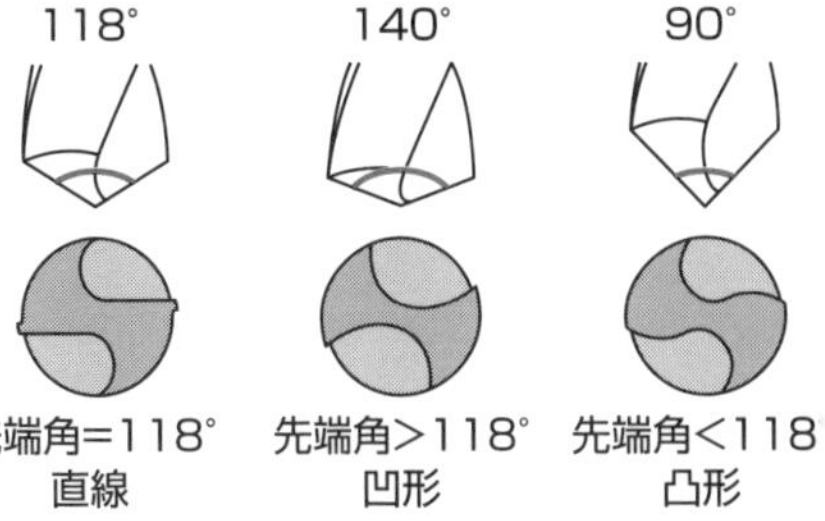

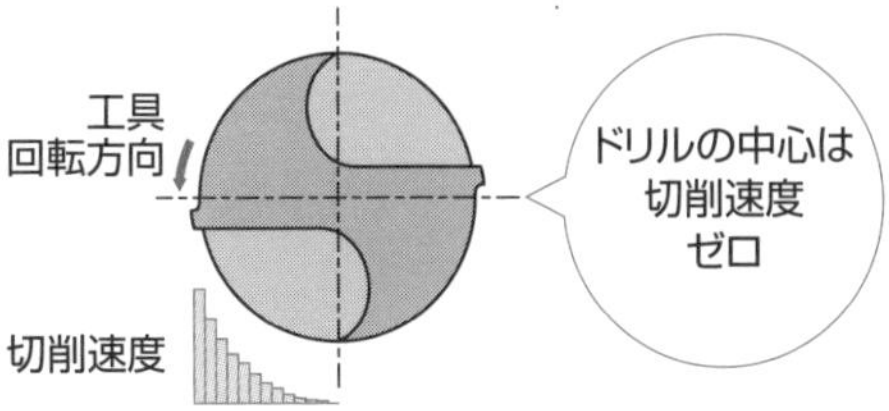

47 ドリルの精度と穴あけ加工の品質不良

リップハイトは穴精度に大きく影響する

　ドリルを使って穴加工を行った際、ドリルの外径よりも穴径が大きくなる場合があります。一般に、ソリッドの高速度工具鋼（ハイス）製ドリルの場合には、穴径がドリルの外径の1％程度大きくなるといわれています。また、ソリッドの超硬合金製ドリルの場合には、ドリルの外径よりも20～50㎛大きくなるのが目安です。ここで示した以上に穴径が大きくなるのは異常です。穴径が大きくなる要因の1つに「リップハイト」があり、リップハイトが大きいほど穴径は大きくなります。リップハイトはドリルを回転させた時の切れ刃高さの差です。さらに、穴の内側にドリルの刃が削った跡が、らせん状に規則正しく発生することがあります。このような模様を「ライフルマーク」といいます。ライフルマークの発生原因の1つもリップハイトです。リップハイトは穴の外径精度および内面品質に影響するため0.02㎜以下が目安です。

　次に、穴の形状が丸ではなく、多角形になる場合があります。これはドリルの「歩行現象」が主因です。歩行現象はシンニングが不適切で均等ではない時に、回転中心が定まらずドリルの中心部（チゼル）が動くことにより発生します。したがって、歩行現象はシンニングを均等にすることやチゼルをできるだけ小さくするようにX形シンニングにすると改善されます。また、ドリルの送り量を大きくすると改善されることもあります。工作物を適正に削るためには一定の切削速度が必要ですが、ドリルの中心は回転速度がゼロになるため、工作物に押し付けている状態になります。このためドリルの先端にはシンニングを施し、抵抗を小さくすることが重要です。近年、ドリルは刃部を交換する「チップ交換式」とドリルの先端部を交換する「ヘッド交換式」の2種類がよく使われています。ヘッド交換式はチップ交換式よりも穴の加工精度は高いです。チップ交換式の加工精度はソリッドの高速度工具（ハイス）製ドリルとほぼ同じです。

要点BOX

●穴径が大きくなる原因の一つはリップハイト
●ライフルマークの原因一つもリップハイト
●ドリルはシンニングが大切

シンニングの形状と有無による抵抗力の違い

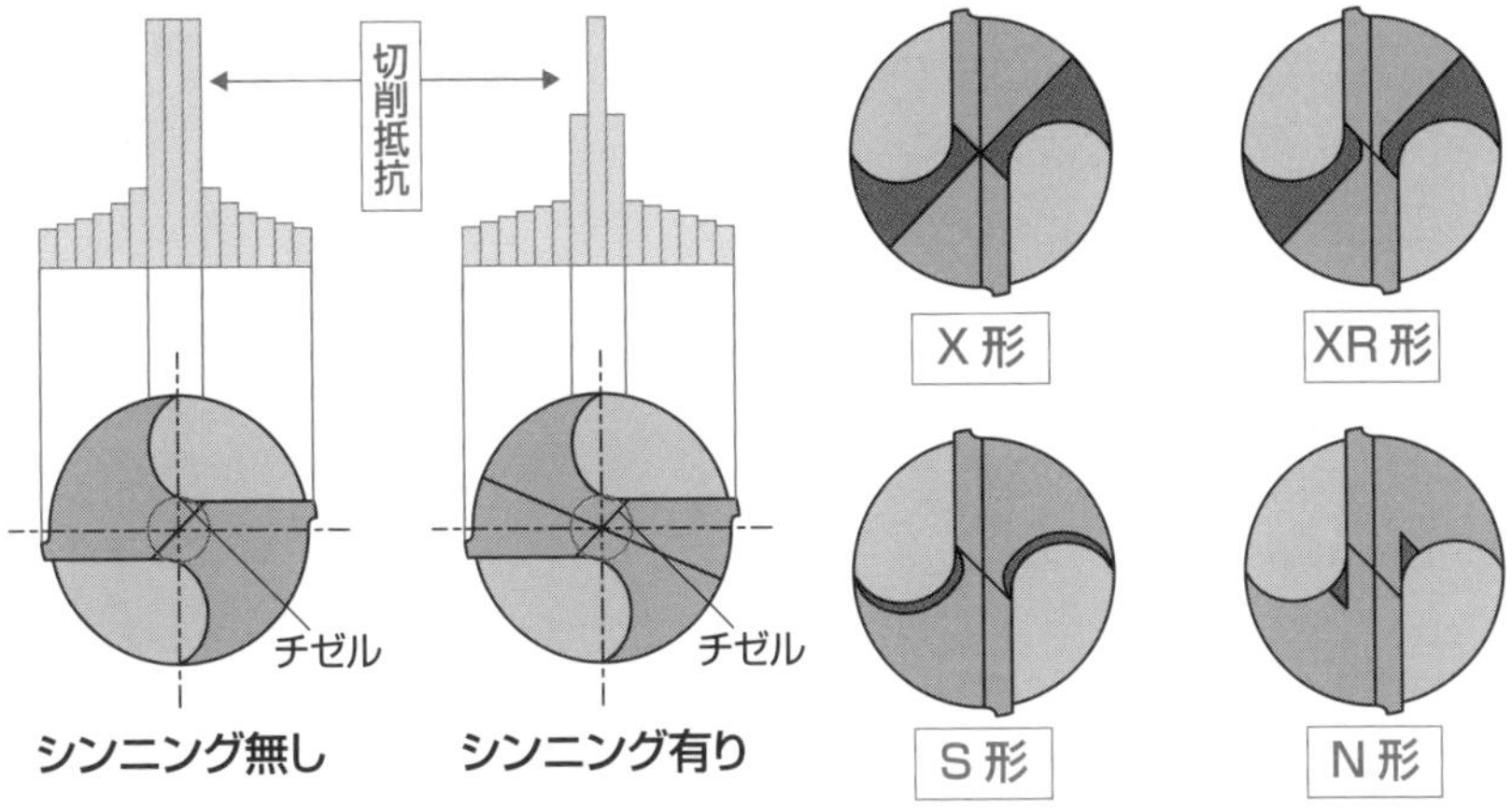

ライフルマーク（穴内面のらせん状の模様）

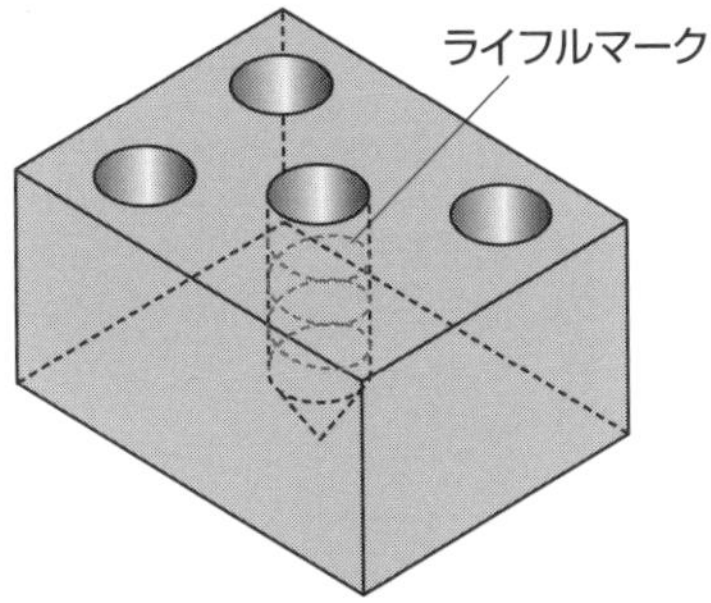

歩行現象と穴形状の関係

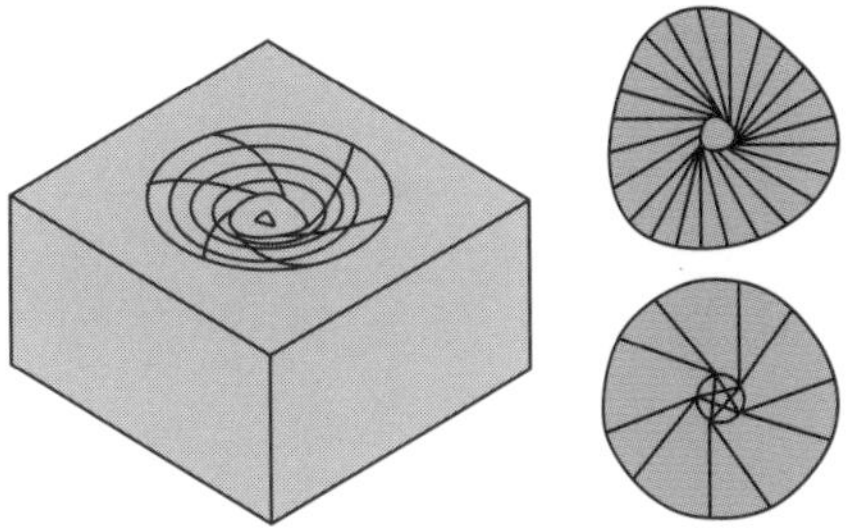

ドリルの種類と拡大代の例

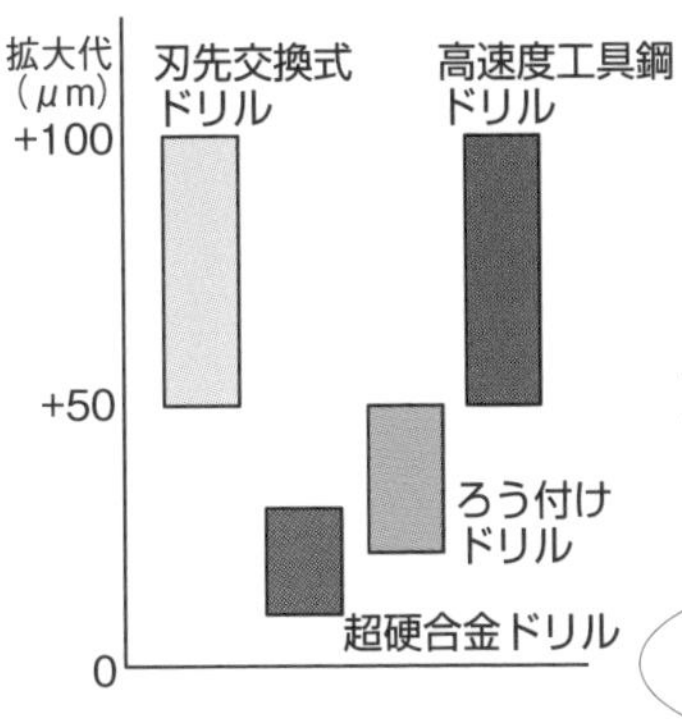

リップハイト

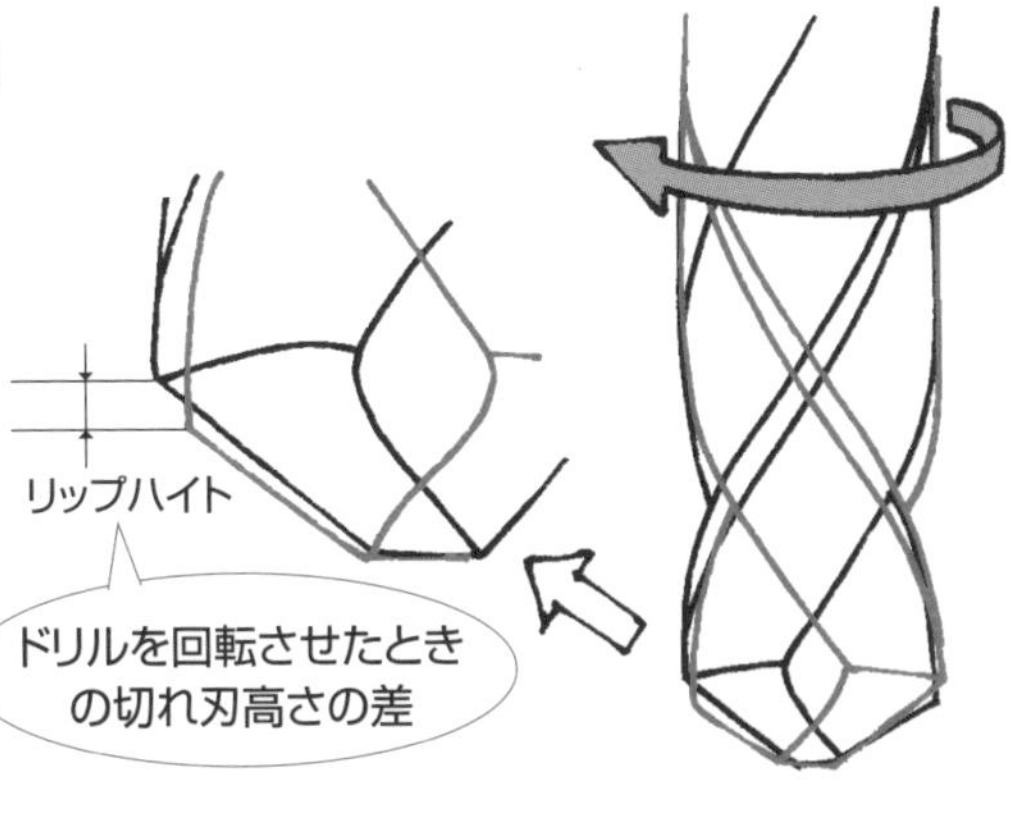

48 ドリルの分類

ドリルの選択はL／Dが1つの目安

ドリルは材質、構造、シャンクの形状、溝のねじれ、ボデーの断面形状、長さ、用途によって多岐に分類されます。たとえば、構造ではボデーとシャンクが1個の材料からできている「ソリッドドリル」、刃先（チップ）を交換できる「刃先交換式ドリル」、刃部を取り付け交換できる「ヘッド交換式ドリル」などがあります。また、シャンクの形状では、シャンクが円筒になっている「ストレートシャンクドリル」、シャンクがテーパになっている「テーパシャンクドリル」などがあります。溝のねじれでは、ねじれ角のある「ねじれドリル（ツイストドリル）」、ねじれ角のない「直刃ドリル（ストレートドリル）」などがあります。ドリルの長さを表現する場合には、全長よりも直径と全長の比を用いることが多く、全長（L）と直径（D）の比を「アスペクト比（L／D：エル・バイ・ディ）」といいます。たとえば、L／Dが2～3程度のドリルを「スタブドリル」、L／Dが4～5程度のドリルを「レギュラードリル」、L／Dが5～8程度のドリルを「ロングドリル」、L／Dが8以上のドリルを「スーパーロングドリル」と分類できます。ただし、ここで示したL／Dの数値は目安で、日本産業規格（JIS）には各ドリルの明確なL／Dの値は規定されていません。

ドリルを長さで選択する際、たとえば、加工する穴の深さがドリルの外径の2倍（2D分）の場合には、貫通代、切りくずを排出する溝長さ、再研磨分を含めて3D追加し、溝長5Dのドリルを選択するのが目安です。溝長が長すぎるとドリルの剛性が低くなり、たわみやすく穴の加工精度が悪くなります。チップ交換式、刃先交換式のドリルはL／Dが小さい3以下の領域では使用できますが、L／Dが4～5以上の領域では加工精度が悪くなる傾向にあり、使用が難しいです。高速度工具鋼製のソリッドドリルは切削熱の問題がありますが、安価で、粘り強い特性をもつため汎用性が高く、太い穴加工ではもっとも多用されています。

要点BOX

- ●溝長が長すぎるとドリルの剛性が低くなる
- ●貫通代、切りくず排出、再研磨分を考慮する
- ●高速度工具鋼ドリルは太い穴加工で使用される

いろいろなドリル

構造の異なるドリル

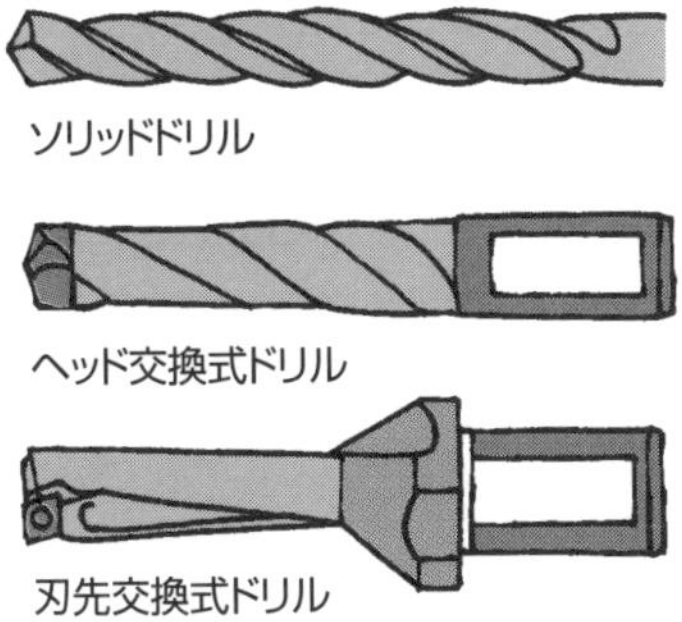

シャンク形状の異なるドリル

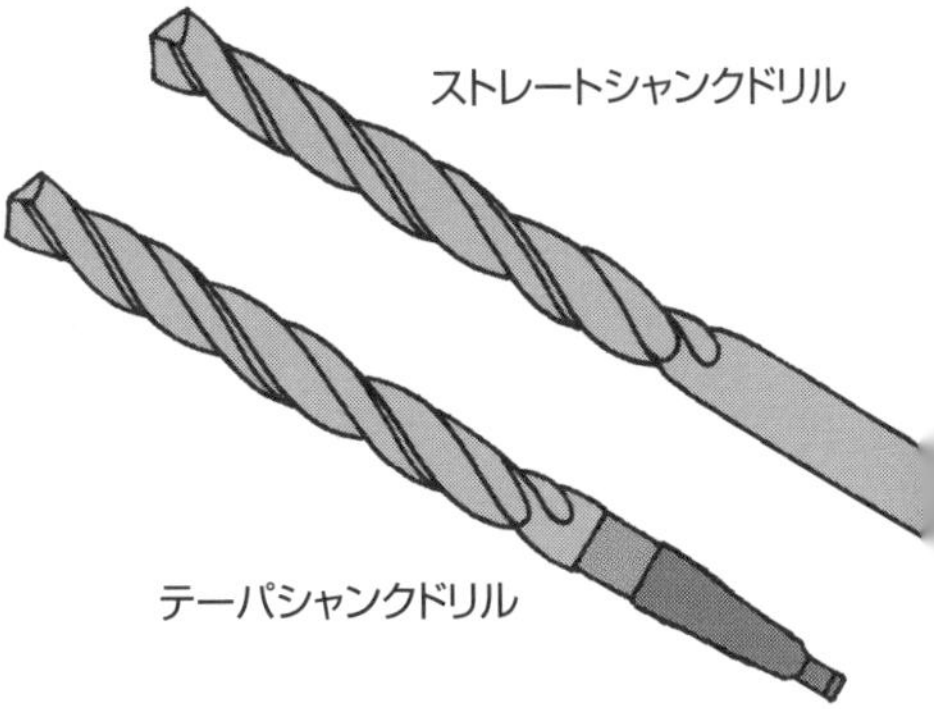

ねじれ角の異なるドリル

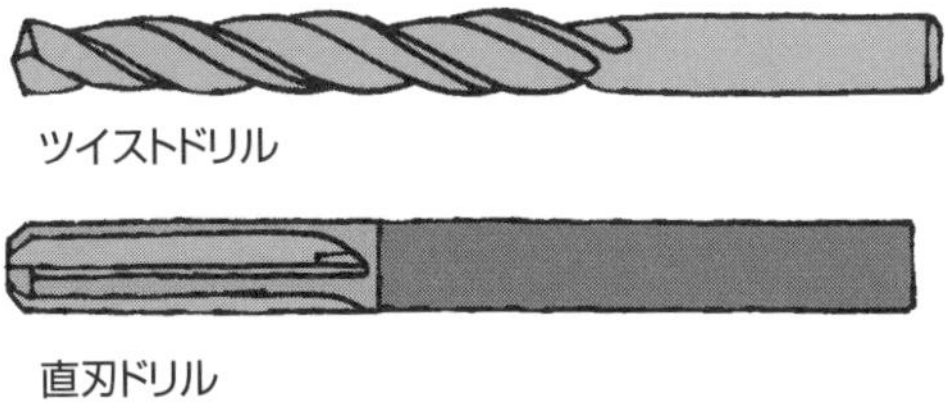

2つの直径をもつドリル

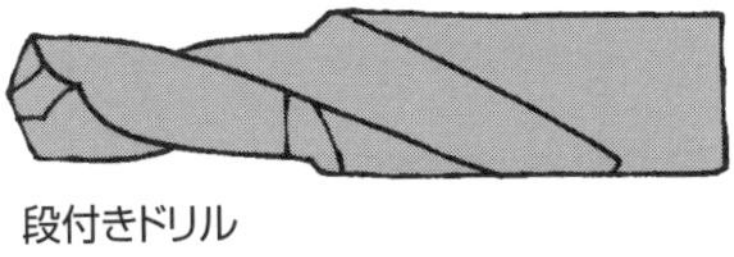

全長の異なるドリル

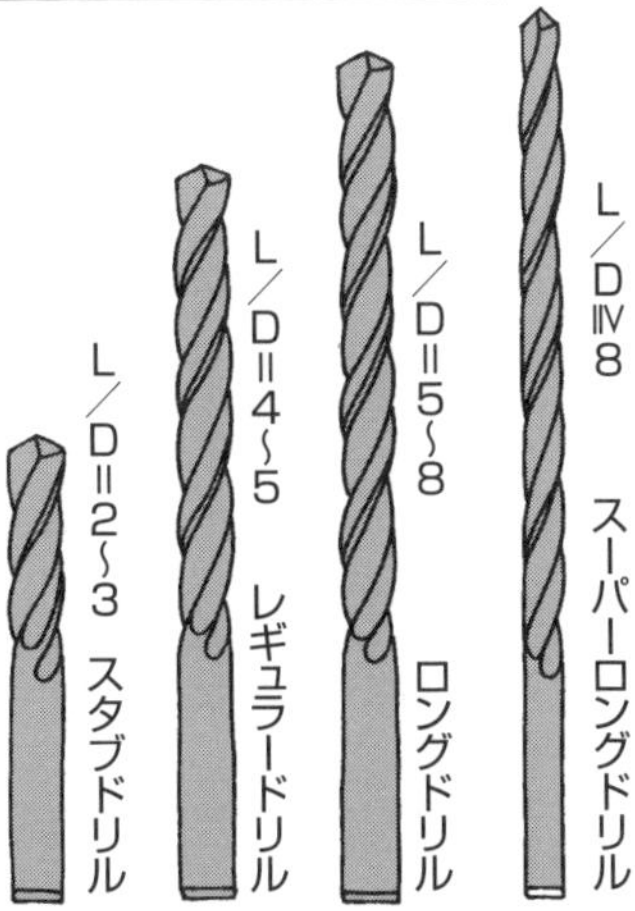

溝長の選択指針

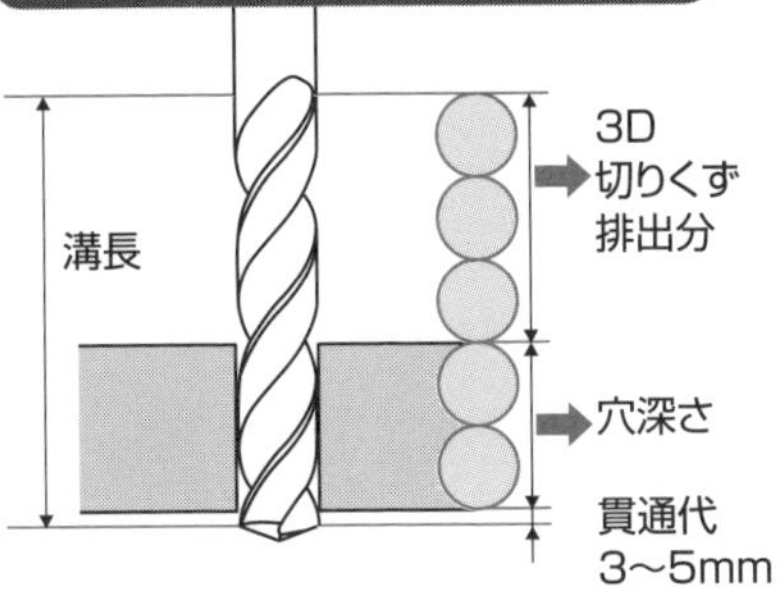

ドリルの選択指針

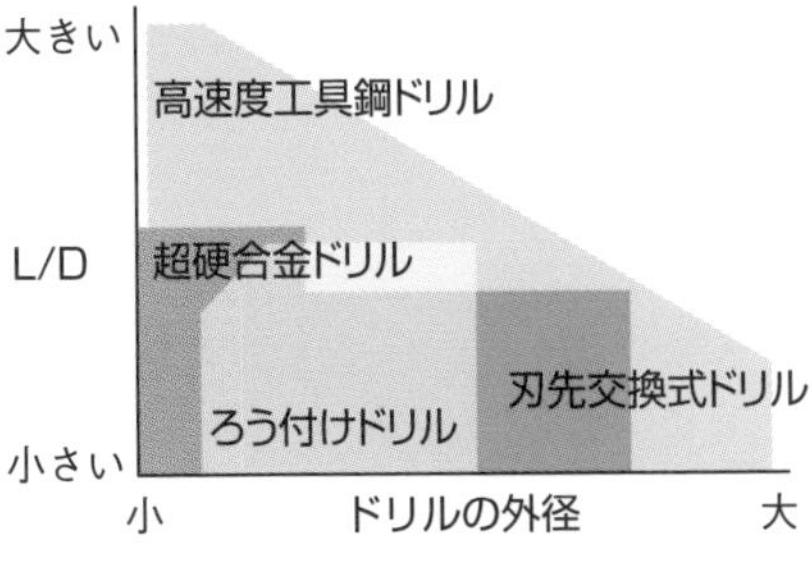

49 特殊なドリルとトラブルシューティング

ドリル加工には内部給油は必須な技術

ドリルには用途に合わせて特殊なものがあります。たとえば、「ガンドリル」はL／Dが約300の細くて深い穴を高精度にあけることができるドリルです。ガンドリルは切削油剤をドリル先端から供給できる内部給油構造になっており、穴が深くなっても的確に刃先に切削油剤を供給できます。内部給油構造は切削熱の除去、工具寿命の延長、切りくずの排出など効果が大きく、ドリルには必須の技術になっています。

「ルーマ形ドリル」は電子基板などの小径穴加工で用いるドリルで、ドリル直径に対してシャンク径が太く剛性が高いので高精度な穴加工ができます。しかし、剛性のある工作機械を使用しないと、振動によって刃部が折損することがあります。ルーマ形ドリルは刃部全体を鏡面仕上げして切削抵抗を小さくし、高寿命にしているものもあります。「スペードドリル」は板状の刃部をホルダに取り付けた直刃のドリルで、大径の穴加工に用います。「段付きドリル」は2つ以上の直径をもち、段になっているドリルで、段付き穴および面取りを同時にできるドリルです。「コアドリル」はドリルの中心部に切れ刃がなく、穴の仕上げやリーマ加工の下穴加工として使用されます。

いずれのドリルにおいても共通することは、内周に近づくほど適正な切削速度が得られにくくなり、回転中心では切削速度がゼロになることです。ドリル加工の切削条件が適切か否かは切削後のドリルの切れ刃から判断することができ、切れ刃が外側から内側に掛けて均一に摩耗していれば切削条件は適切と判断できます。一般に、外側の切れ刃の摩耗が激しい時は回転数が高すぎ、内側の切れ刃の摩耗が激しい時には送り速度が高すぎると判断できます。ドリル加工では出口付近で送り量を小さくするとバリを抑制することができます。NC工作機械ではエンドミルをらせん状に動かして穴を加工できます。この方法は縦送りを行うドリル加工に比べてバリの抑制に効果的です。

要点BOX

- ●ガンドリルは深穴加工ができる
- ●ドリルの最適切削条件は切れ刃の摩擦で判断できる
- ●出口バリは送り量を小さくすると抑制できる

特殊なドリル

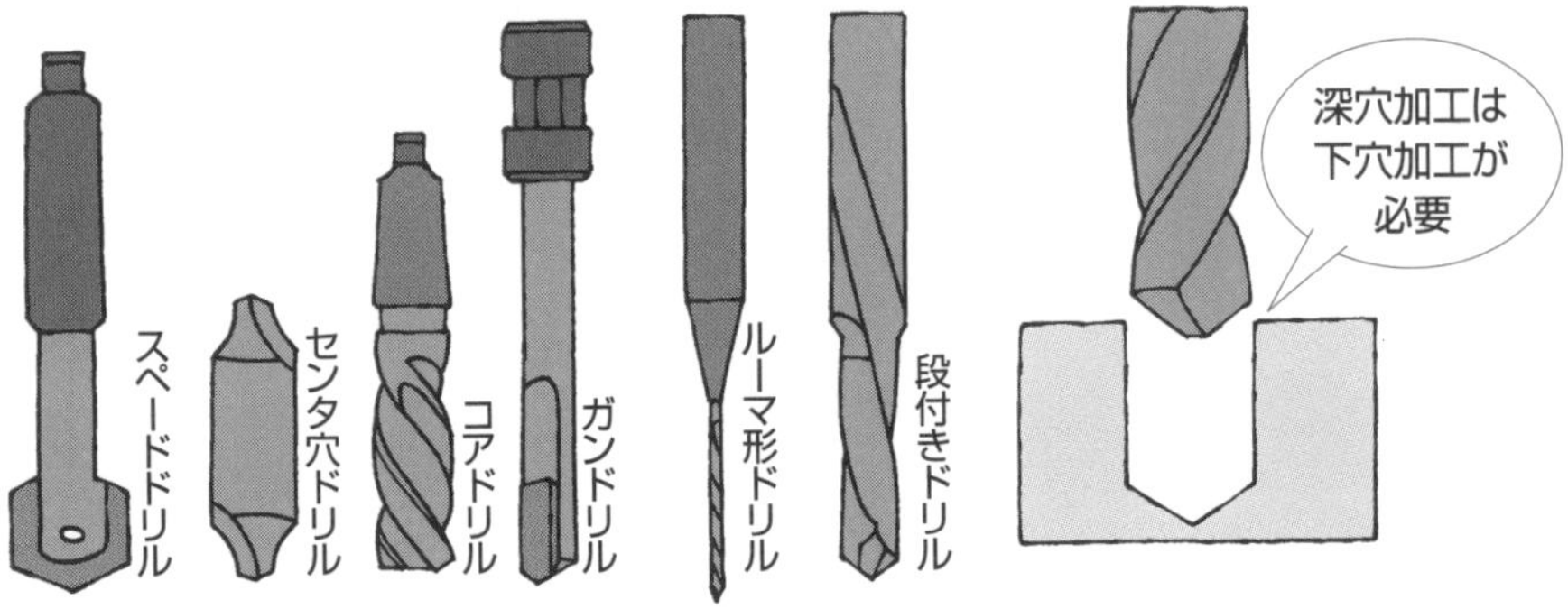

内部給油と外部給油

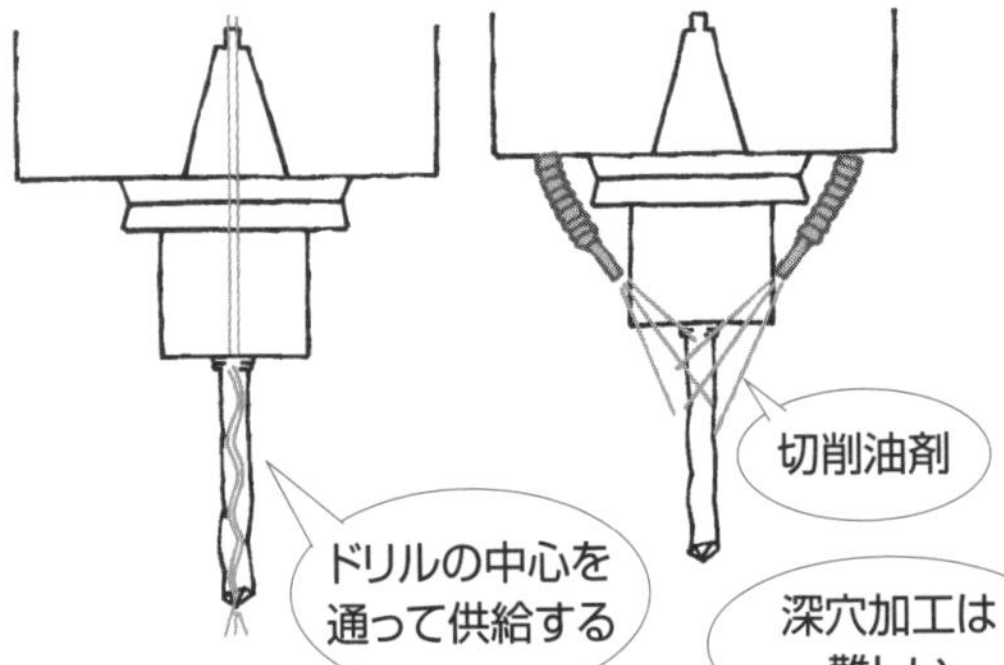

ボールエンドミルを使用した穴あけ加工

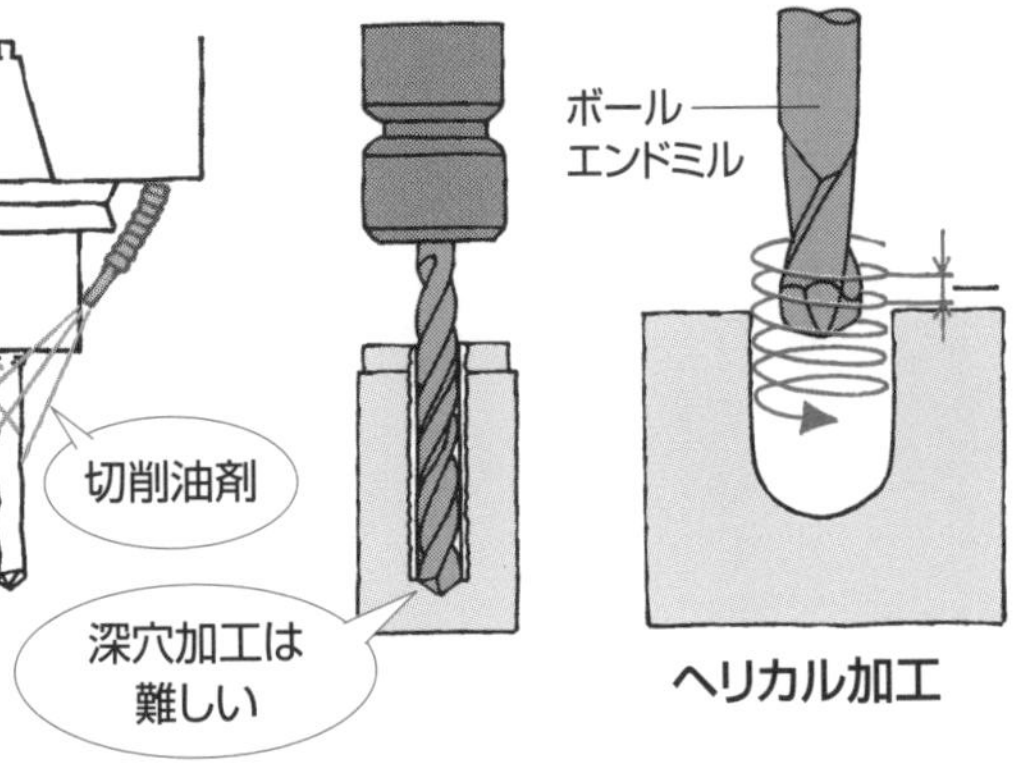

ドリル加工の各種トラブルの一例

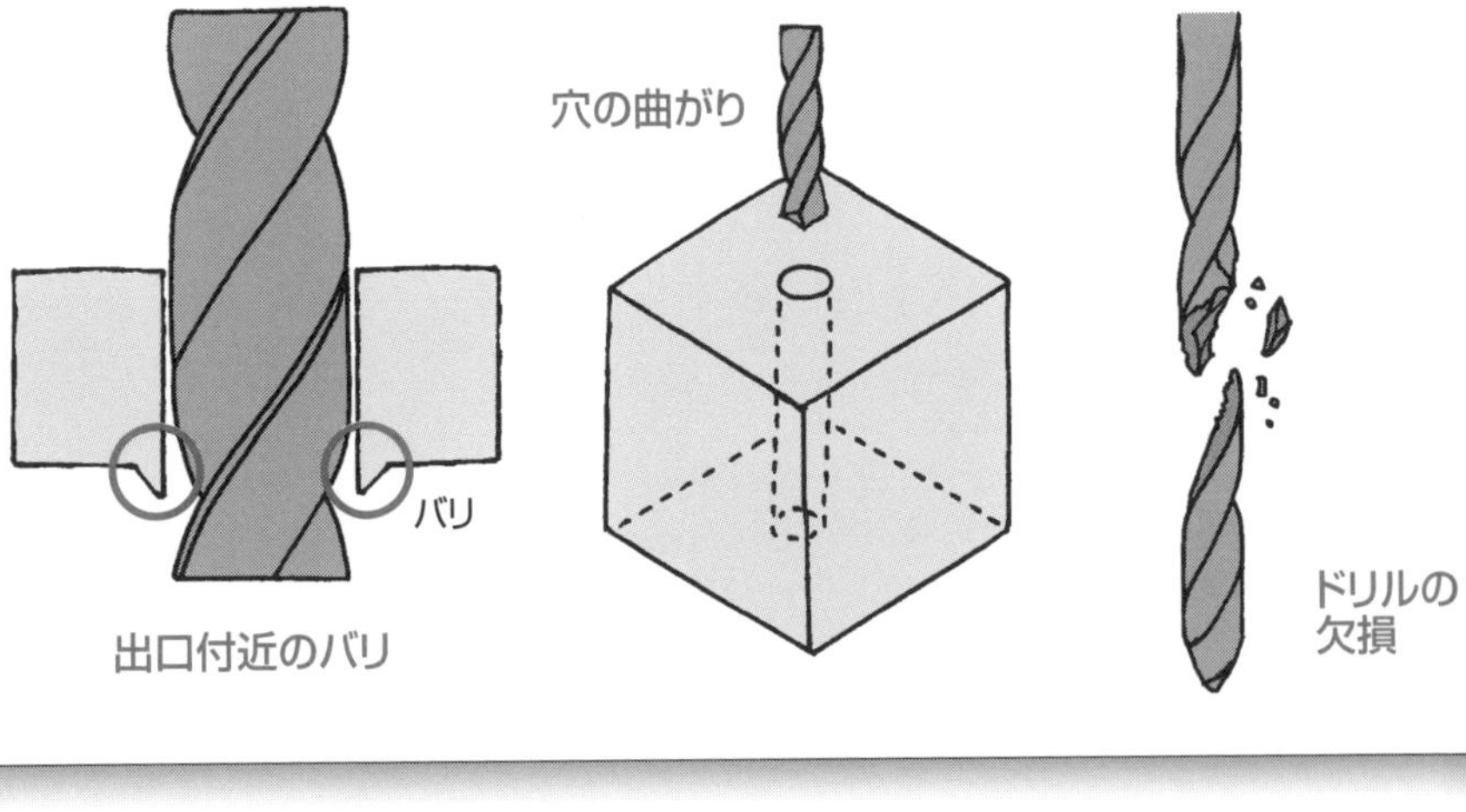

50 センタ穴ドリルは浅穴用だけど奥深い

センタ穴ドリルの種類と特徴

センタ穴ドリルは本来、センタ（固定具）を支持するための穴を加工する切削工具ですが、ドリルによる穴加工の位置決めや穴の面取り、薄板の穴加工などにも幅広く使用されます。

センタ穴ドリルの先端角度は120°で、ドリルが工作物に挿入する際のガイドの役割をします。ドリルの刃先の角度は118°ですからセンタ穴ドリルの刃先の角度とほぼ同じです。センタ穴ドリルはセンタが接触する部分の形状により4種類に分類され、センタ穴角に面取り部をもたないものをA形、センタ穴角に120°の面取り部をもつものをB形、センタ穴角に座ぐり形状をもつものをC形、センタ穴角が円弧形状になっているものをR形といいます。

B形はセンタが密着する面の外側が120°になっており、テーパ部が2段になっています。テーパ部を2段にすることで、センタが挿入する開口部が広くなり、センタ挿入時の衝撃によってセンタが接触する面に傷が付くことや変形することから保護できます。また、センタで支持する際、端面の仕上がり具合やバリ、かえりなどの影響を受けません。C形もB形と同様に、センタが接触する面の外側を座ぐりすることで、B形よりもさらに外部衝撃などからの保護効果が得られます。長尺のシャフトのセンタ穴として多く指定される形状です。R形はセンタが密着する面が円弧構造になっていて、センタ穴角度がセンタ角度よりも大きい場合、センタ穴角度がセンタ角度よりも小さい場合、センタ穴とセンタとの軸心がずれている場合のいずれでも比較的安定してセンタを支持できます。また、B形、C形と同様に、センタが密着する面を保護する効果もあります。ただし、センタ穴とセンタの接触が点当たりになるので、重切削や重量物の支持には不適です。

近年では、難削材用として、刃部にコーティング処理を施したセンタ穴ドリルや刃部交換式のセンタ穴ドリルも多用されています。

要点BOX

- ●センタ穴ドリルの先端の角度は120°
- ●形状により4種類に分類される
- ●R形は汎用性が高い

センタ穴加工の目的

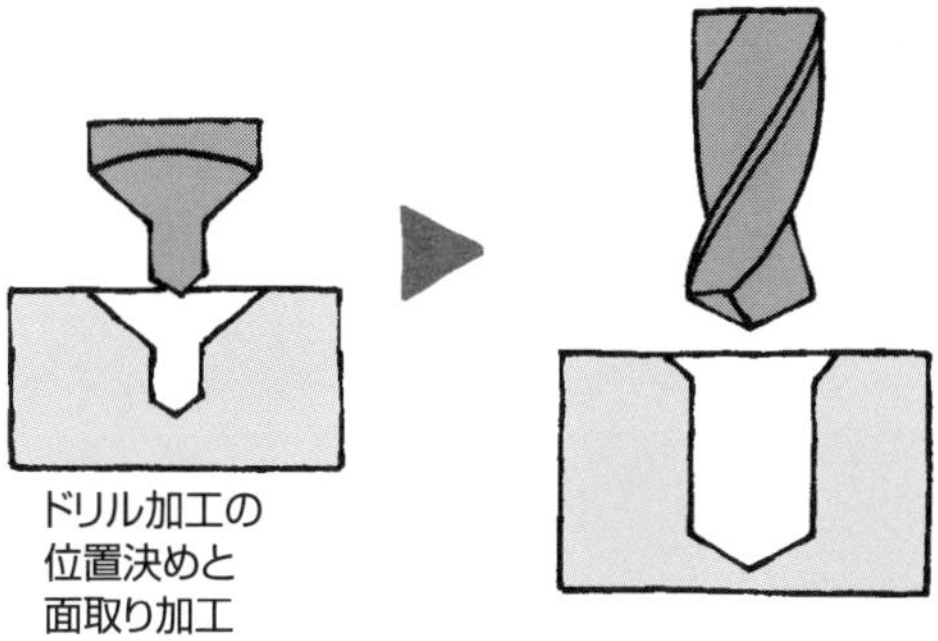

センタ穴加工と保護角

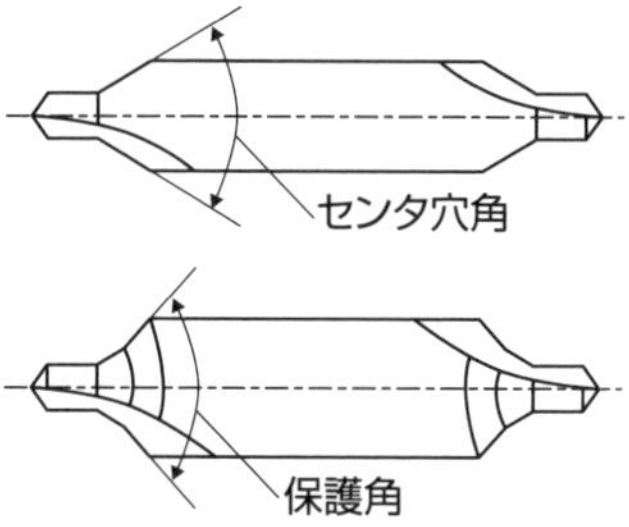

センタ穴ドリルの種類

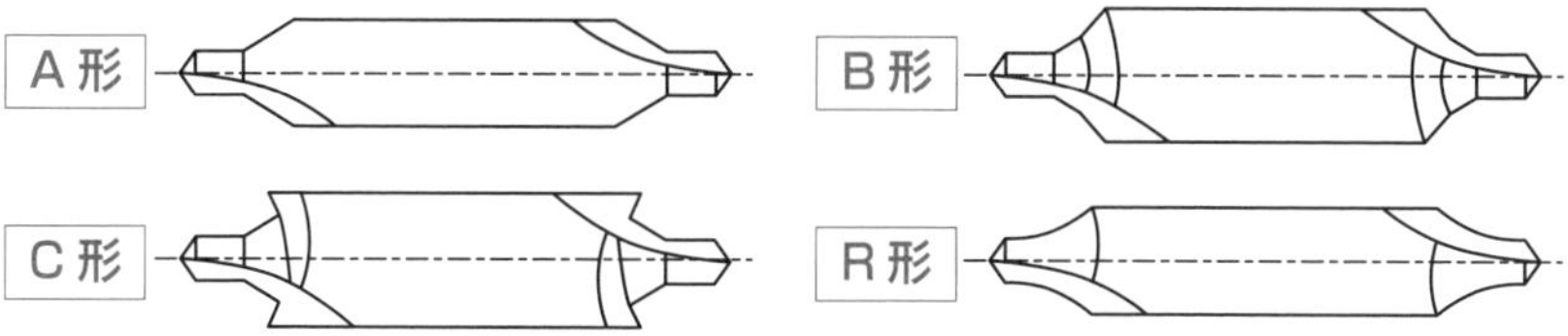

センタ穴形状とセンタの関係

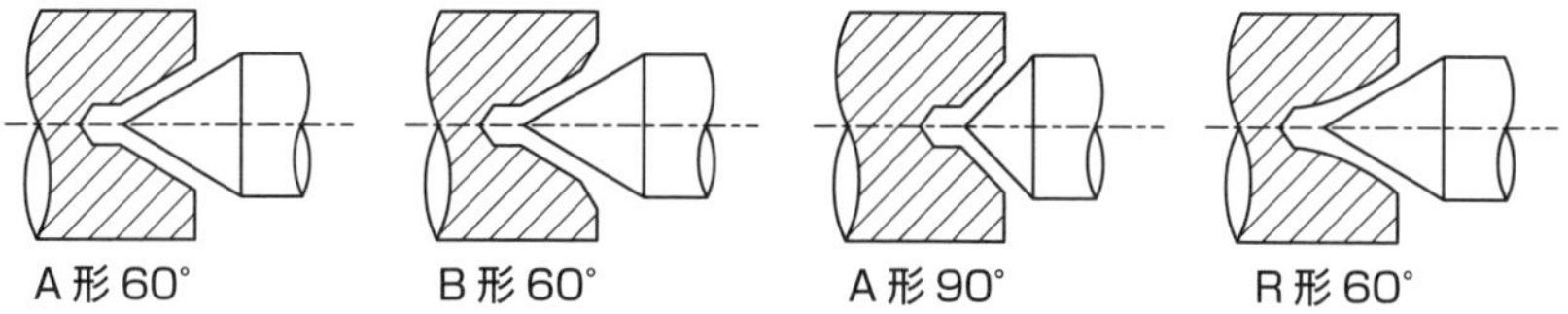

B形センタ穴の効用

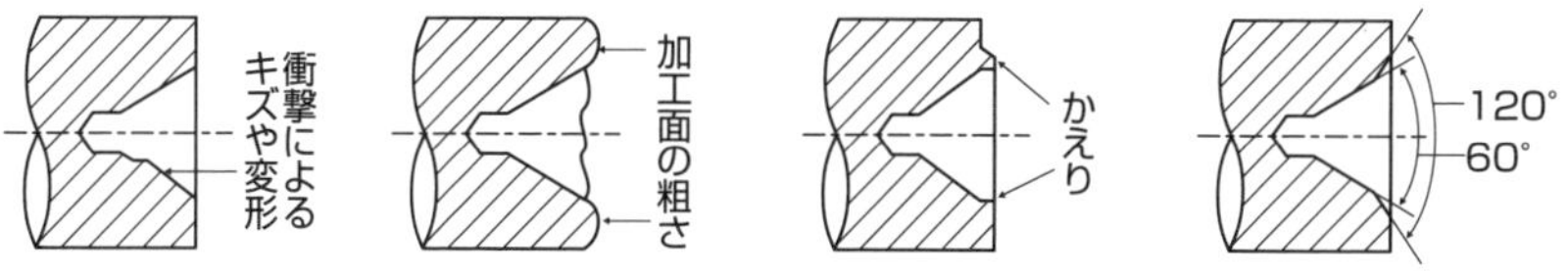

R形センタ穴の効用

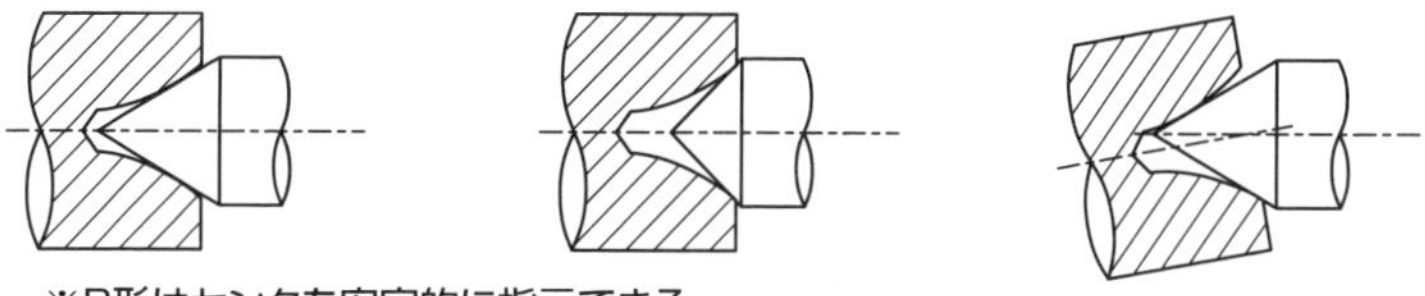

※R形はセンタを安定的に指示できる

51 「めねじ」を加工するタップ

タップは硬さよりも粘り強さが重視される

穴に「めねじ」を加工したい時に使用する切削工具を「タップ」といいます。タップは「ねじ」と同じ形状をした切削工具で、穴にタップを通すことによって「ねじ」形状を転写し、「めねじ」をつくります。タップ加工を行う前加工としてあらかじめあけた穴を「ねじ下穴」といいます。ねじ下穴の加工は穴の内径と深さが重要です。ねじ下穴の内径は「おねじとめねじ」の噛み合い率によって変わりますが、一般的な値はスケール（長さ測定具）の裏側にプリントされています。止り穴の場合、ねじ下穴の深さは「必要なねじ長さにねじの4～5ピッチ分を足した長さにする」のが目安です。

タップは切りくずが詰まりやすく折れやすいため、生産現場の自働化を阻害するもっとも大きな要因の1つになっています。タップが穴の中で折れるとタップが工作物に食付いた状態になり、取り除くことはきわめて困難です。したがって、タップの折損は絶対に避けなければいけません。特に、通し穴のタップ加工では切りくずが落下しますが、止り穴のタップ加工では穴に切りくずが堆積するためタップの折損も起こりやすくなります。

近年、工業製品の構造材料はチタン合金や炭素繊維材料など、削りにくい材質が使用されることが多く、切削工具は「粘り強さよりも硬さ」が重視され、超硬合金やサーメット、CBNが多用されています。一方、タップは折損を防止するために「硬さよりも粘り強さ」を重視され、現在でも高速度工具鋼（ハイス）が多用されています。ただし、超微粒子超硬合金のように、粘り強い超硬合金も開発されており、超硬合金製のタップも広く使用されるようになってきました。

なお、手作業でタップ加工を行う場合には一定のノウハウ（技能）が必要で、はじめて手作業でタップ加工を行う人はほとんどタップを折ります。タップの折損は誰もが経験する失敗で、技能は失敗を経験して向上しますので折る経験も必要です。

要点BOX

- ●ねじ下穴の加工は穴の内径と深さが重要
- ●タップの折損は自働化を阻害する要因
- ●タップは折損抑制のため粘り強さが重要

タップ加工は下穴が重要

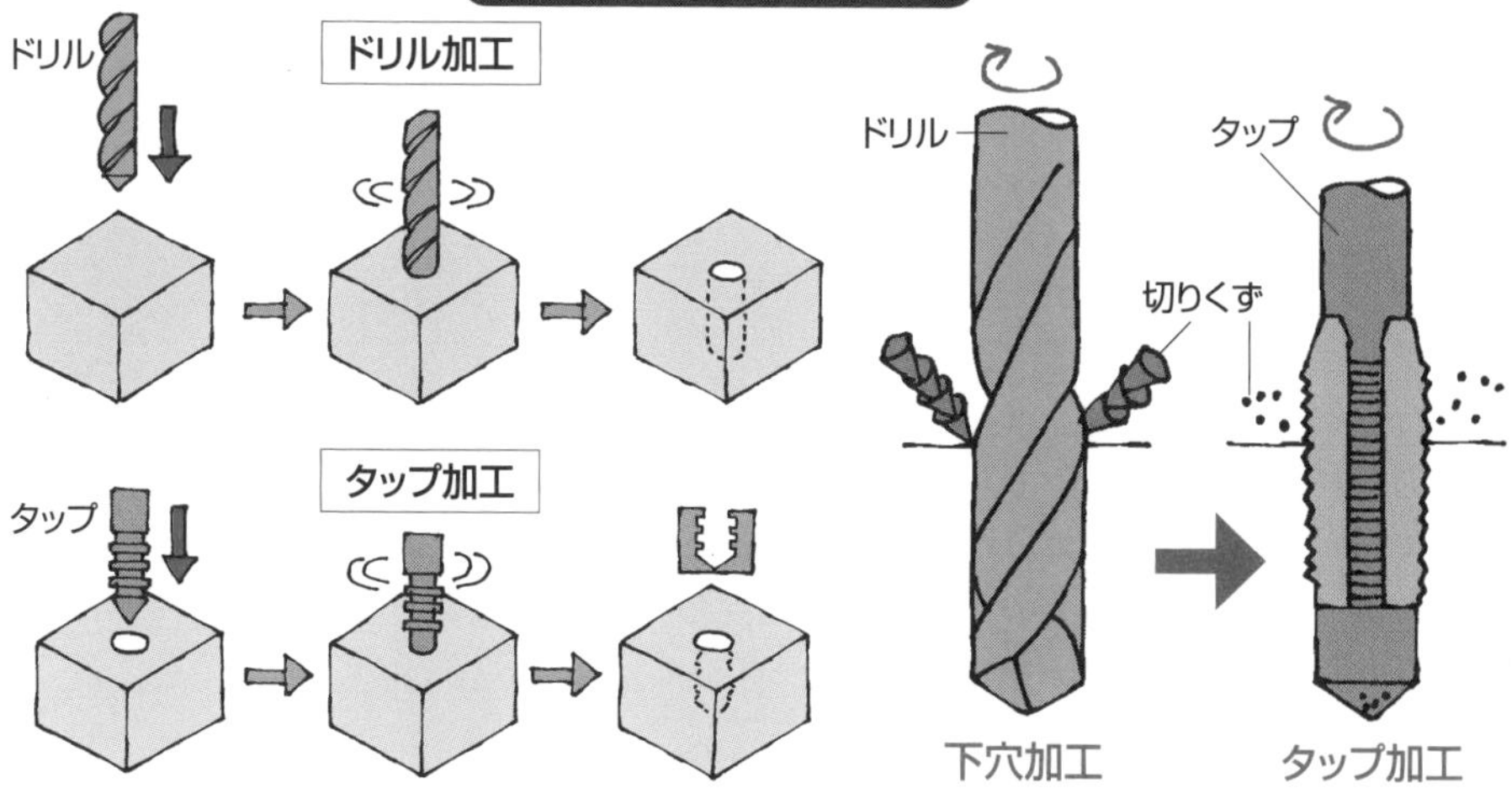

タップは1回転あたり1リード進む

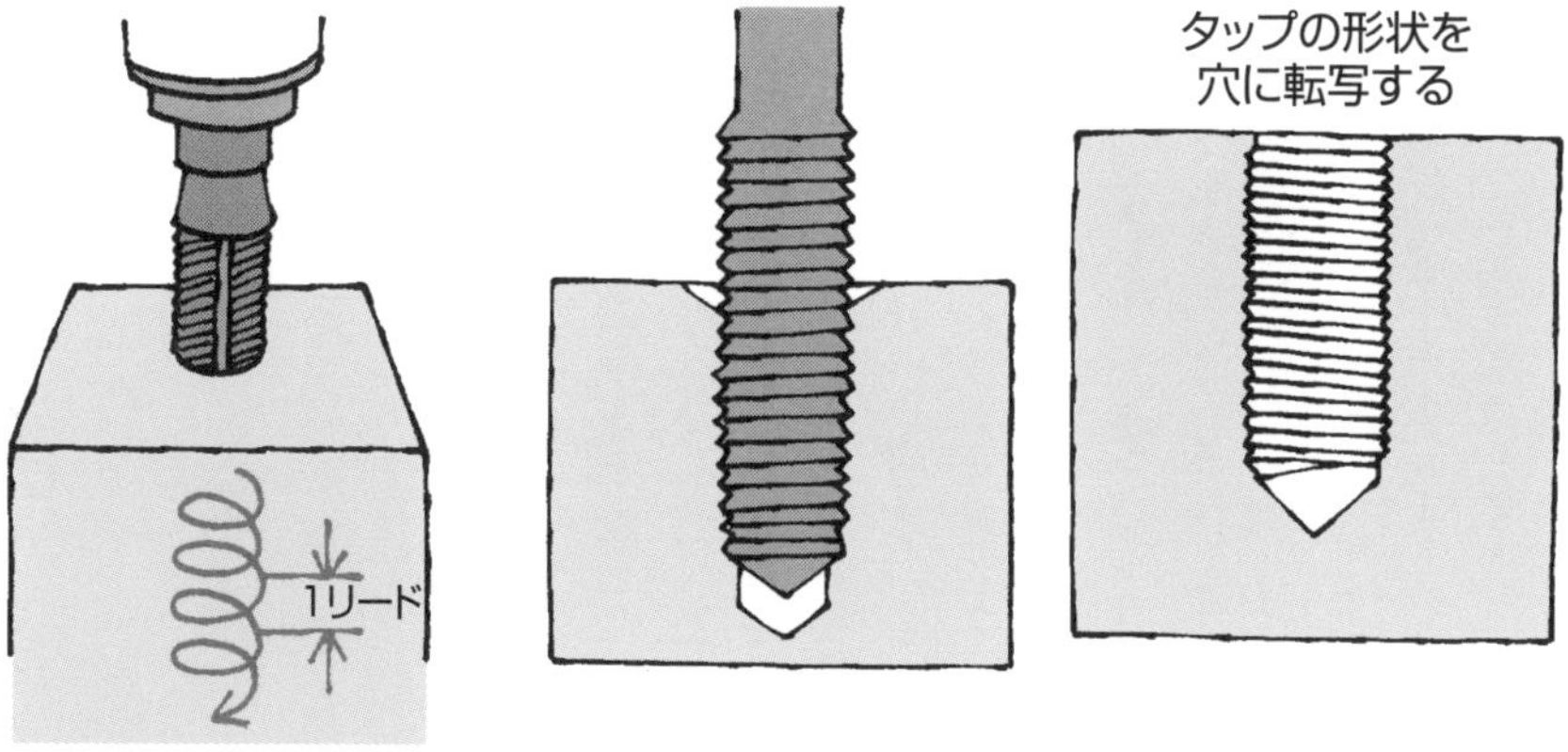

タップは折れやすい

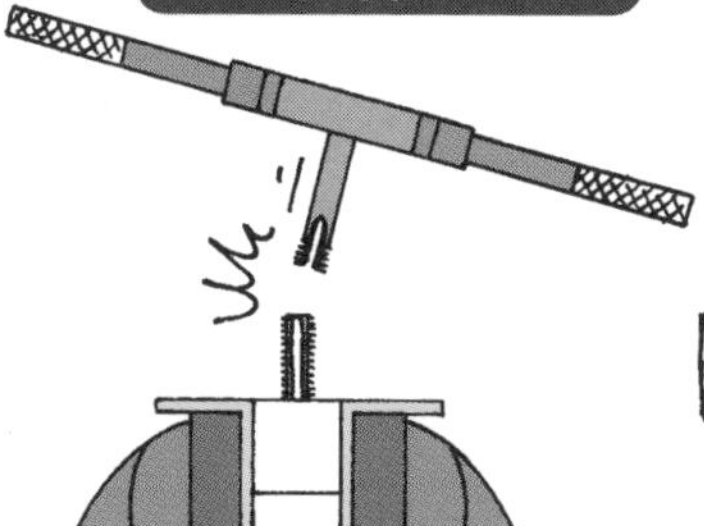

タップ加工の問題

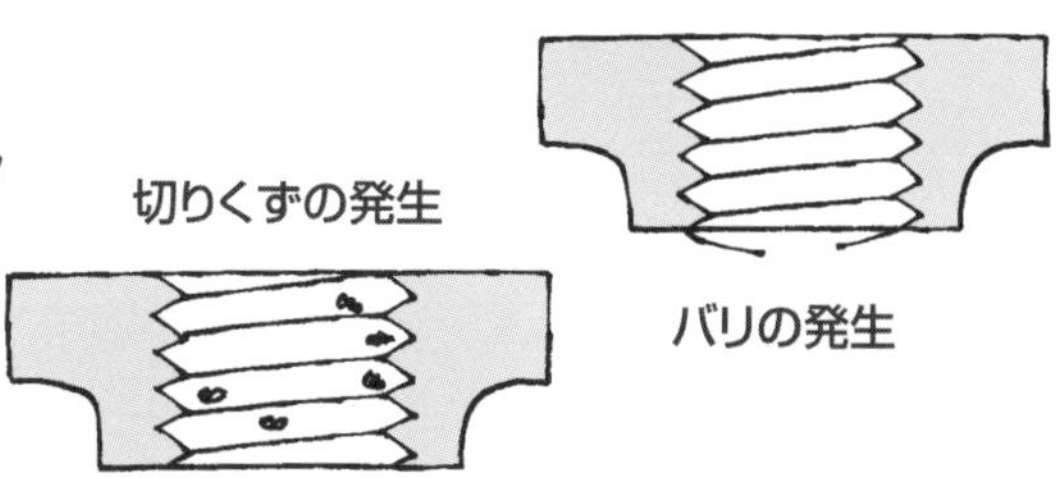

52 ハンドタップの誤解

ハンドタップは使用する順番が決まっている

一般に広く多用される「ハンドタップ」は食付き部の山数によって3種類に分類されます。食付き部の山数が7〜10山のものを「先タップ」、食付き部の山数が3〜5山のものを「中タップ」、食付き部の山数が1〜3山のものを「上げタップ」といいます。先タップでねじの入口に案内部を加工し、中タップ、上げタップの順番で加工を行い、「めねじ」を仕上げます。

生産現場では加工する順番に由来として慣用的に「先タップを1番タップ、中タップを2番タップ、上げタップを3番タップ」ということがありますが、日本産業規格で規定している「1番タップ、2番タップ」はタップの外径を徐々に大きくして「めねじ」を仕上げる「増径タップ」の種類を表す用語になります。つまり、慣用的に使用される呼称とJISで規定されている用語が同じでも、正式には違うものを示すので注意が必要です。ただし、タップの外径を徐々に大きくして仕上げる「増径タップ」は一般にはほとんど使用されませんから、生産現場で「タップの3番」といわれたら、おおむね「ハンドタップの上げタップ」を示していると考えてよいでしょう。

ハンドタップは名称から手作業専用のタップだと誤解されることが多いですが、マシニングセンタ（工作機械）でも使用されます。ただし、マシニングセンタでは、「先（1番）、中（2番）、上げ（3番）」と分割してタップ加工を行うと、マシニングセンタの運動誤差により先タップで加工したねじ山が崩れてしまい、良好なねじにはなりません。マシニングセンタでタップ加工を行う場合には、「先（1番）、中（2番）、上げ（3番）」のいずれか1本を使用して、一発で仕上げることになります。手作業では運動誤差は発生しませんので、この点においては人間の技能はマシニングセンタを上回っているといえます。マシニングセンタによるタップ加工の不具合に関しては別著「トコトンやさしいマシニングセンタの本」で解説しています。

要点BOX

- ●食付き部の山数によって3種類に分類
- ●山数が7〜10山のものが先タップ
- ●山数が3〜5が中タップ、1〜3が上げタップ

おねじとめねじ

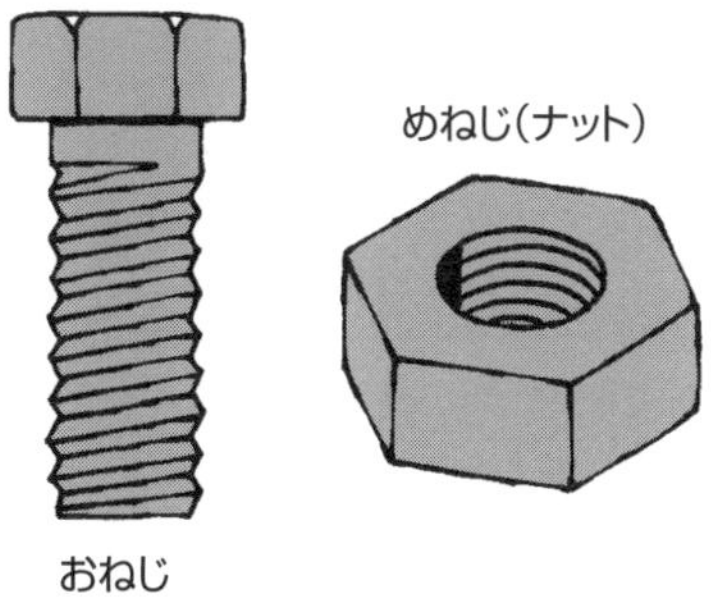

タップとタップハンドル

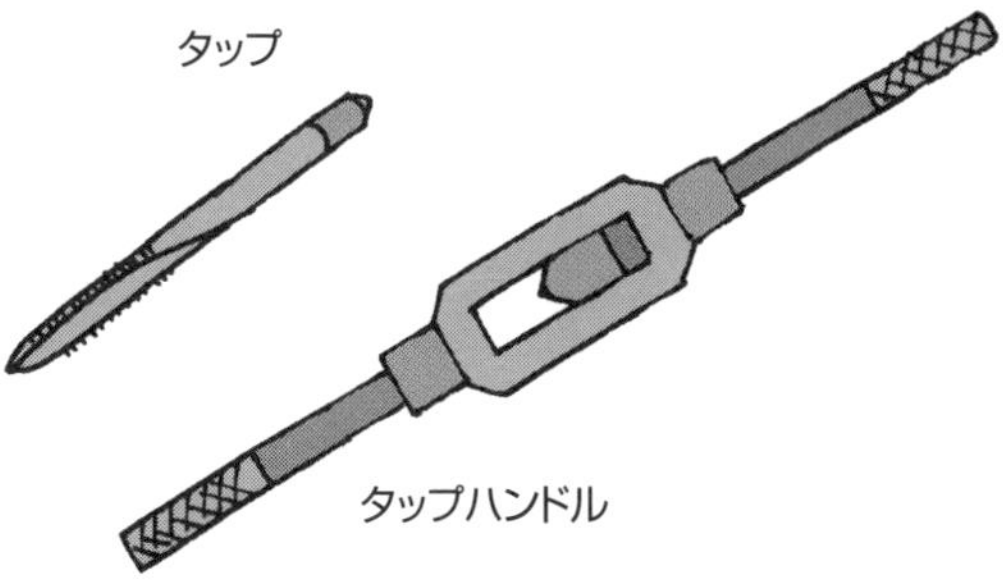

食付き部の長さの違い

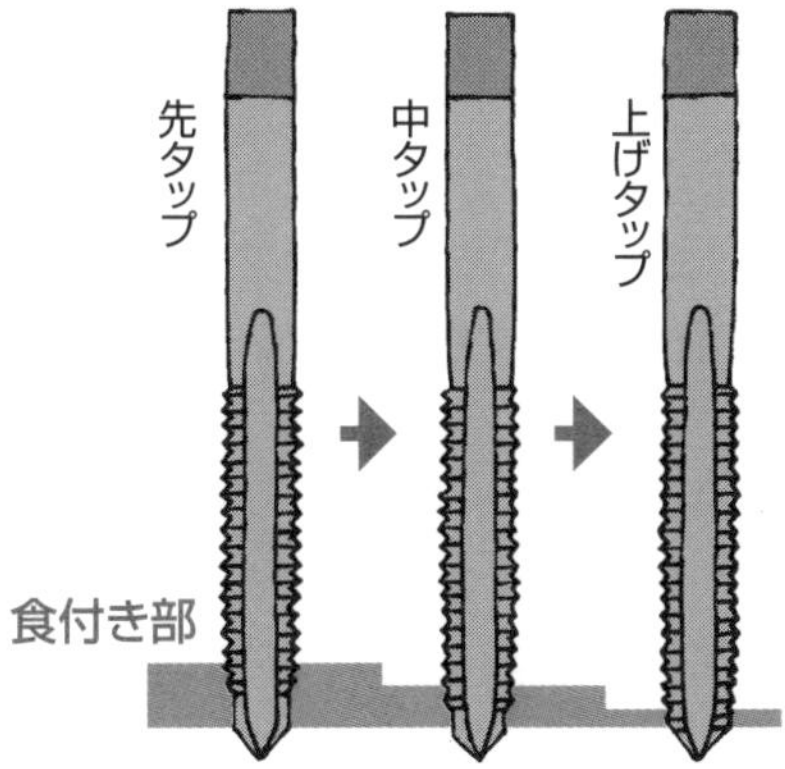

タップ加工の注意点

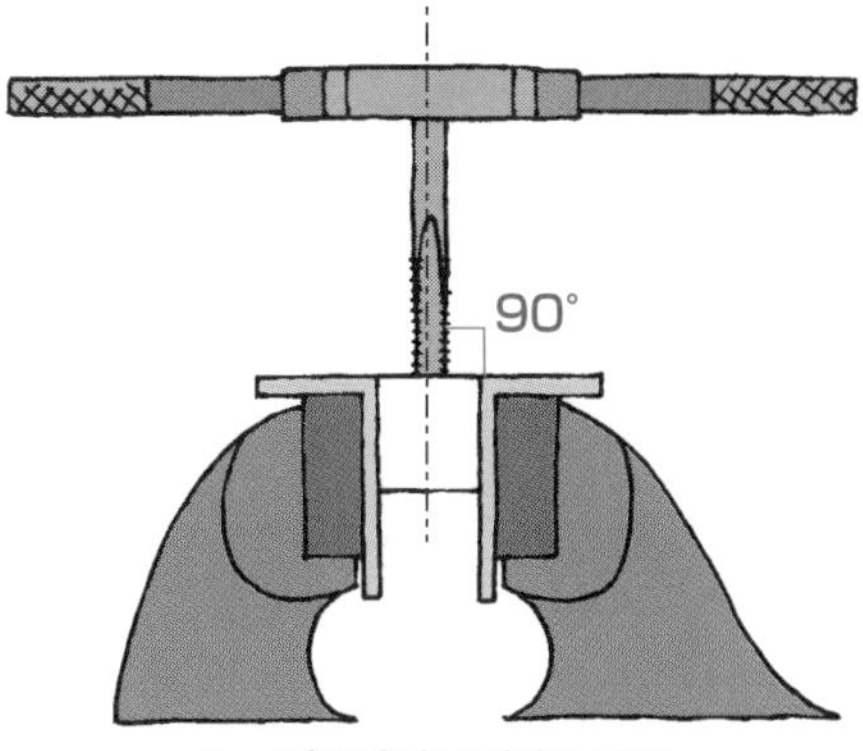

タップは直角に挿入する

先タップ、中タップ、上げタップの順番に使用する

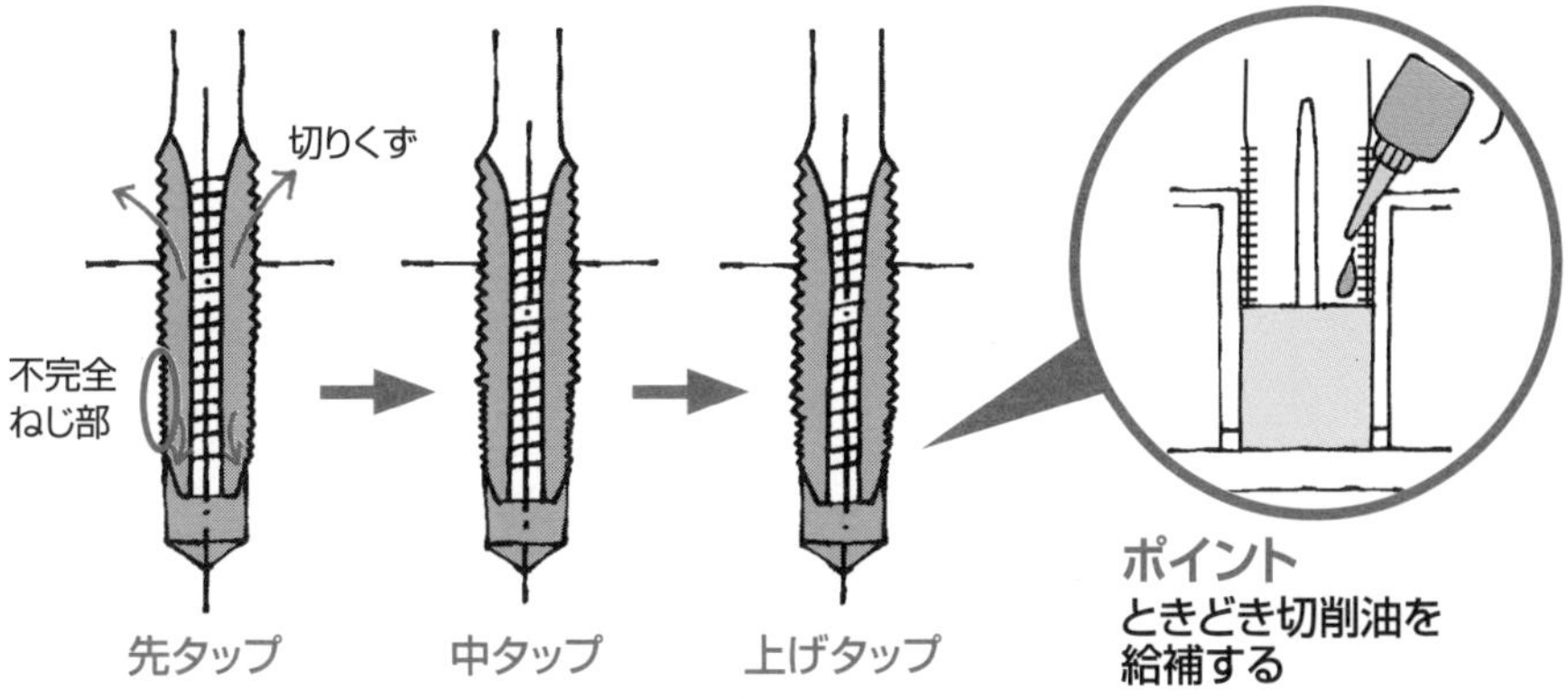

53 いろいろなタップ

食付き部の長さを使い分けることが大切

日本産業規格（JIS）では多様なタップを規定していますが、タップは大別して、「切りくずを排出しながらねじ形状を加工する切削タップ」と「切りくずを排出せずタップの形状を穴に転写させる転造タップ」の2種類あります。これはローレットと同じです。

一般的に多用される切削タップには次のようなものがあります。「ハンドタップ」は先タップ（1番）、中タップ（2番）、上タップ（3番）の3種類があり、排出される切りくずはタップの溝に抱え込むため、止り穴、通り穴どちらでも使用することができます。

「ポイントタップ」は切削トルクが小さく、切りくずはねじれとは逆の下方向に排出されるため、通り穴に適しており、切りくず詰まりによるトラブルが少なく安定した加工ができます。

「スパイラルタップ」は切削トルクがハンドタップより小さく、切りくずはねじれに沿って上方向（シャンク側）に排出されるため、流れ形の切りくずが発生する炭素鋼や合金鋼に適しています。主に止り穴に使用しますが、通り穴にも使用可能です。

一方、転造タップでは「盛上げタップ」が主に使用されます。盛上げタップは切れ刃がなく、切削しないで（塑性流動によって）「めねじ」を形成するので、切りくずを取り除く手間も省け、止り穴に適しています。盛上げタップは「油溝があるものとないもの」があり、油溝がないものを「溝なしタップ」といいます。「管用タップ」は管用部品や流体機器などの結合用として用いられるタップです。

タップの食付き部が斜めなのは、少しずつねじを切削し、タップに作用する抵抗を小さくするためです。はじめから完全なめねじを切削すると、タップに過大な抵抗が作用し、欠けてしまいます。「めねじ」の切削は食付き部で行われるため、食付き部の長さの選定は重要です。通り穴には食付き部の長いタップを、止り穴には食付き部の短いタップを使用します。

要点BOX

- 切削タップと転造タップがある
- 切りくずの排出される方向に注意
- 転送タップは切りくずが排出されない

いろいろなタップ

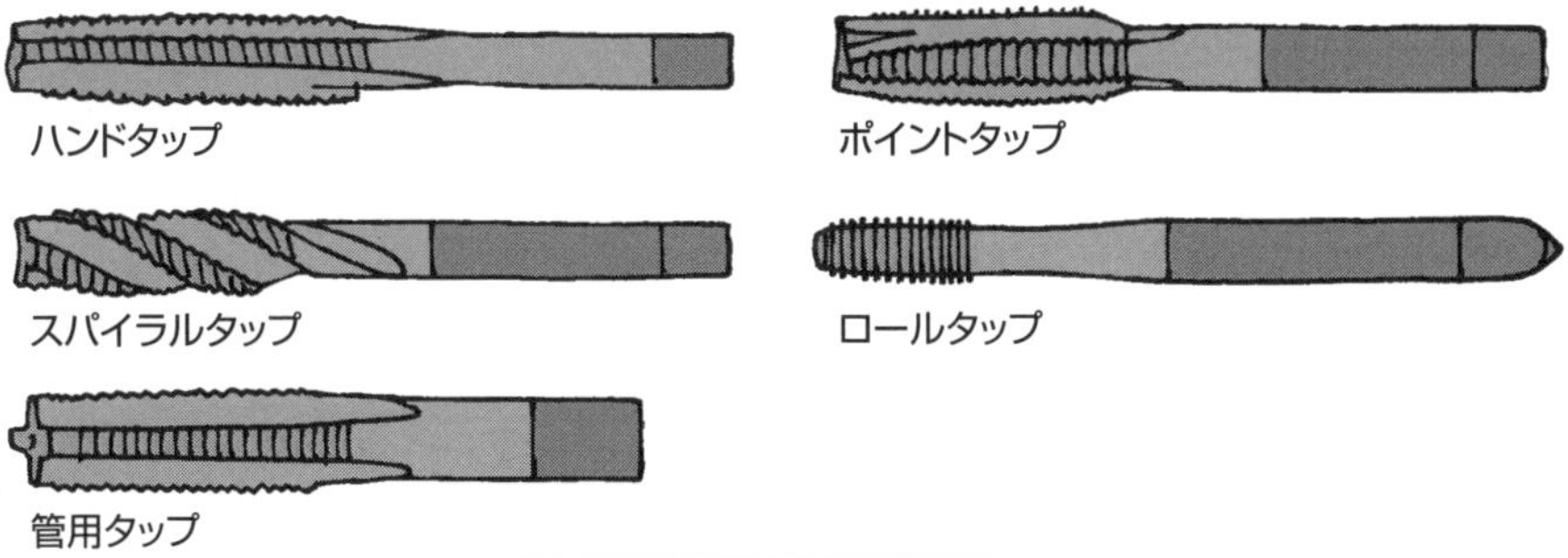

タップと切りくずの関係

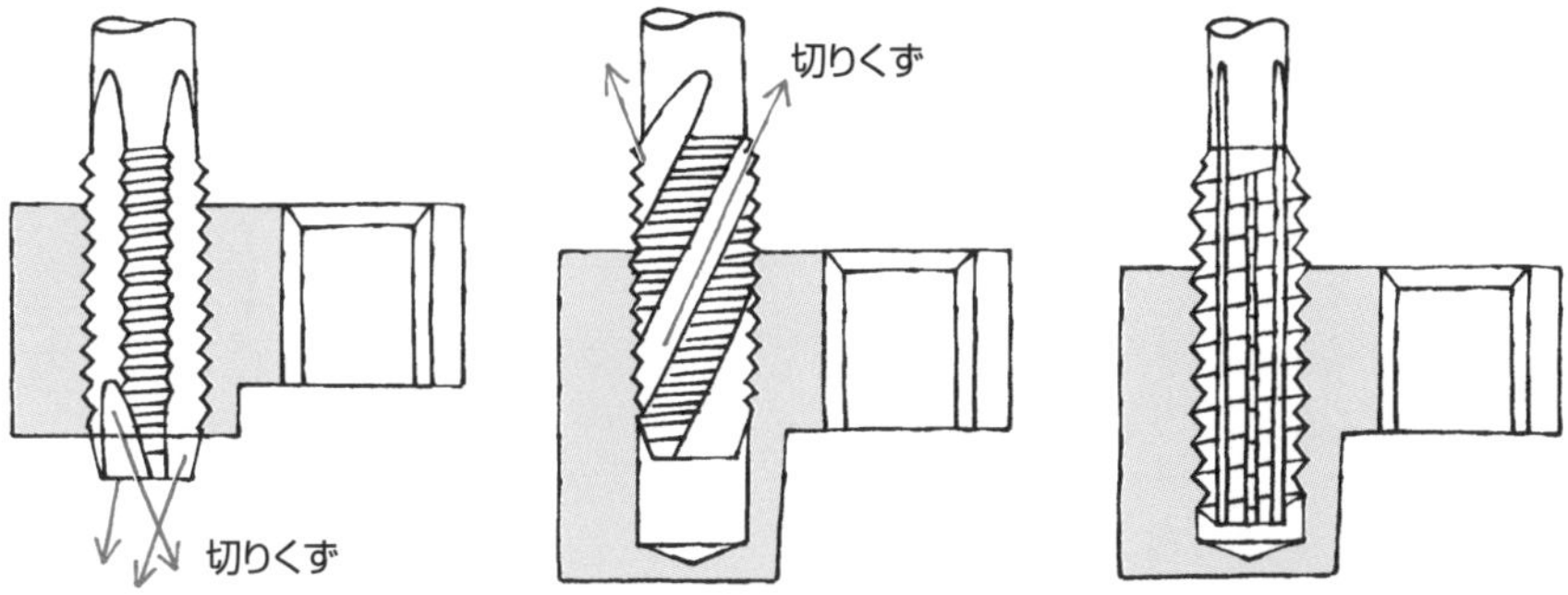

ポイントタップは
切りくずが出口側に落ちる

スパイラルタップは
切りくずが入口側に上がる

転造タップは
切りくずが発生しない

下穴の2次加工でエンドミル加工を行うと有効ねじ部が長くなる

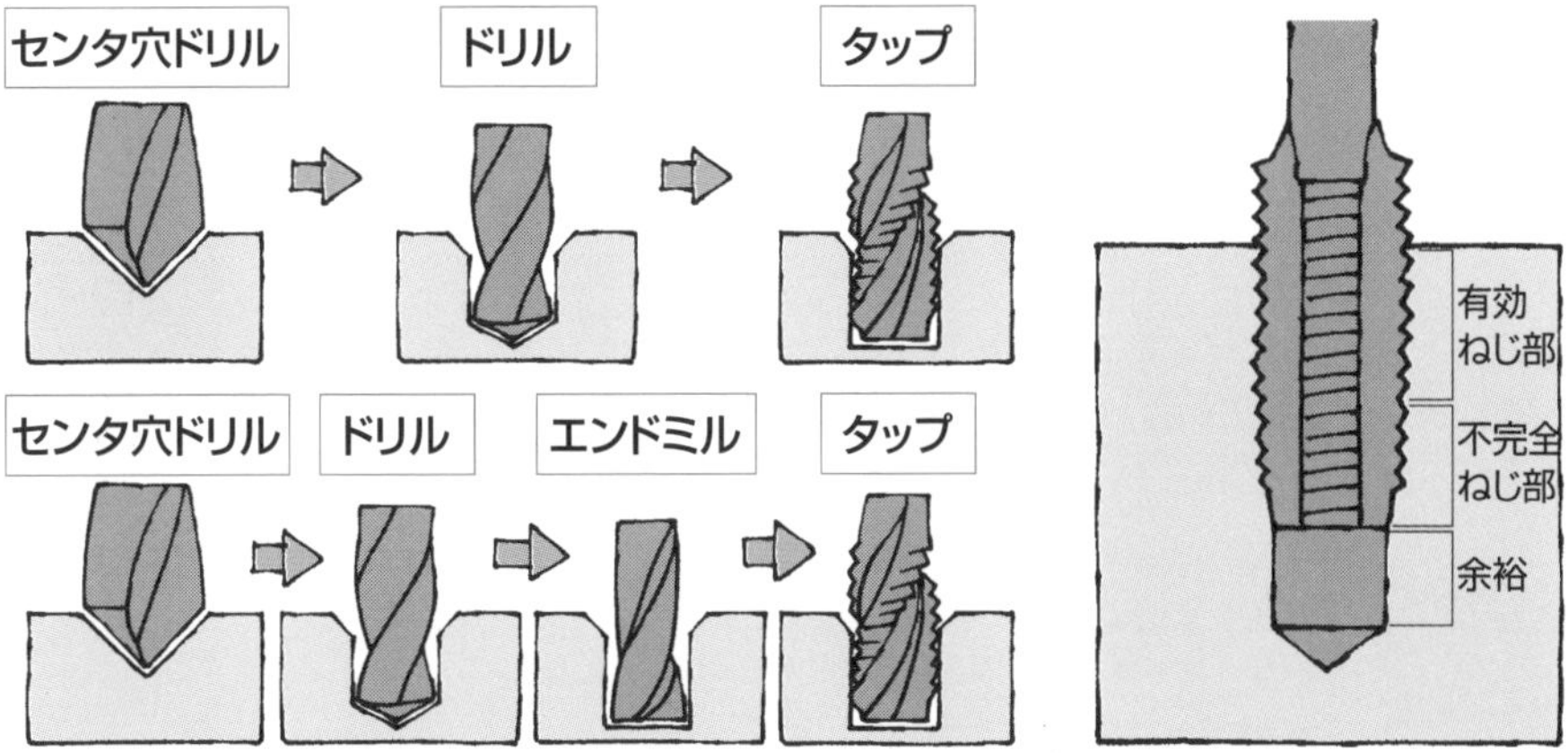

54 リーマと中ぐりは穴の品質を高めるために行う加工

リーマと中ぐりは穴の内径で使い分ける

ドリルであけた穴は一見真円のように見えますが、厳密に測定すると形状は歪んでおり、穴の内径寸法はドリルの外径より大きくなっています。また、穴の内面はドリルが擦った跡が残存し、きれいではありません。穴の真円度や内径寸法、真直度、穴内面の仕上げ面粗さなど穴に高い精度が必要な時に使用する切削工具が「リーマ」です。

リーマは切れ刃で穴の内径をわずかに削り、高精度に加工すると同時に、穴の内面をマージンで擦り潰して仕上げ面粗さ（性状）を向上させます。これを「バニシ作用」といいます。良好なリーマ加工を行うためには削り代の設定がもっとも大切で、削り代は工作物の材質と下穴（ドリル穴）の仕上げ面粗さによって変わります。リーマの削り代は直径で約0.1～0.5㎜が目安で、穴が大きいほど取り代も大きくなります。リーマ加工はリーマの取り付け精度（心ずれ、回転振れ）、適度な切削油の供給、確実な切りくずの排出がポイントになります。心ずれ、回転振れは0.5μm以内が目安です。リーマの外径は0.1㎜単位で市販されているので、必要な穴の内径に一致するリーマを使用します。一般に、リーマで加工できる穴の内径はφ20㎜程度で、これ以上大きな穴の場合には、「中ぐり（ボーリング）」といわれる加工法を使います。

「中ぐり」はバイトを使用して穴を広げる加工法で、工作物が回転する場合とバイトが回転する場合の2つの方法があります。工作物が回転する場合は旋盤加工の内径加工を想像するとよいでしょう。「中ぐり」はリーマ加工と同様に、穴の品質を高めるために行う加工で、主として、複数のチップ（刃）で加工する荒加工と1枚のチップで加工する仕上げ加工に分類できます。中ぐりの仕上げ加工における削り代は直径で0.5㎜程度が目安です。軸付き砥石で穴内面を加工する専用工作機械をジグボーラといい、ジグボーラはマシニングセンタよりも運動精度が高いです。

要点BOX

- ●リーマはバニシ作用で穴の内面をきれいにする
- ●リーマは削り代の設定がもっとも大切
- ●中ぐりはバイトで穴を仕上げる加工

大きな穴の加工工程

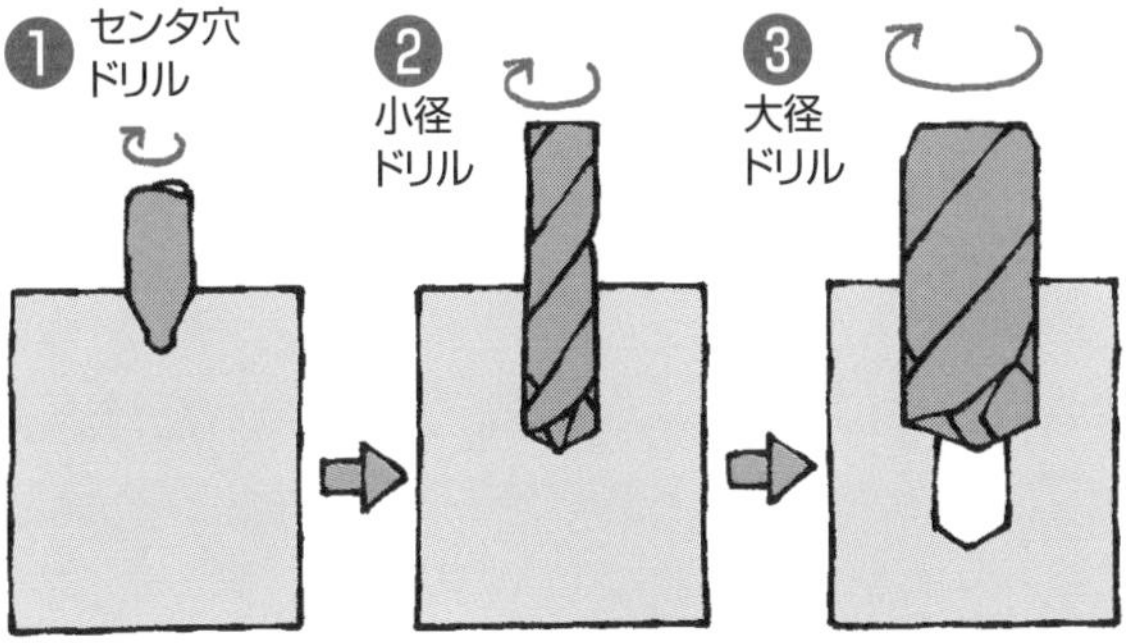

❶センタ穴あけ
❷小径のドリルで穴あけ
❸大径のドリルで穴あけ

リーマ穴の加工工程

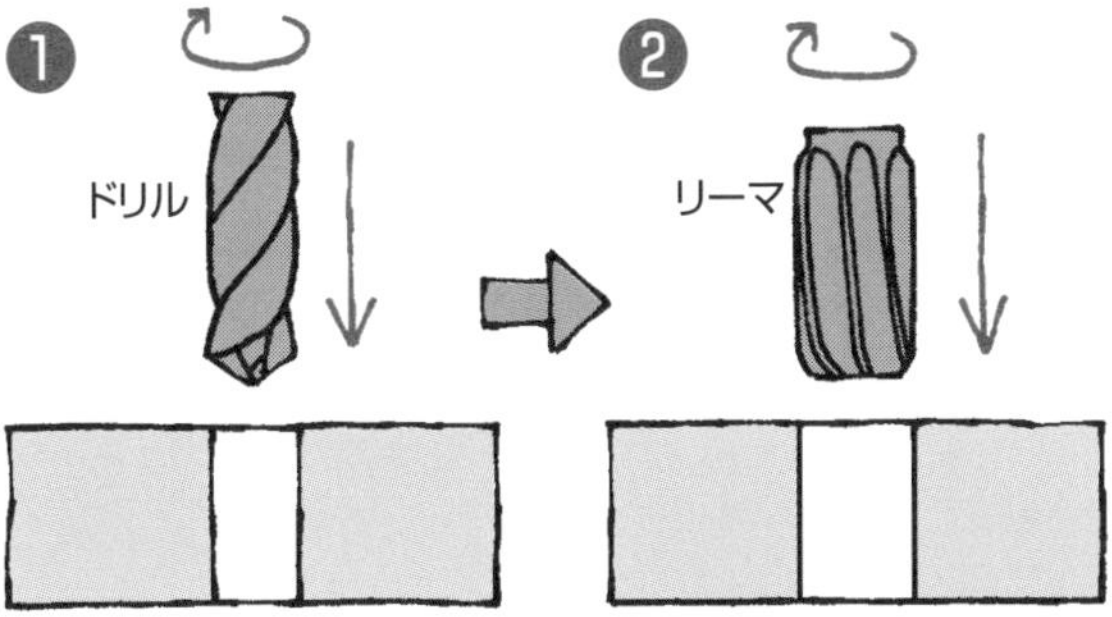

❶ドリルによる穴あけ
❷リーマ加工
（リーマを通す）

中ぐり加工の様子

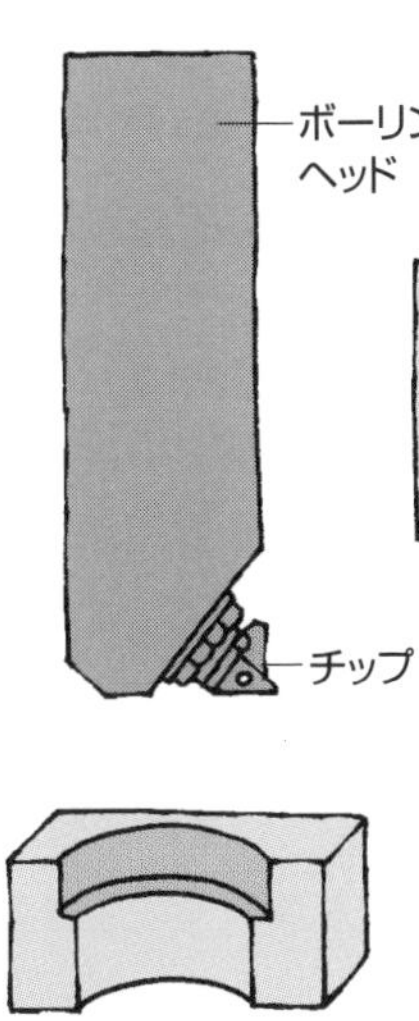

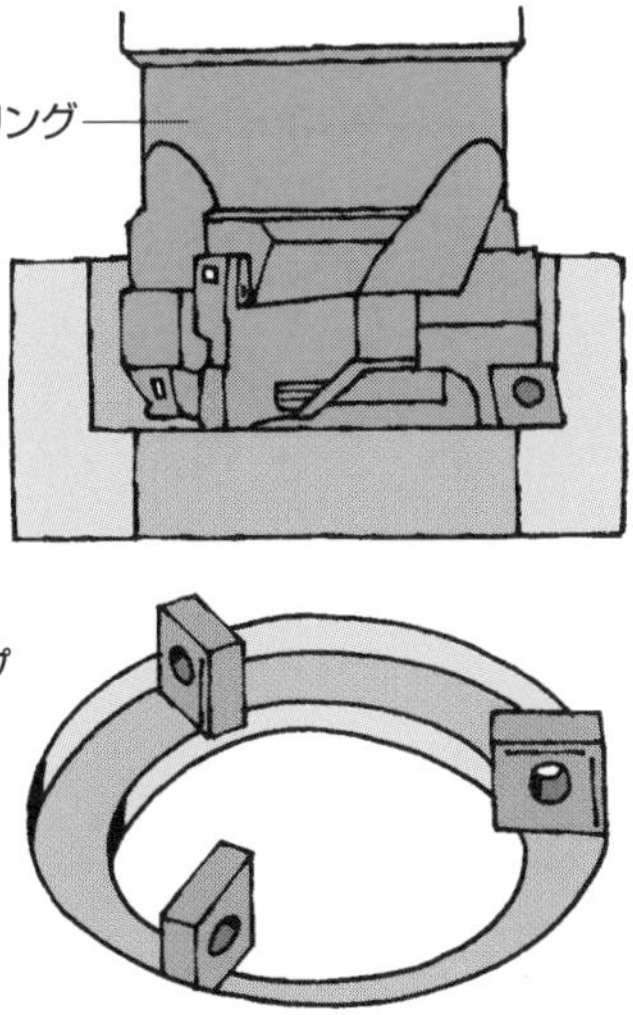

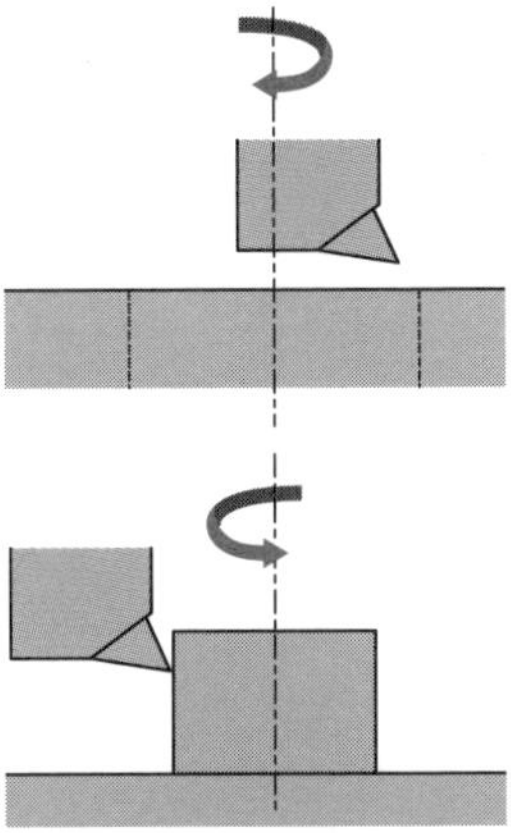

中ぐりは回転の方向を変えると外周面も加工できる!

55 ラックカッタ、ピニオンカッタ、ホブ、スカイビング

歯車工具の進化はおもしろい！

歯車をつくるための切削工具には、主として「ラックカッタ、ピニオンカッタ、ホブ」の3種類があります。ラックカッタは平板に凸部が付いた形状をしており、凸部が切れ刃として作用する構造をしています。ラックカッタは上下の往復運動を繰り返し、上から下に動く際に切れ刃が回転する工作物を削る（歯車の側面方向から刃を食い込ませる）ことによって歯車をつくります。ピニオンカッタは平歯車と同じ形状をしており、平歯車の歯の部分が切れ刃として作用する構造をしています。ピニオンカッタは工作物と一定の距離で互いに回転運動することにより、ピニオンカッタの刃が工作物を削ることによって歯車を作ります。歯車を作るしくみはラックカッタと同じですが、ラックカッタは直線状であるため、左端から右端まで移動させた後、再度ラックカッタを元の位置に戻して加工を行う必要があります。刃物が直線状ではなく、円状であれば刃物を回転させるだけで歯車加工を継続して行うことができます。このような概念により誕生したのがピニオンカッタです。ピニオンカッタは内歯車をつくることができるのも特徴の1つです。

ラックカッタもピニオンカッタも上下運動を繰り返して歯車をつくるので加工能率は高くありません。そこで、加工能率を向上させるために開発されたのがホブです。ホブはラックカッタをねじのように螺旋状に巻きつけた形状で、所どころに切欠き溝があり、凸部と切欠きでできる角部が切れ刃になっています。ホブの切れ刃はねじと同じ螺旋状になっているので、ホブを同じ位置で高速回転させておき、ホブの回転に同期して工作物が回転・移動すれば短時間に歯車を加工することができます。最近では、スカイビングといわれるマシニングセンタを使用した歯車加工が注目されています。歯車加工の仕上げに使用される切削工具を総称して「シェービングカッタ」といわれる場合があります。

要点BOX

- ラックカッタは平板上に凸部が付いた刃物
- ピニオンカッタは円形に凸部が付いた刃物
- ホブはらせん状に凸部が付いた刃物

ラックカッタ、ピニオンカッタ、ホブによる歯車加工

ラックカッタ

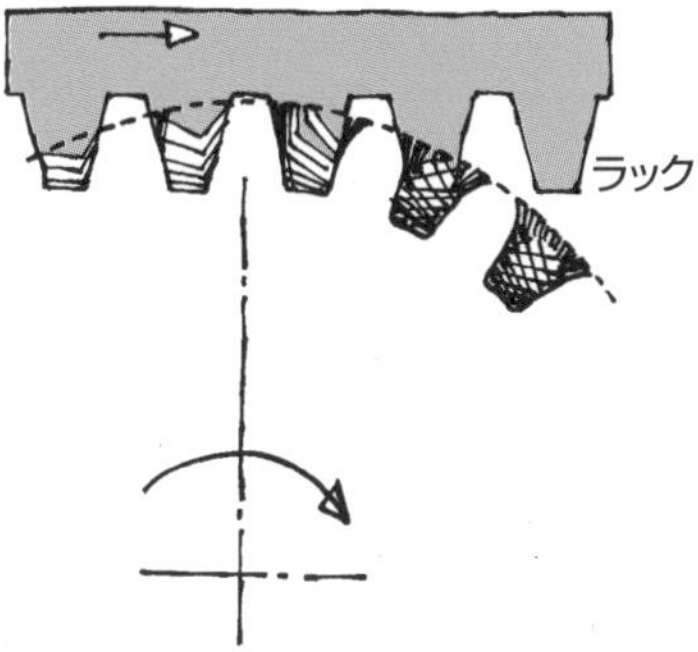

ピニオンカッタ

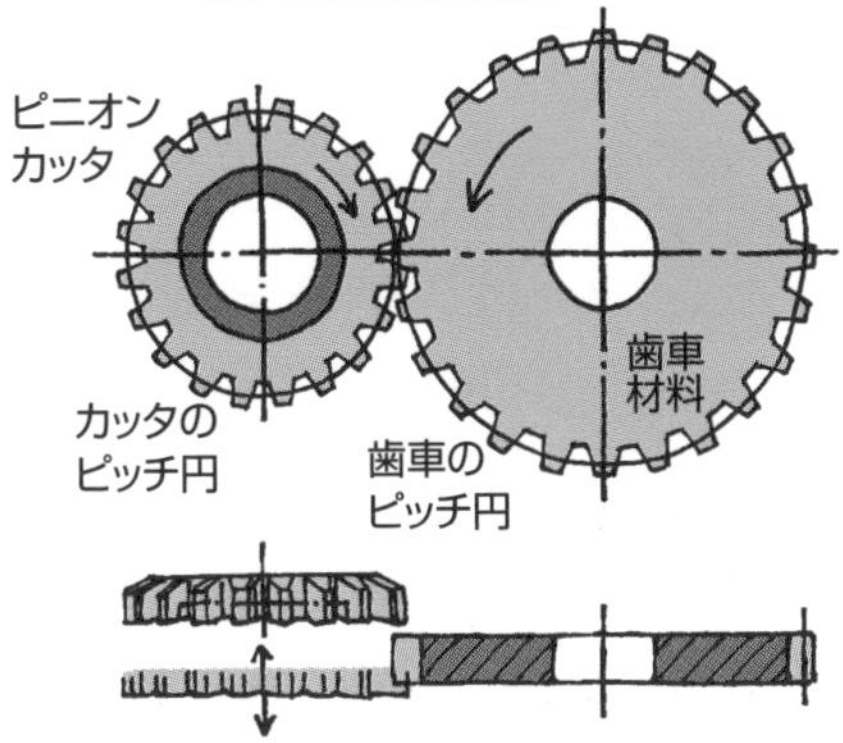

ラックカッタによる歯車加工（概念図）

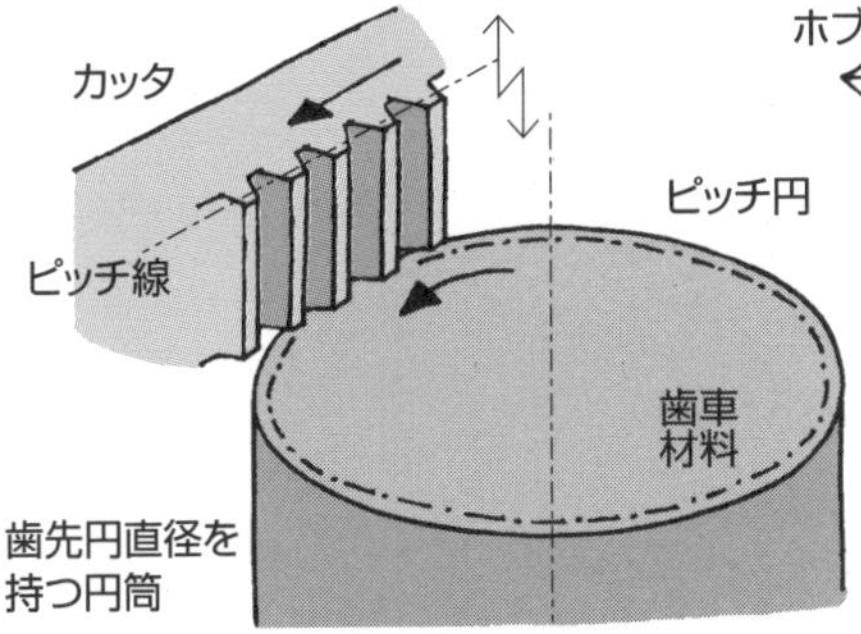

ホブ

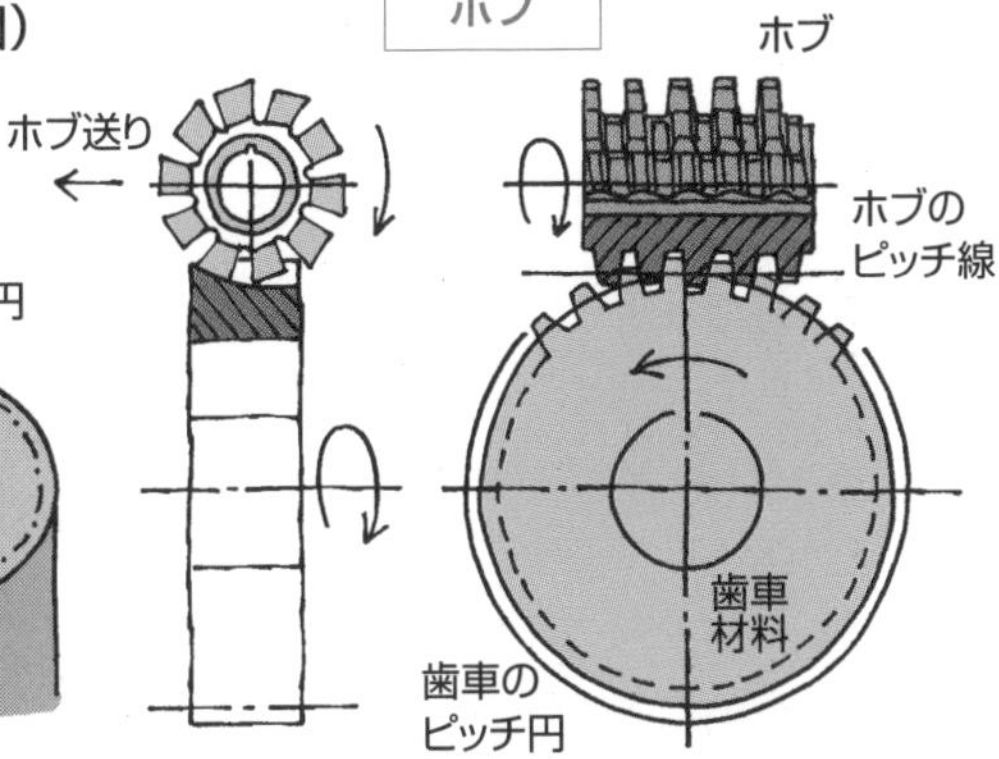

スカイビング加工の例

写真提供：株式会社ジェイテクト

ホブによる歯車加工

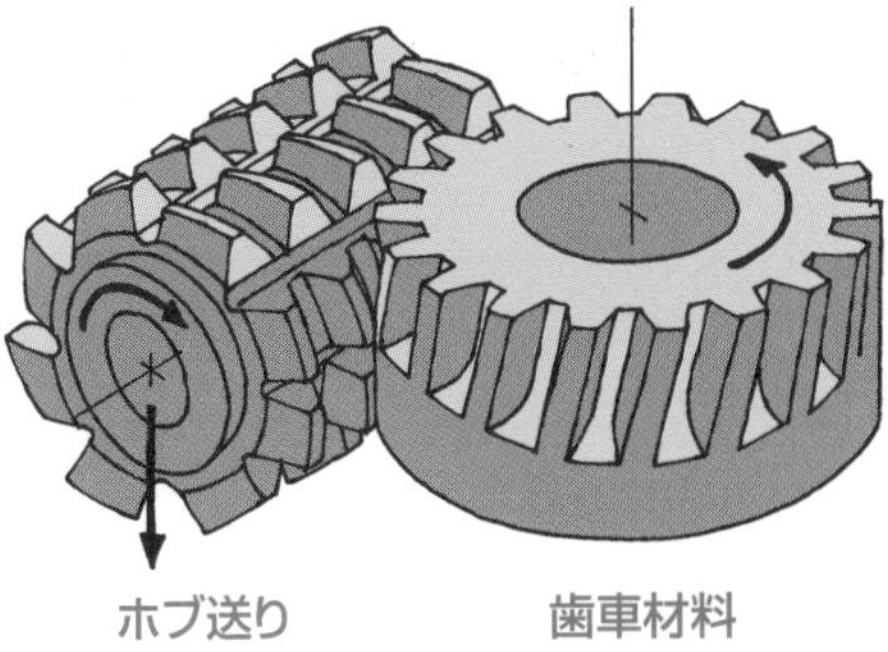

事例から学ぶ人材育成の大切さ

２０１５年１月に開催された東京箱根間往復大学駅伝競走（通称：箱根駅伝）において、某有名私立大学が大会記録を２分以上短縮して優勝しました。現監督が就任から11年目の快挙でした。

また、駅前のショッピングセンターや幹線道路にはファストファッションといわれるブランド店が多く出店しています。同じブランド店では同じ商品を同じ価格で販売しているにもかかわらず売り上げに差があるようです。なぜ売り上げに差が生じるのでしょうか。さらに、千葉県浦安市にあるレジャー施設は１９８３年に開園し、来場者のリピート率は95％といわれています。２０１１年３月11日東北地方太平洋沖地震時には、来場客に対するキャストの機転を利かせた迅速な対応が賞賛されました。施設で働くキャストの約90％は非正規雇用のアルバイトなのにもかかわらずです。なぜ約40年間という長い期間「夢の国」で在り続けられたのでしょうか。

これらの事例から見えてくるのは「人材育成の大切さ」ではないかと私は考えます。それぞれの事例で人材育成の手法は異なりますが、共通していることは人材によって成果が生まれているということです。利益を求める企業ではプロセスより成果を問うのは当たり前かもしれませんが、成果はプロセスによって導出され、プロセスは人材によって創出されることを忘れていけません。

結果には必ず原因があります。もし現在不都合があるならばその原因は10年前にあります。言い換えれば、今やっていることは10年後に結果として現れるのです。２００８年に発生したリーマンショック以降、日本企業は人員整理を行い、生産現場は空洞化しました。一方、労働賃金が安い新興国に工場を建設し、品質安定のため現地の従業員にものづくり教育を行いました。その結果、現在日本と新興国のものづくり力は均衡状態になってきています。いま日本のものづくり力が新興国よりも優れているとすれば、それは高いスキルを持つ熟練した技能者がいるからです。しかし熟練技能者の多くは高齢化しています。人材育成こそグローバル競争で勝ち残る戦略だといえます。

第5章

特別な機能を持つ切削工具

56 バリ取り工具

バリ取りは恒久的な課題

バリは切削時に工作物の角に生じる突起物で、JIS B 0051では「エッジにおける幾何学的な形状の外側の残留物、部品上の残留物」と定義されています。バリは切削工具が工作物の外側に抜ける際に、工作物の削り残された角部が外側に倒れて発生する「出口バリ」が最も代表的ですが、切削工具が工作物に侵入するときに発生する「入口バリ」もあります。バリを全く発生させない（バリゼロ）で工作物を削ることをバリレス加工と言うことがありますが、実現することはかなり困難です。ただし、バリを機能上、外観上問題になるほどの大きさにならないように（小さくなるように）削ることは加工条件の調整や切削工具の選択で可能です。

加工した工作物を工作機械から外して扱う際には、必ずバリ取りを行うことが大切です。バリ取りは機械加工の恒久的な課題です。国内の図面では「角部はバリなきこと（糸面取りのこと）」と表記されることがあり、海外の図面でも「burr-free」と表記されます。バリは非常に鋭いため、素手で触ると裂傷します。また、バリが残った工作物はうまく組み立てができない場合があり、バリが脱落して製品内に残ることもあります。

バリ取りはロボットを使って工作機械内で行われたり、工作物を工作機械から外してからやすりを使って手作業で行われたりします。サイクルタイム（製品を加工する時間）低減のためには、できる限り加工の一工程として除去できた方がよいです。図にバリ取り工具の一例を示します。図に示すバリ取り工具は穴を通過させるだけで穴の表裏のバリ取りを行うことができます。ばねやカム機構を内蔵しており、刃が穴側面に接触すると収納され、穴側面を傷つけません。穴にキー溝などがあり断続切削になる場合でも使用できるもの、任意の大きさの面取りができるものもあります。また、スピンドルスルーの水圧でブレードが開閉し、穴裏面の座ぐりを行う工具などもあります。

要点BOX
- ●バリは機能上、外観上問題にならない大きさに
- ●バリ取りは加工の一工程とするのが望ましい
- ●バリ取り工具は多種多彩

面取り

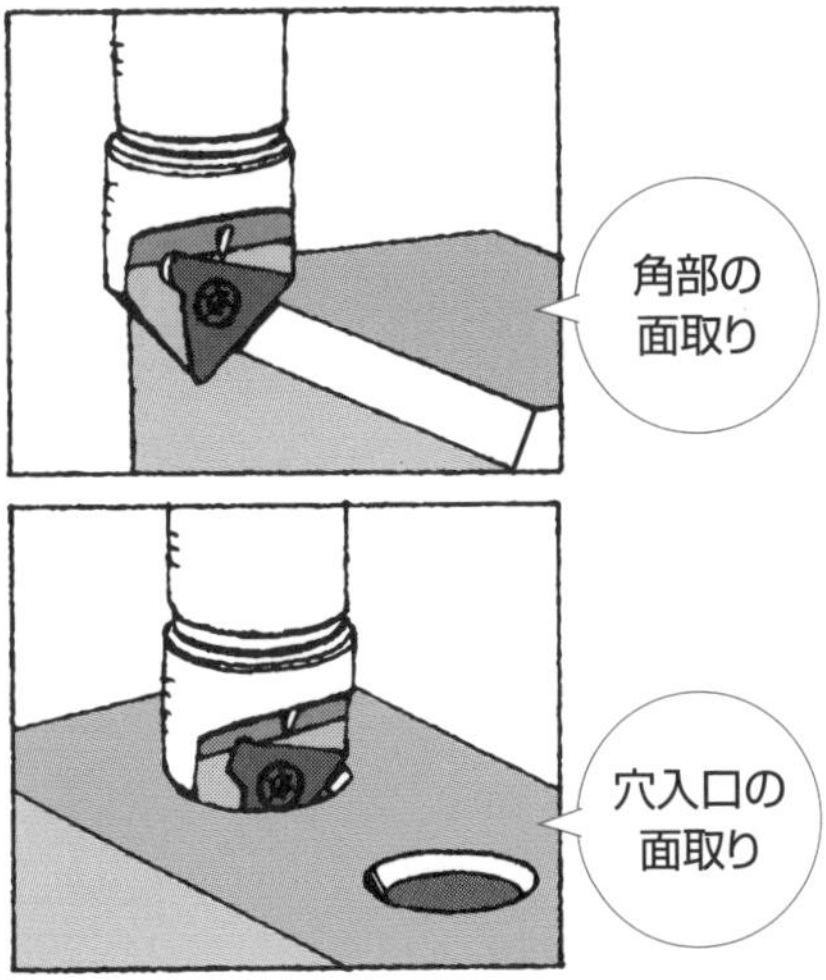
角部の
面取り
穴入口の
面取り

切削後に発生するバリ

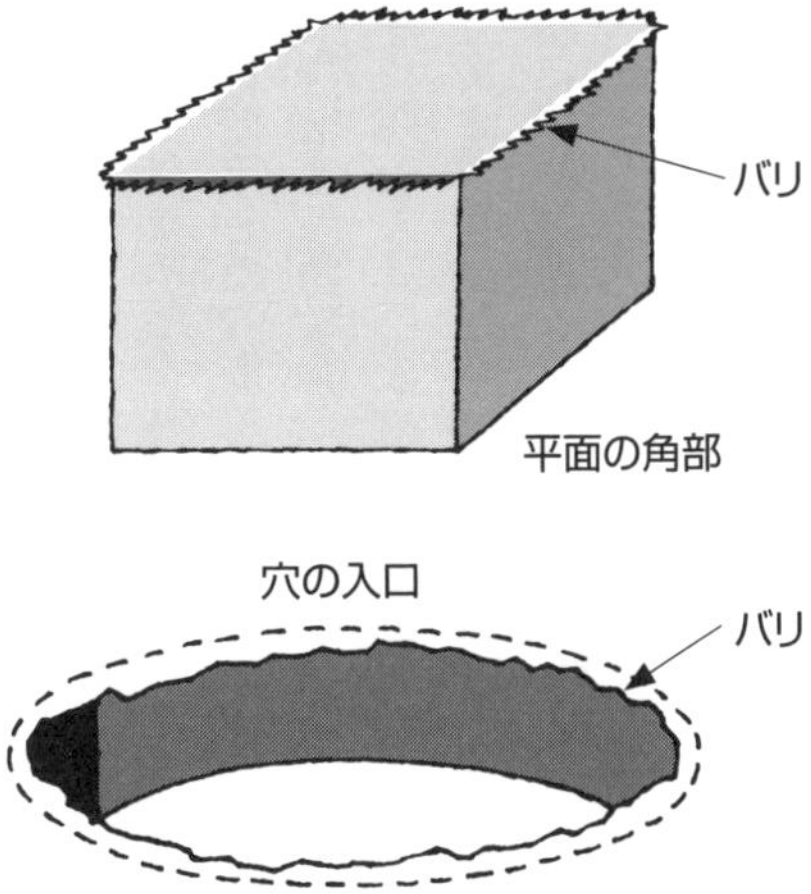
バリ
平面の角部
穴の入口
バリ

色々なバリ取り工具の機構

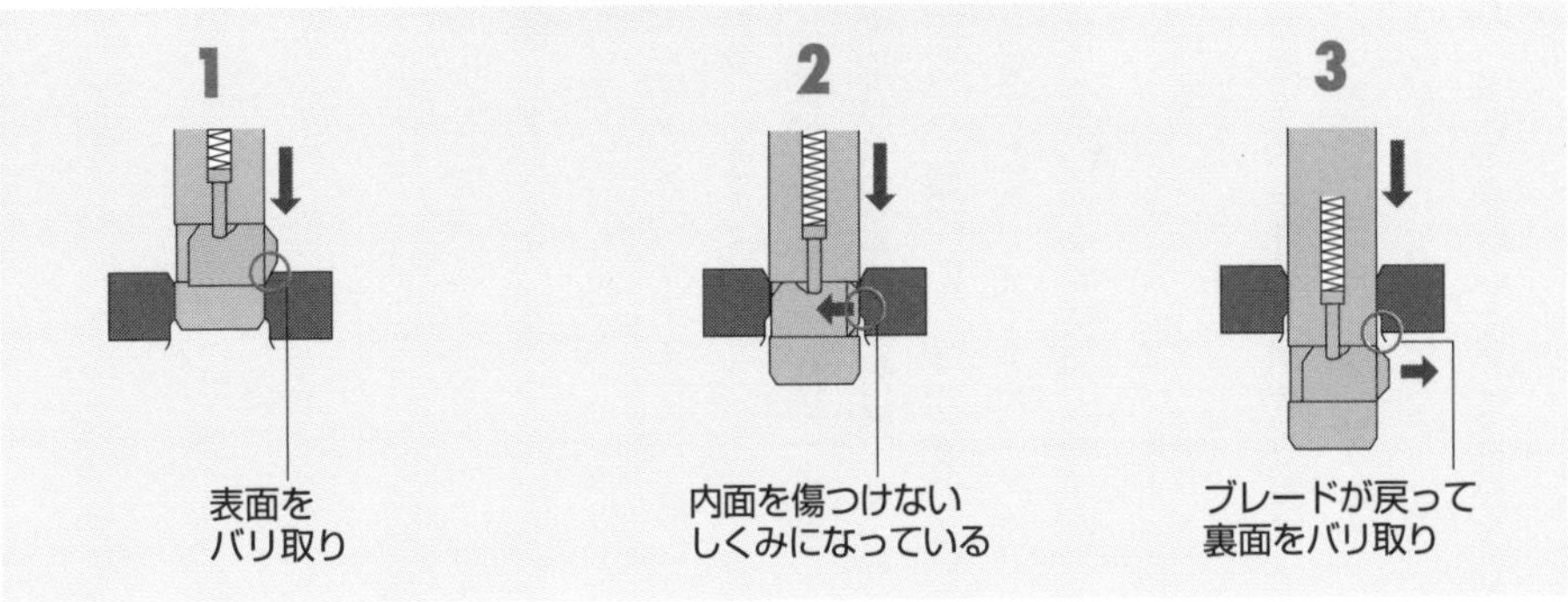
1
表面を
バリ取り
2
内面を傷つけない
しくみになっている
3
ブレードが戻って
裏面をバリ取り

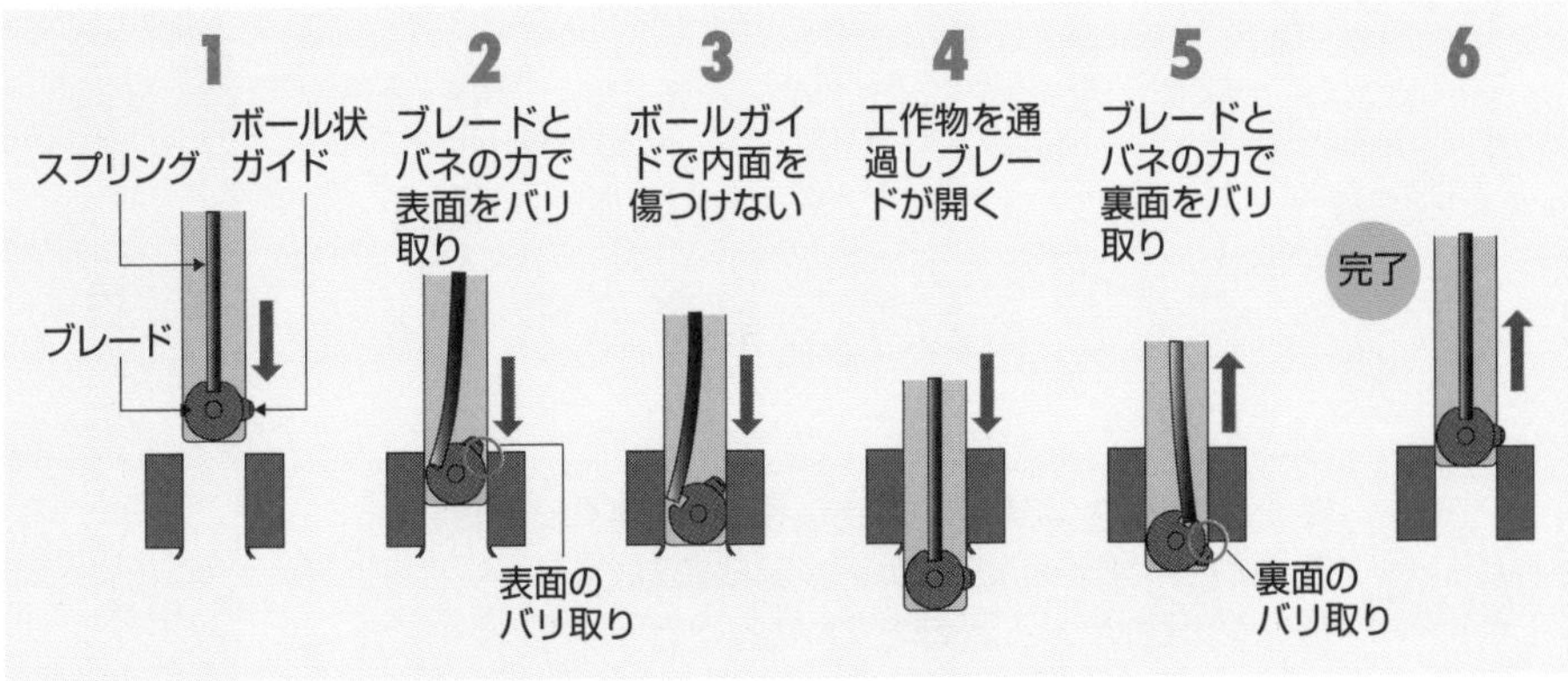
1
スプリング
ボール状
ガイド
ブレード
2
ブレードと
バネの力で
表面をバリ
取り
表面の
バリ取り
3
ボールガイ
ドで内面を
傷つけない
4
工作物を通
過しブレー
ドが開く
5
ブレードと
バネの力で
裏面をバリ
取り
裏面の
バリ取り
6
完了

57 面取り工具

機能的な効果と美観的な効果

面取り加工は工作物の角部に面をつくる加工で、面の形には平面や丸（R）面があります。角に面をつくることで、組み立てがしやすくなるという機能的な効果や、ケガの抑制、見た目がシマるという安全や美観的な効果もあります。一般的な面取りは45°の二等辺三角形ですが、任意の角度の平面をつくることもあります。近年では構造部品が複雑形状化しているため面取りの角度や大きさも様々で、色々な角度の面取り工具が市販されています。

ドリルを使用した穴加工の場合、一般的にはセンタ穴ドリルによる位置決め（センタ穴加工）の後、ドリルによる穴加工を行い、その後、面取り加工という流れになります。しかし、図に示す切削工具はセンタ穴と同時に面取り加工を一度に行うことができるため、ドリルによる穴加工後に面取り（表面）を行う必要がなくなります（工程集約ができます）。穴の裏面の面取りは56に示したバリ取り工具を使用するとよいでしょう。センタ穴ドリルによる位置決めを行わず、ドリルによる穴加工を行うと、ドリルが工作物に侵入する際、食い込みにくく、穴が曲がったり、真円度の悪い穴になったりします。センタ穴ドリルによる位置決めは、ドリルの先端を決まった位置に案内するガイドの役割があります。

面取り加工の一種に「糸面取り」がありますが、糸面取りは日本産業規格（JIS）で規定されたものではなく、慣用的に使用されている指標（表記）で、C0.2程度の面取り加工を行うことを示します。JIS B 0721には「機械加工部品のエッジ品質及びその等級」という規定がありますので、図面に面取りの指示を明記するのがよいでしょう。ただし、数値として明記した場合には加工精度を要求する箇所と扱われ、測定・検査の項目対象になることもありコストアップにつながることもあります。糸面取りという曖昧さのメリットとデメリットを考えることも大切です。

要点BOX

- 糸面取りは慣用的な表現、C0.2程度の面取り
- 面取りの指示はコストアップにつながる
- 糸面取りという曖昧さのメリットとデメリット

面取りした工作物と面取りの種類(平面とR面)

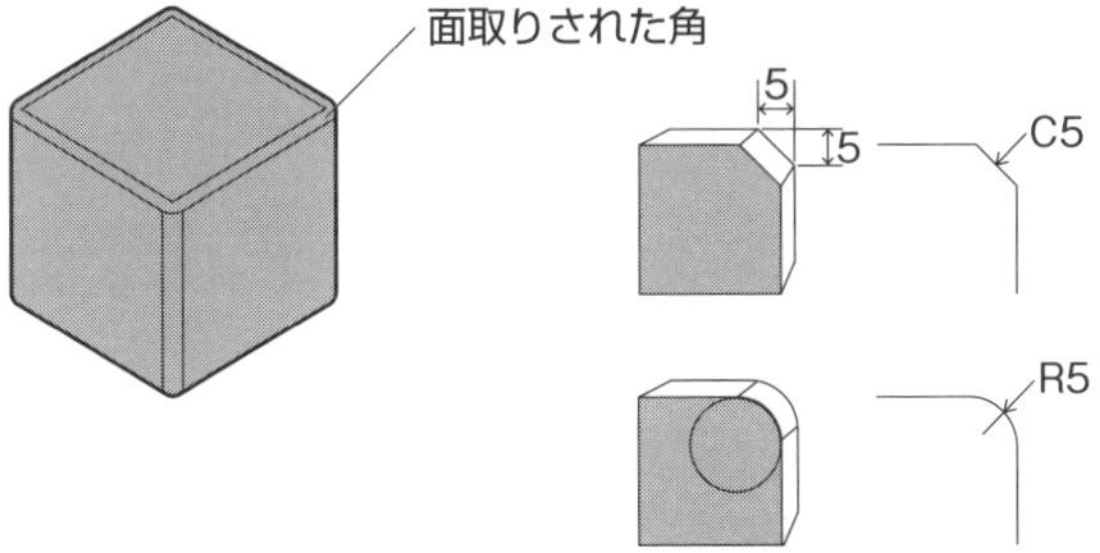

一般的なドリル加工

位置決めと面取りを同時加工

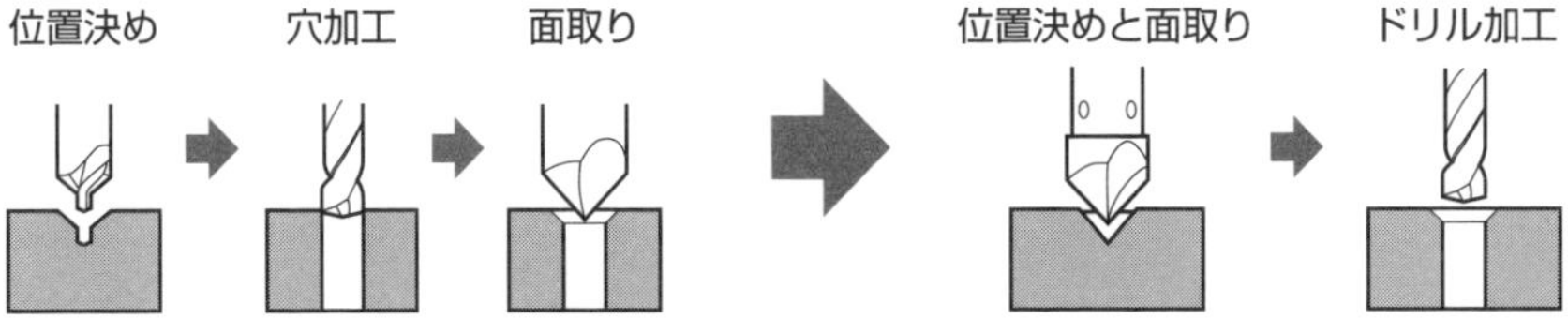

色々な面取り角度に対応した面取り工具

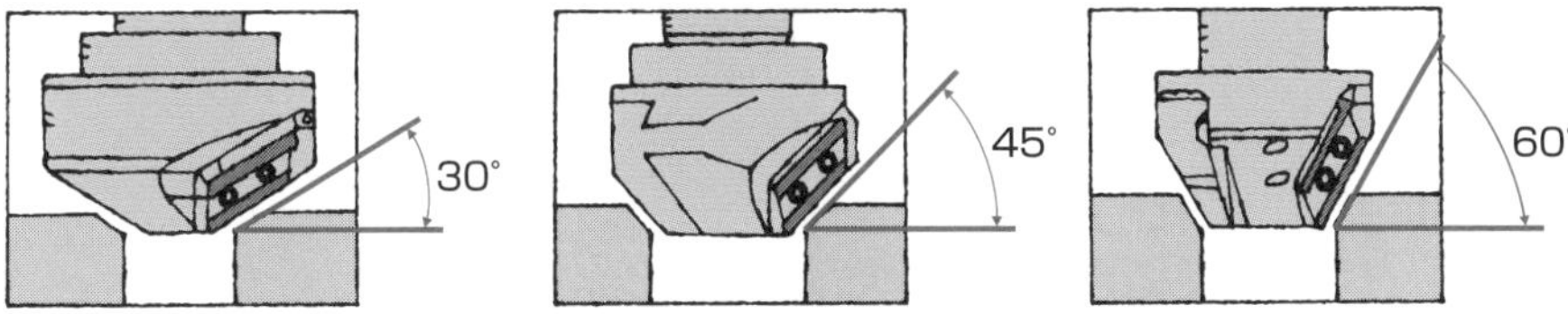

面取り角度を調整できる面取り工具

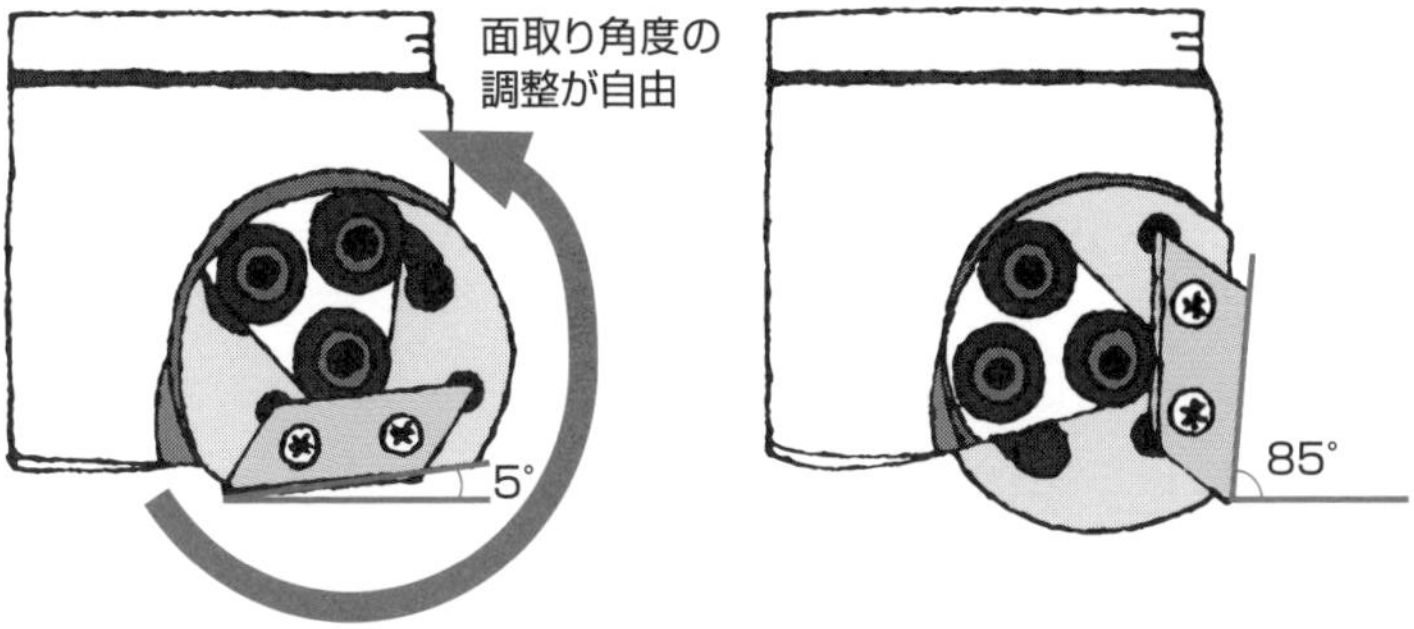

58 工程集約工具

下穴とめねじ加工を同時に行う工具

一般に、めねじを加工する場合、めねじの大きさに適合した穴をドリルで加工した後、タップを通します。めねじのための穴を「下穴」といいます。ドリルによる穴加工とタップによるめねじ加工を同時にできる（下加工なしにめねじ加工ができる）のがドリルタップやタップミルと呼ばれる切削工具です。呼称は工具メーカによって異なります。

ドリルタップは先端がドリル、シャンク側がタップになっており、穴あけとめねじ加工を同時に行えます。NCプログラムのシンクロ機能を使用して加工します。タップミルはエンドミルとタップの両方の機能を持つ切削工具で、X・Y・Zの3軸同時制御機能による遊星運動（ヘリカル加工、工具の自転と公転）を行って、めねじを加工できます。タップミルは外径よりも大きなめねじを加工でき、切削条件によって加工負荷を調節できるため、小型マシニングセンタや薄い工作物など剛性が低い工作物に適しています。ピッチが同じなら外径の異なるねじ、右ねじ・左ねじ、おねじも加工できるため工具（タップ）数が抑制できる、トラブル（折損や切りくず詰まりなど）が少ない、折損しても再加工が可能、タップの先端にある食い付き部（不完全ねじ部）が必要ないため下穴ギリギリまでめねじが加工できる（止まり穴に有利）など多くの利点があります。一方、NCプログラムが複雑になり、タップ加工に比べて加工時間が長い、3軸同時制御のため加工精度が工作機械の運動精度の影響を受けやすいという課題もあります。NCプログラムはCAMを使用すれば問題はありません。多品種生産や工作物の高硬度化、夜間運転などの場合は加工時間が多少長くなっても、トラブル回避を優先させる場合に有効です。タップミルとよく似た工具に「スレッドミル（プラネットカッタ）」があります。スレッドミルは下穴加工後、ヘリカル送りを利用してめねじを加工する切削工具です。利点と欠点はタップミルとほぼ同じです。

要点BOX

- ●ドリルとタップを複合
- ●エンドミルとタップを複合
- ●めねじ加工は工作機械の運動精度に影響される

ドリルとタップを複合したドリルタップ

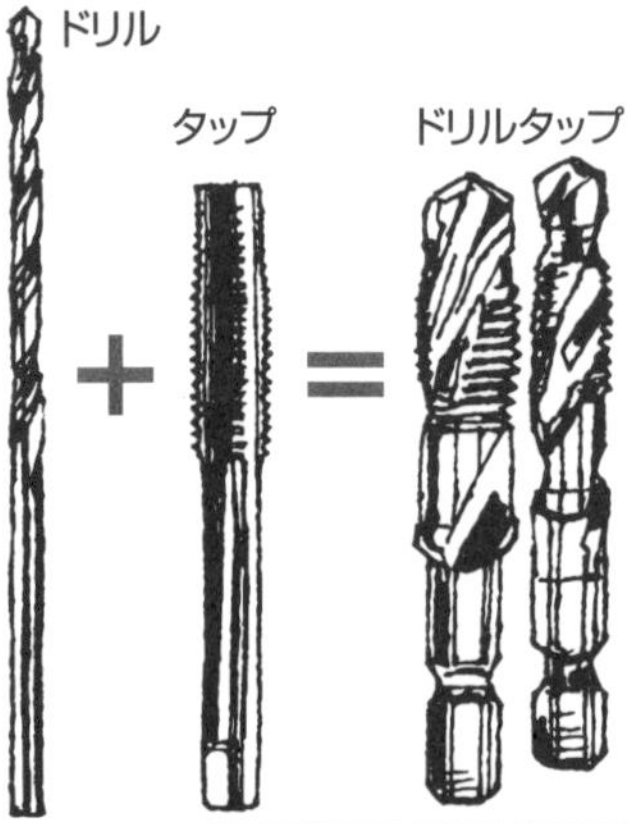

エンドミルとタップを融合したスレッドミル

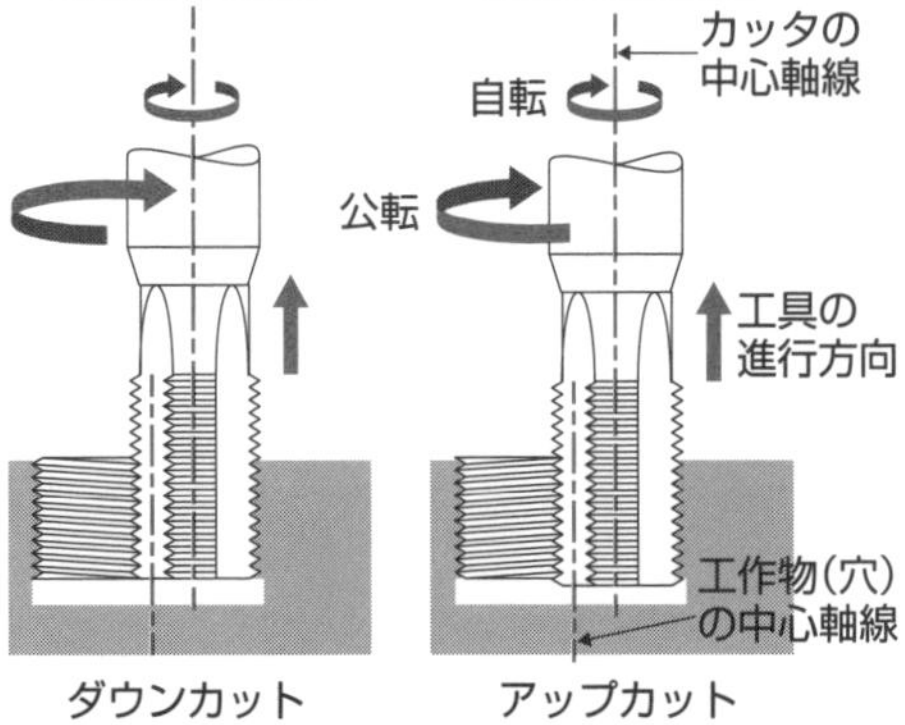

エンドミルとタップを複合した工具(下穴加工が不要)

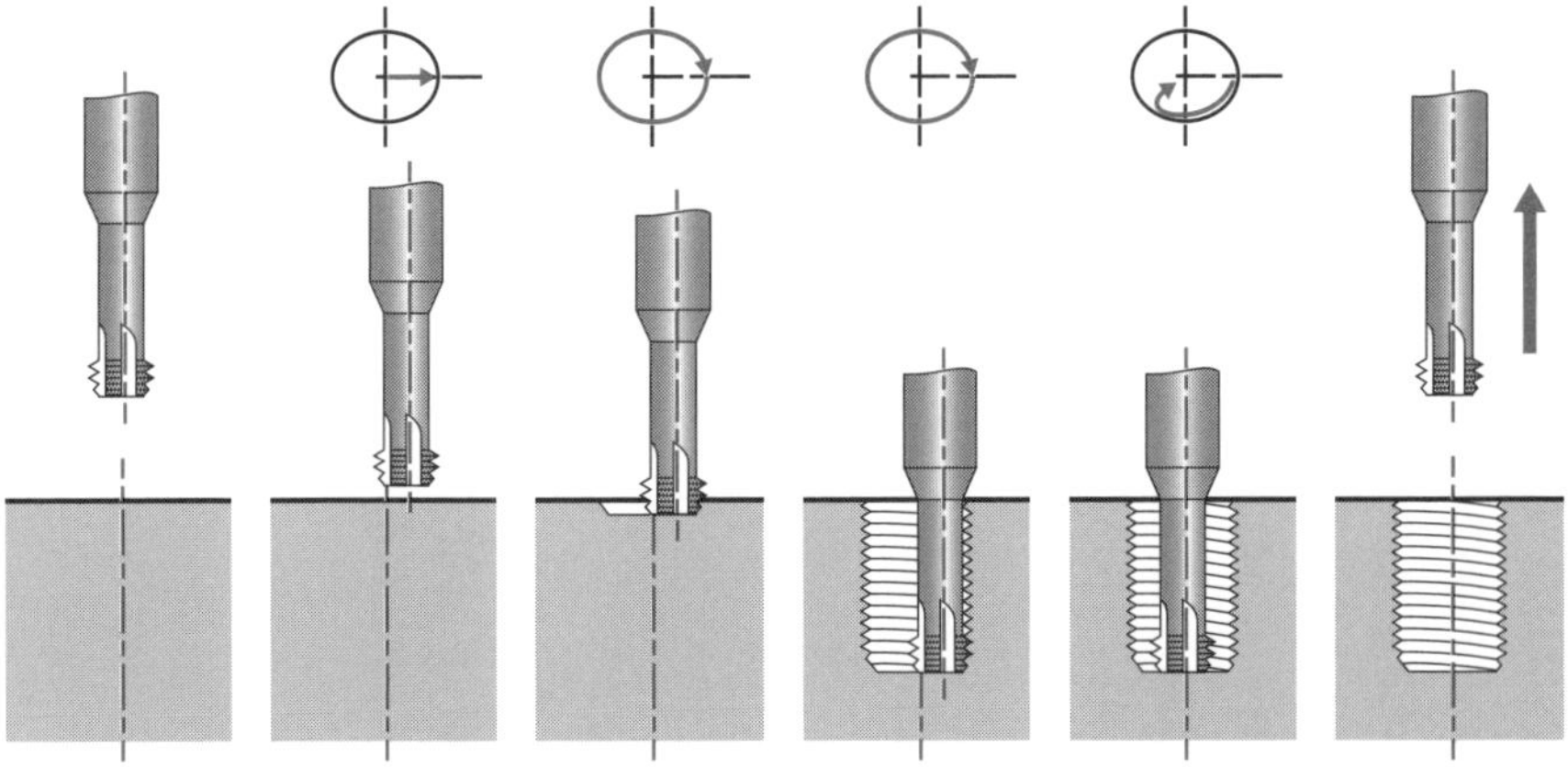

①スタート位置
②加工開始点に位置決め
③ヘリカル切削による下穴＋ねじ切り加工開始
④下穴 ＋ ねじ切り加工開始
⑤加工終了時、ヘリカル切削で徐々に工具を切り離し、その後、工具を中心位置に移動
⑥スタート位置の位置まで引き上げ、加工終了

ヘリカル送りを利用しためねじ加工

加工方法

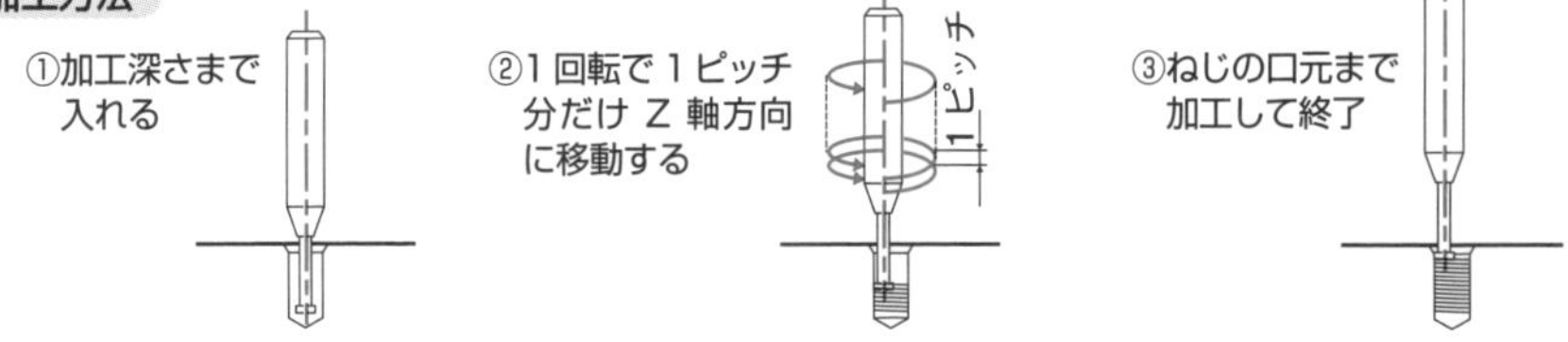

①加工深さまで入れる
②1回転で1ピッチ分だけZ軸方向に移動する

③ねじの口元まで加工して終了

59 異形工具

曲面を効率よく削る工具

工業製品の高性能化・高機能化にともなって構造部材は複雑形状化しており、形状精度向上と加工時間短縮を目的として、ワンチャッキングで加工できる多軸工作機械（5軸マシニングセンタ）や複合加工機の導入が進んでいます。これにともない工作機械の操作スキルに加えて、CAMによる適正なツールパスの作成やジグ設計にも高いスキルが必要となっています。

異形工具は多軸工作機械による傾斜や曲面加工の高能率化を図るための切削工具です。代表的な形状にはバレル形、テーパバレル形、レンズ形、オーバル形などがあり、タービンブレードや金型などの加工に多用されています。いずれも外周または底部に大きな円弧刃形を備えたもの、ボールエンドミルの刃形を一つの円弧とせず、より大きな円弧を複合的に組み合わせた形状が特徴です。大きな円弧形状によって切削面積が大きく、ピックフィードを大きくしても表面粗さ（カスプハイト）が大きくならないため、荒加工と仕上げ加工の時間を短縮できます（ボールエンドミルやラジアスエンドミルと比べて加工能率、表面粗さが向上します）。ただし、切削抵抗が大きくなりやすく、切れ刃が曲線であるため工具摩耗の評価が難しいという課題もあります。また、加工領域の設定や適正工具の選択が難しいこと、ツールパスが複雑で干渉が生じやすいこと、削り残し（削りすぎ）の予測が難しいなど、使用するためには高いCAMスキルと切削に対する経験が必要となります。

うまく使用すれば工具本数を減らし、圧倒的な加工時間短縮も可能です。工具傾斜角（リード角、チルト角）を大きくすることで切削抵抗が低減でき、工具寿命の延長も可能です。異形工具の性能を有効に発揮するためにはCAMが異形工具の情報と工作機械の運動精度との関連性などのデータベースを多く備え、ユーザが簡単に使えることが不可欠です。近年では3軸加工に適した異形工具も市販されています。

要点BOX
- ●CAMによる適正なツールパスの作成
- ●工具傾斜角の調整が肝
- ●5軸を上手に使う

代表的な異形工具

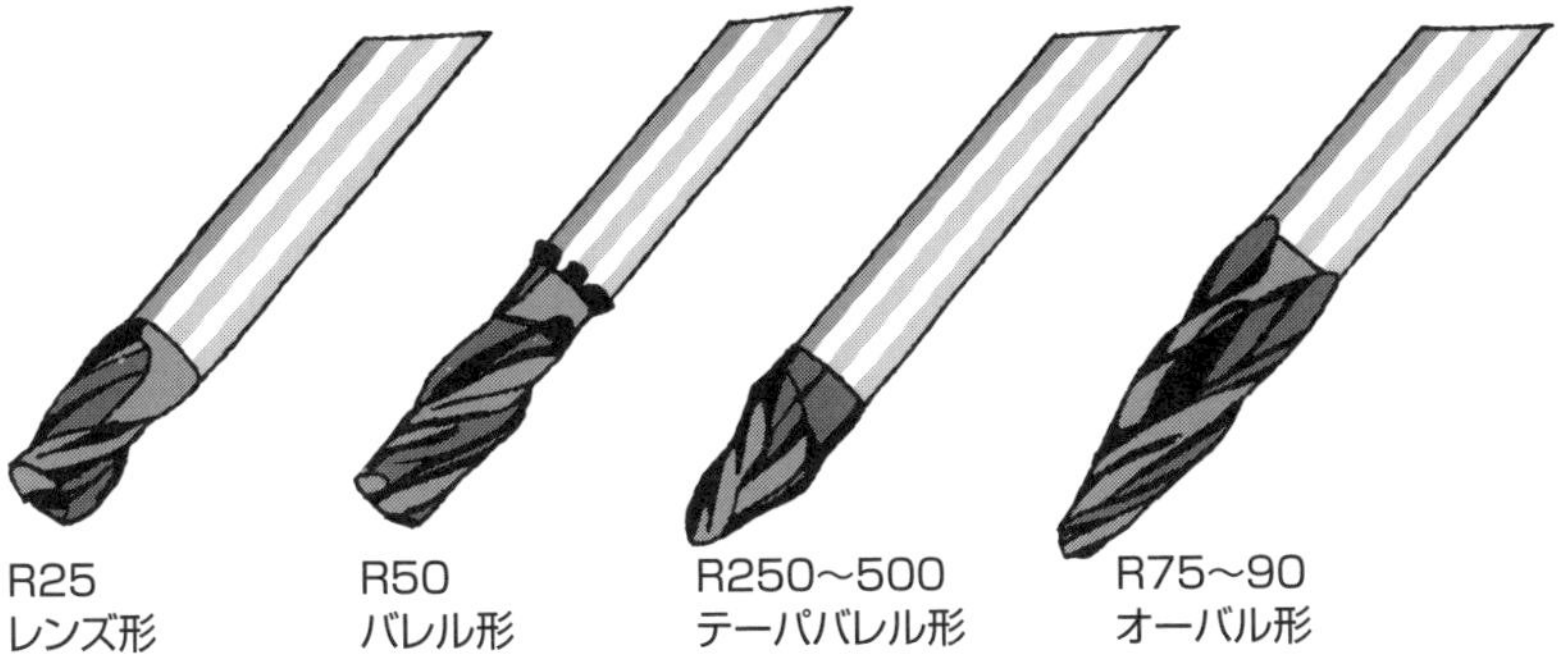

異形工具による曲面加工の一例

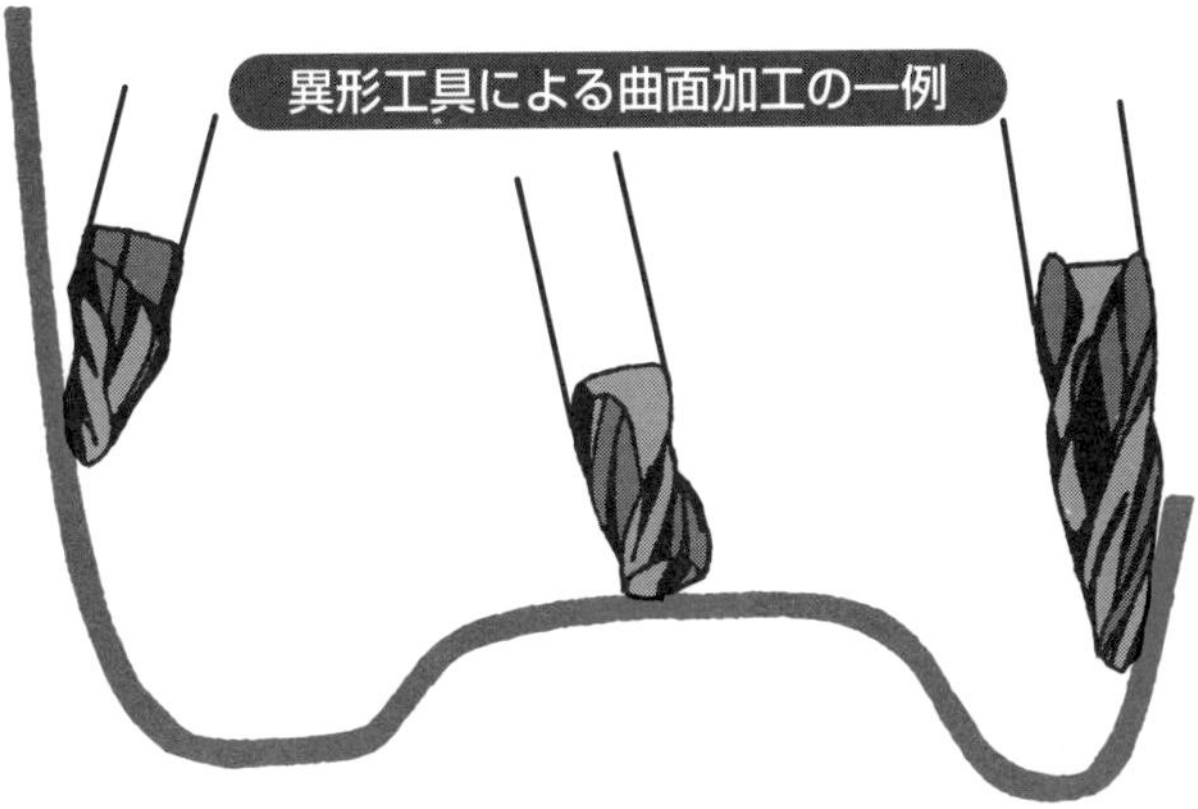

異形工具はピックフィードを大きくできる

ボールエンドミル

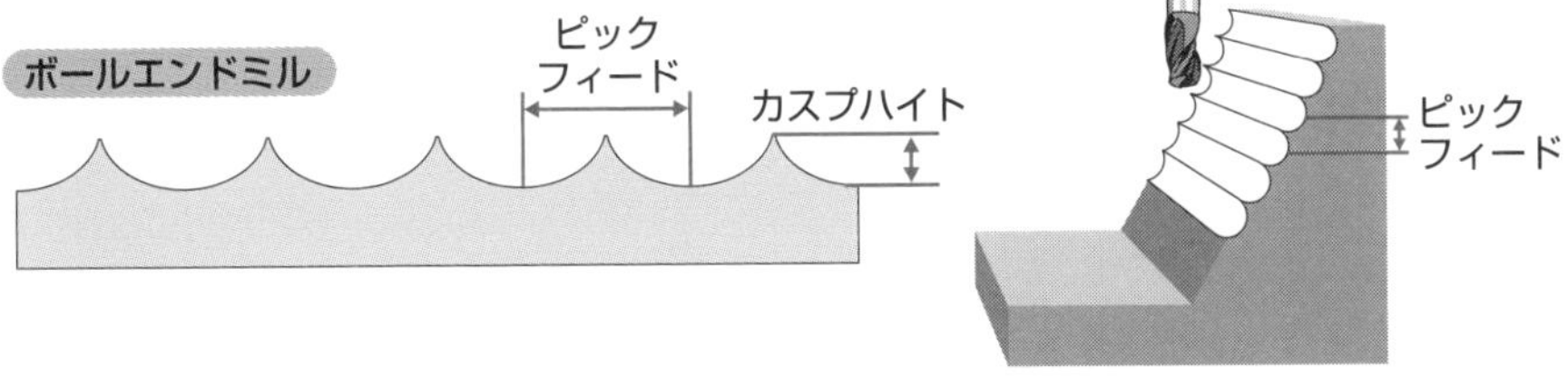

異形工具

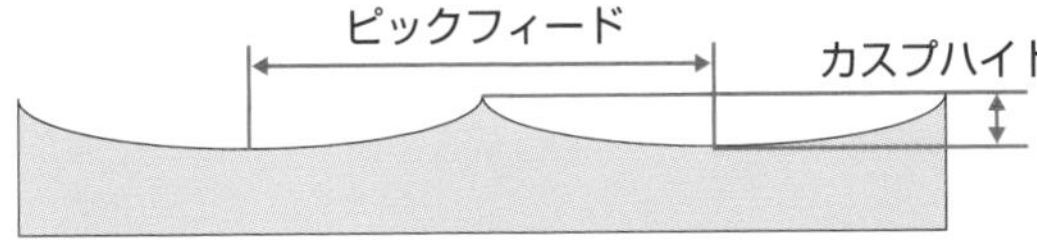

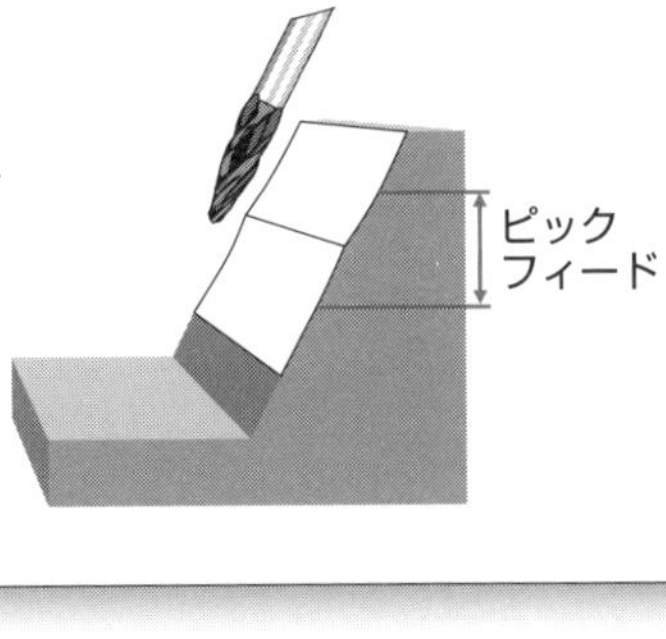

同じカスプハイトで加工する場合、異形工具はなだらかな曲面を持っているため、ピックフィードを広げ、パスを少なくすることができる

60 微細加工用工具 その1

髪の毛よりも細い切削工具

　5Gや6Gのように情報通信の大容量化・高速化にともなってスマートフォンやタブレットなどのデジタル機器（デバイス）が高性能化し、半導体や電子部品は一層微細化、高密度化が求められています。これにともない、切削加工技術も精密加工から微細加工へと加工単位が微小化しています。JISでは精密加工と微細加工の違いに明確な基準は規定されていませんが、微細加工は精密加工よりも加工単位（切込み深さや加工精度）が小さい加工です。慣用的に0.1㎜程度以下を微細加工と呼んでいます。微細加工は通常のマシニングセンタで行うことは難しく、高精度につくりこまれた微細加工機を使用します。微細加工で使用される切削工具はエンドミルやドリルなど一般的に使用される工具と種類は同じですが、先端が極めて細くなっています。研究レベルや特別受注品ではΦ0・001㎜程度の太さのものが製作され、溝加工や穴加工も実現しています。現在、カタログに掲載されている量産標準品ではΦ0・01㎜程度が最小です。人の髪の毛の太さが約0.1㎜ですので、Φ0・01㎜は髪の毛の10分の1の太さです。微細加工の切削工具は細く、すぐに折れてしまいますので、切削工具メーカも製作するにはノウハウが必要で、剛性を高めるため、たわみやびびりを抑制するため心厚を太く（断面積を太く）、すくい角や逃げ角は一定ではなく、徐変して刃先強度を高め、切削抵抗を小さくする工夫が施されています。「徐変」とは円弧の大きさ（稜線の断面形状）を徐々に変化させることで、「徐」は「徐々」に由来しています。微細加工は主軸の回転速度、振れ精度、温度変位（室温含む）、振動（外部からの振動を含む）などを極限まで抑制し、調整できること、長時間安定していることが重要です。

　微細加工用切削工具は刃先だけが細くなっており、全長にわたって細いわけではありませんので、刃先に触れなければ折れません。手作業で取り付けます。

要点BOX

- 微細加工は加工単位が0.1mm程度以下
- 量産標準品ではΦ0.01mm程度
- 微細加工は工作機械の管理も重要

極細ドリルの一例

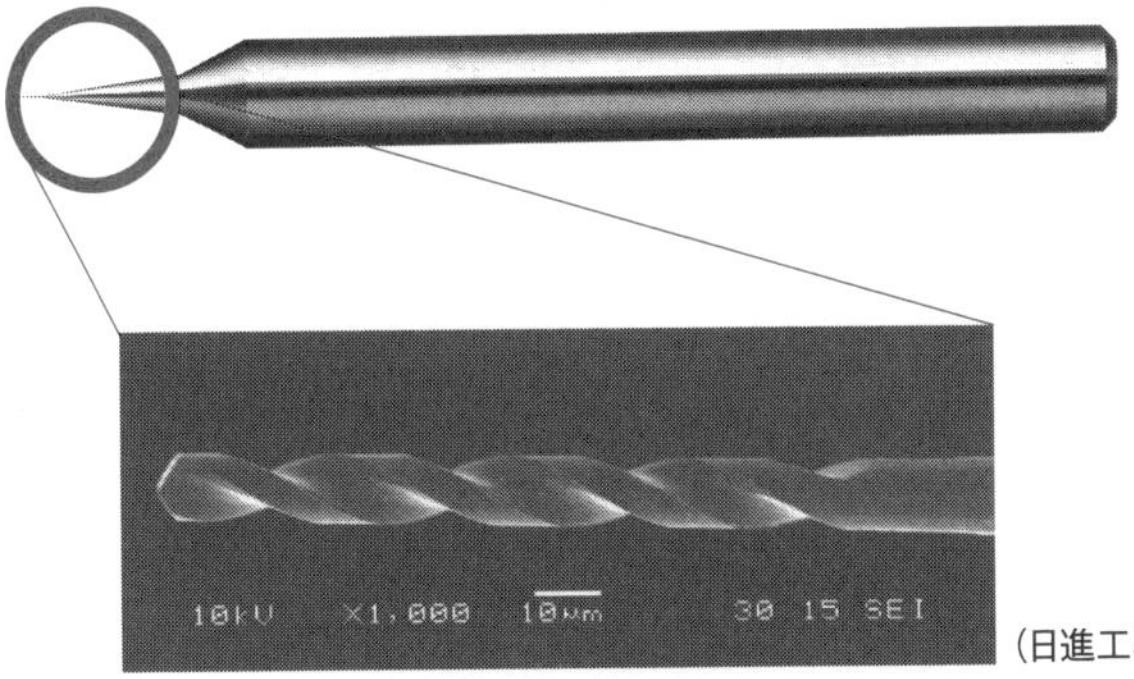

（日進工具株式会社）

極細加工の例

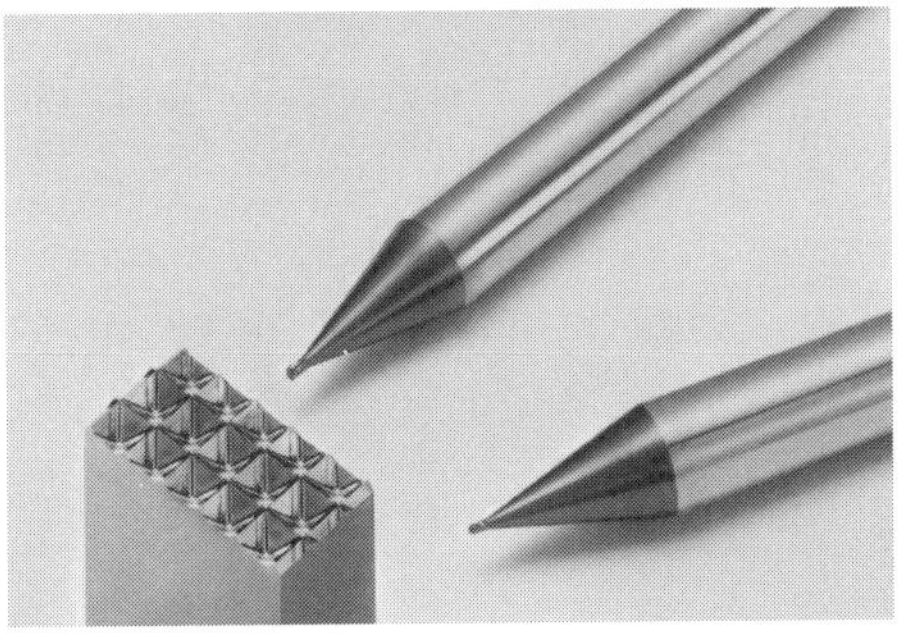

（京セラ株式会社）

半球工具を使用した微細加工の模式図（切削点のイメージ）

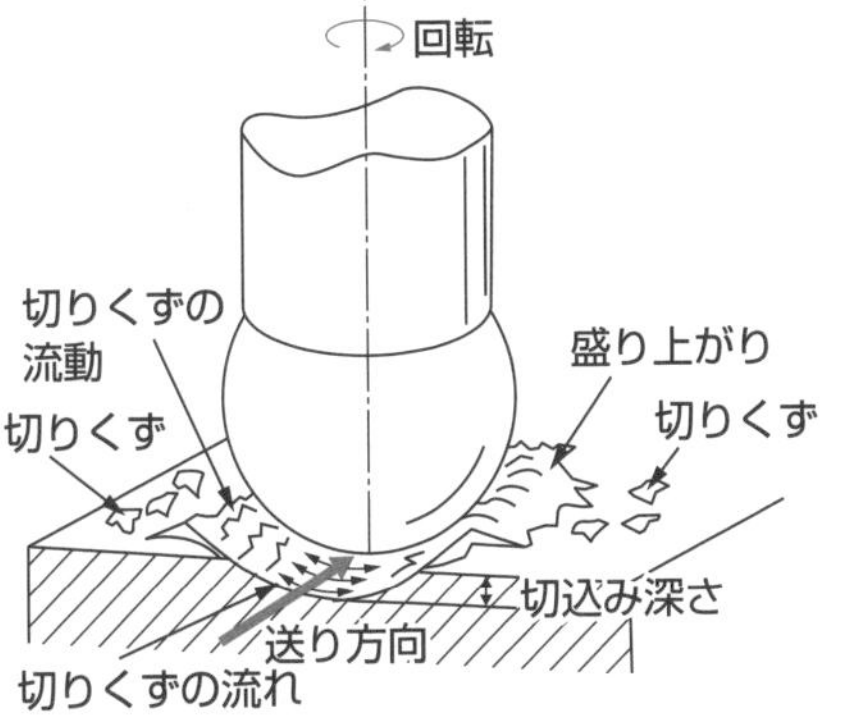

微細加工機

（株式会社ソディック）

61 微細加工用工具 その2

PCD小径工具

　PCDはPolycrystalline Diamond（多結晶焼結ダイヤモンド）の略称です。多結晶ダイヤモンドはダイヤモンドの微結晶を金属やセラミックスの粉末と混合し、高温・高圧（1200℃以上、約5万気圧）で焼結した（焼き固めた）人工の鉱物です。天然のダイヤモンドは単結晶で、地球上で最も硬い物質ですが、方向によっては割れやすい特性があります（劈開といいます）。一方、PCDはダイヤモンドの微結晶（微細な単結晶）の集合対であるため、あらゆる方向からの力に強く、割れにくい性質を有しています。このため、PCD工具は超硬合金工具と比較して、安定した切削性能を持ち、工具寿命は10倍以上になることもあります。PCD工具は切削速度と送り速度を高くできることも利点で、自動車のエンジンブロック（ADC材）など非鉄や非金属材料の切削に多用されています。

　PCD小径工具はΦ数㎜程度の超硬合金シャンクの先端にPCDを接合し、PCDを六角柱や四角柱、円柱、球などに成形したものや加工形状に合わせて成形されたもの（総形工具）です。超硬合金（金型）の鏡面加工（研磨加工に匹敵する表面粗さ、ナノ表面）やセラミックスなどの硬脆材の高精度加工で多用されています。通常のエンドミルは切れ刃のすくい角がプラスですが、PCD小径工具の切れ刃のすくい角はゼロまたはマイナスで、切削加工よりも研削加工の要素が強いです。とくに先端が球状の工具には切れ刃はなく、PCD表面のわずかな凹凸で工作物を削り取るというイメージです。このため切込み深さ（PCD先端が工作物と接触している点が工作物に食い込む深さ）は数μm程度となります。球状のPCD小径工具は、切削速度や送り速度が変化しても表面粗さにあまり影響がなく鏡面が得られやすいという特性もあります。ダイヤモンドは熱に弱く、PCD工具の成形（研削）は困難で工具費も高いため、PCD小径工具は荒加工で使用せず、最終仕上げで使用します。

要点BOX

- ●PCDはダイヤモンドの微結晶（微細な単結晶）
- ●超硬合金工具よりも工具寿命が10倍以上
- ●切れ刃はすくい角がゼロまたはマイナス

PCD小径工具の一例

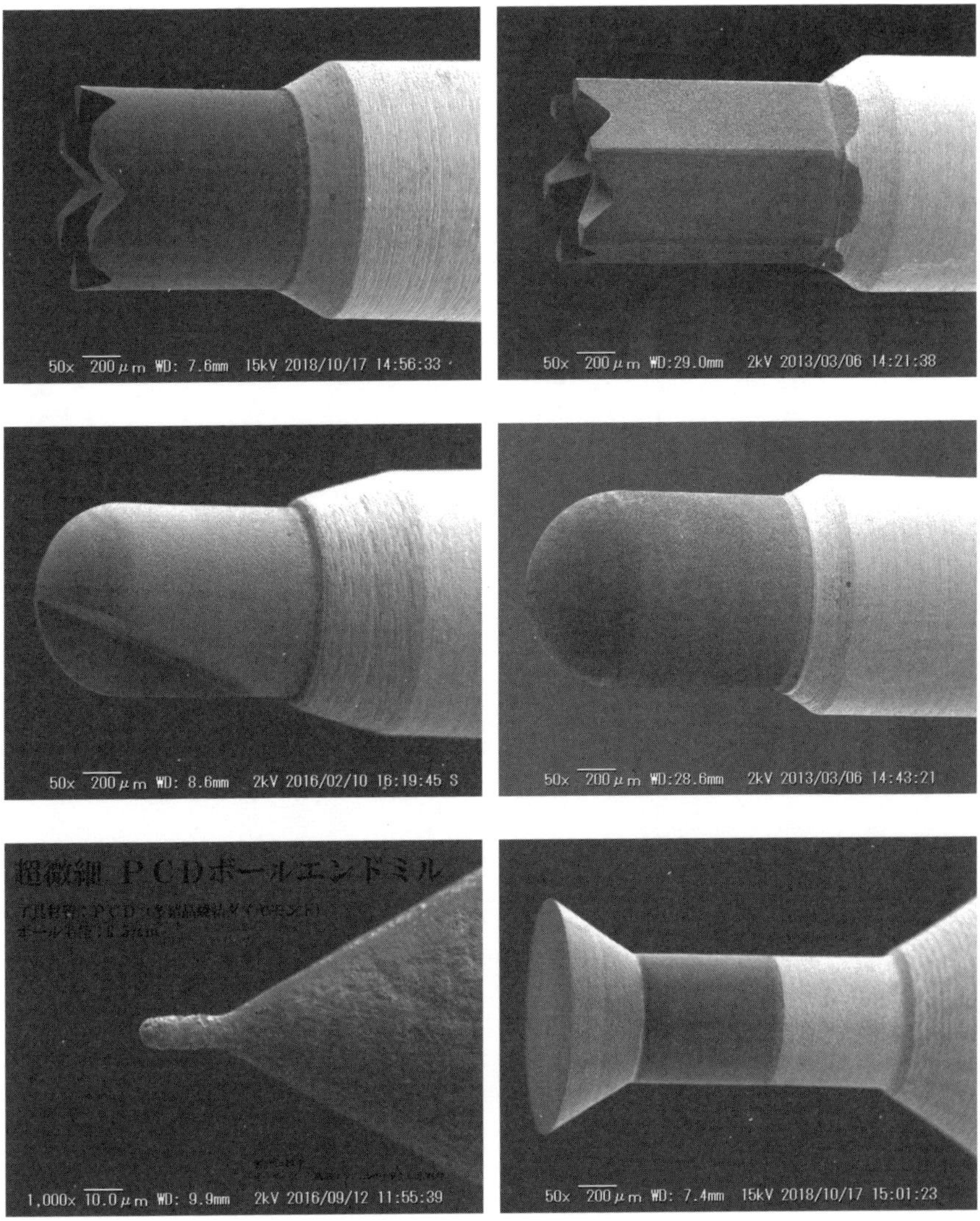

（有限会社三井刻印）

切削加工（切れ刃）というより研削加工に近い

62 不等分割

防振切削工具その1

通常のエンドミルは底刃および外周刃が等角（同じ間隔）に位置しますが、不等分割エンドミルは隣り合う底刃および外周刃が不等角（異なった間隔）に位置しています。底刃および外周刃を等角（同じ間隔）に付けず、不等角にしたエンドミルを「不等分割エンドミル」といいます。

図に通常のエンドミルと不等分割エンドミルを使用した側面加工の様子を模式的に示します。図に示すように、通常のエンドミル（等分割なエンドミル）では、底刃および外周刃が等角であるため、切れ刃が工作物に接触する（切削する）周期が一定になります。このため、切りくずは一定の周期で発生し、一定の方向に飛散します。このような切削状態は規則性があり安定しているように考えられますが、工作物が硬く、送り速度や切り込み深さが大きい場合は切削抵抗が増大し、周期性に起因した（切削抵抗が共鳴して）びびりが発生しやすくなります。

一方、不等分割エンドミルは隣り合う底刃および外周刃の間隔が異なるため、切れ刃が工作物に接触する（切削する）周期が乱れます（周期性が打ち消されます）。このため、切りくずの発生する周期が乱れ、散乱します。このような切削状態は不規則で不安定に見えますが、工作物が硬く、送り速度や切り込み深さが大きい場合など切削抵抗が増大しても周期的な振動にはならないため（共鳴を鈍らせて）、周期性に起因したびびりが発生しにくくなります。とくに径方向切込み深さが大きく、突出し長さが長い場合に有効です。ここではエンドミルを例に説明しましたが、正面フライスやリーマでも基本的な考え方（理屈）は同じです。不等分割切削工具はびびりの対策アイテムとして有用ですが、1刃当たりの切削量が異なるため、1刃当たりの送り量や切込み深さ（切取り厚さ）が大きい条件では摩耗が大きくなり、工具寿命の観点で注意が必要です。

要点BOX

- ●不等分割は振動の共鳴を鈍らせる
- ●不等分割はびびりに有効
- ●不等分割は1刃当たりの切削量が異なる

等分割エンドミルと不等分割エンドミル

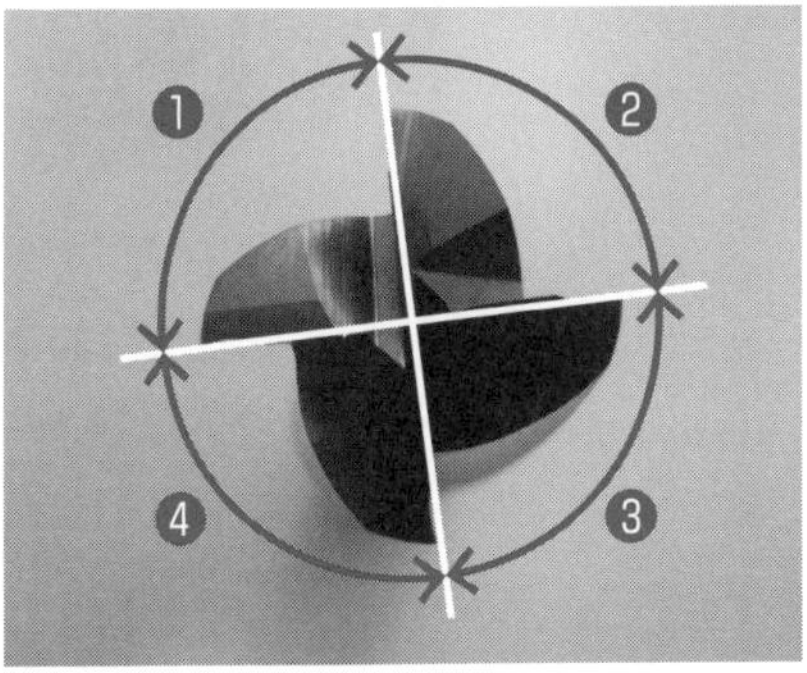

❶=❷=❸=❹
切れ刃の位置(角度)が等分割

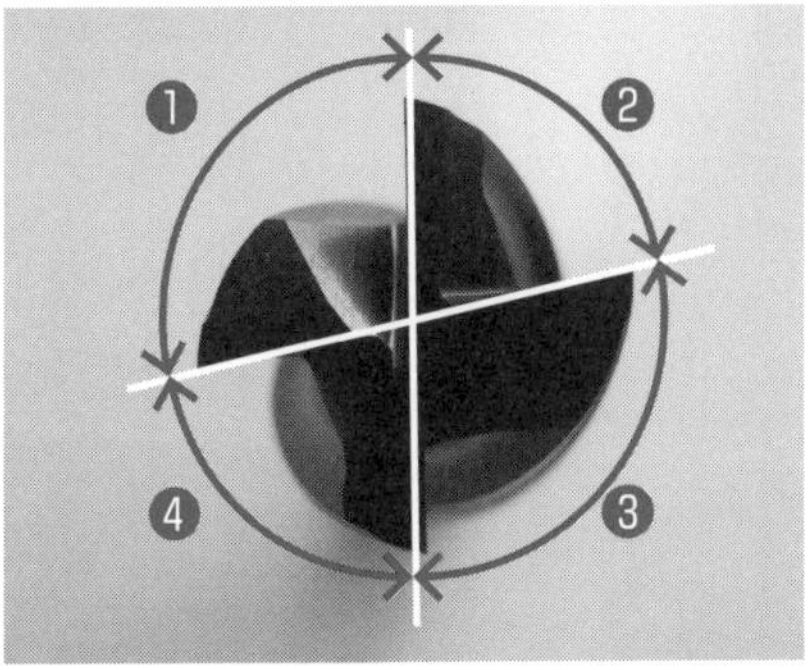

❶=❸≠❷=❹
切れ刃の位置(角度)が不等分割

等分割エンドミルと不等分割エンドミルを使用した切削の模式図

等分割エンドミル

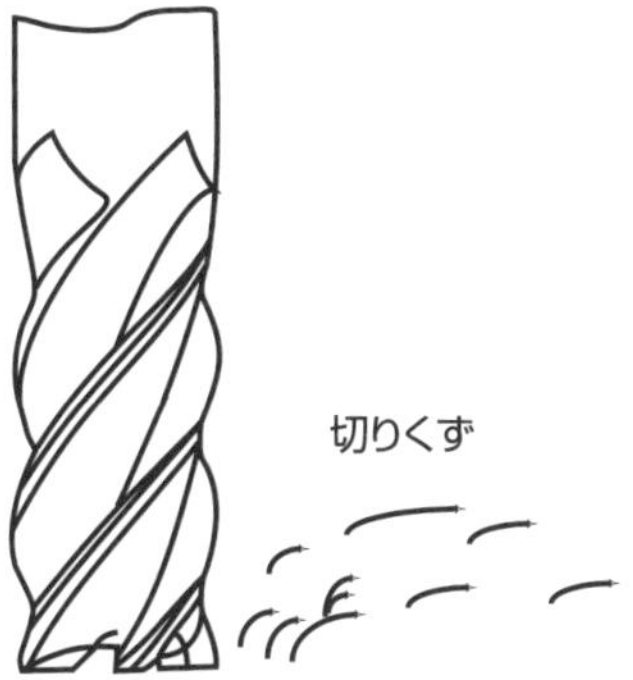

切りくずが周期的に飛散

不等分割エンドミル

切りくずが不規則に散乱

工具半径方向に刃の位置を調整した工具

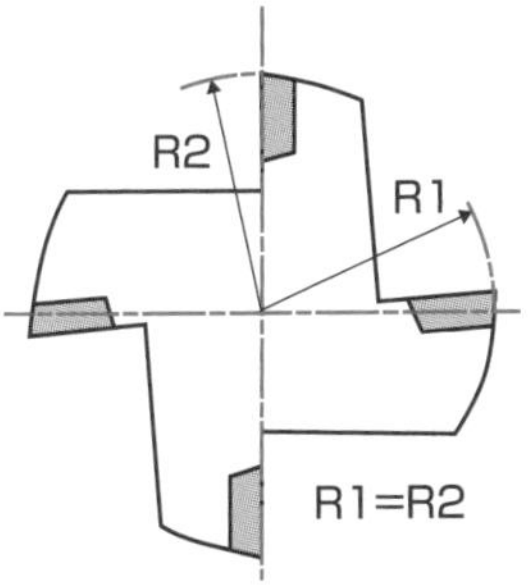

通常の切削工具

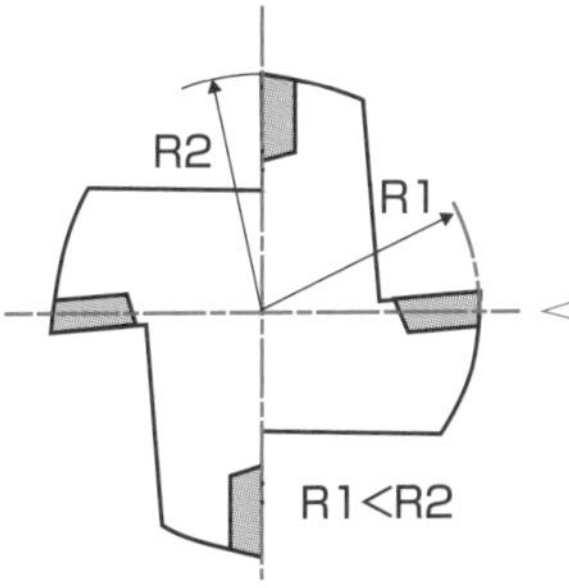

1刃当たり切削量の差を小さくするため、工具半径方向に刃の位置を調整した工具も市販されている

半径方向に刃の位置を調整した切削工具

63 不等リード

防振切削工具 その2

一般的なエンドミルの外周刃はねじれ角（リード角）がすべて同じ角度（等角）になっていますが、不等リードエンドミルは隣り合う外周刃のねじれ角が異なっています。隣り合う外周刃のねじれ角が異なる（不等角な）エンドミルを「不等リードエンドミル」といいます。

不等リードエンドミルは隣り合う外周刃のねじれ角が異なるため、外周刃が工作物に接触する時間（切削開始から切削終了までの時間）に差異が生じると同時に、1刃当たりの送り量および1刃当たりの軸方向の切込み深さが不均一になります。このため、切削の周期性が乱れ（周期性が打ち消され）、切りくずの排出速度と排出方向が変化します。このような切削形態は不等分割エンドミルと同様に不規則で不安定に見えます。しかし、工作物が硬く、送り速度や切り込み深さが大きい場合、切削抵抗が増大しても周期的な振動にはならないため、周期性に起因したびびりは発生しにくくなります。不等リードエンドミルは隣り合う外周刃のねじれ角が異なるため、外周刃が工作物に接触する時間（切削開始から切削終了までの時間）に差が生じ、切削の周期性が乱れます。

一方、前述した不等分割エンドミルは隣り合う底刃および外周刃の間隔が異なるため、切れ刃が工作物に接触する（切削する）タイミングに差が生じ、切削の周期性が乱れます。両者の特性は違いますので、この点は留意してください。不等リードエンドミルはタイミングだけでなく、切削抵抗の方向や大きさが複雑に分散されるため（前の切れ刃のびびり面に対して、次の刃が位相差を変化させながら切削するため）、一般的には不等リードは不等分割に比べて防振効果が高いです。不等分割・不等リードエンドミルは両者の特性を備えたエンドミルで、切りくずの排出時間・流出速度・飛散方向が変化するため、防振効果が高く、難削材の加工や突き出し長さが長くなる難形状加工に有効です。

要点BOX

- ●切りくずの排出時間・流出速度・飛散方向が変化
- ●びびりに有効
- ●不等リードは不等分割よりも防振効果が高い

不等リードエンドミル

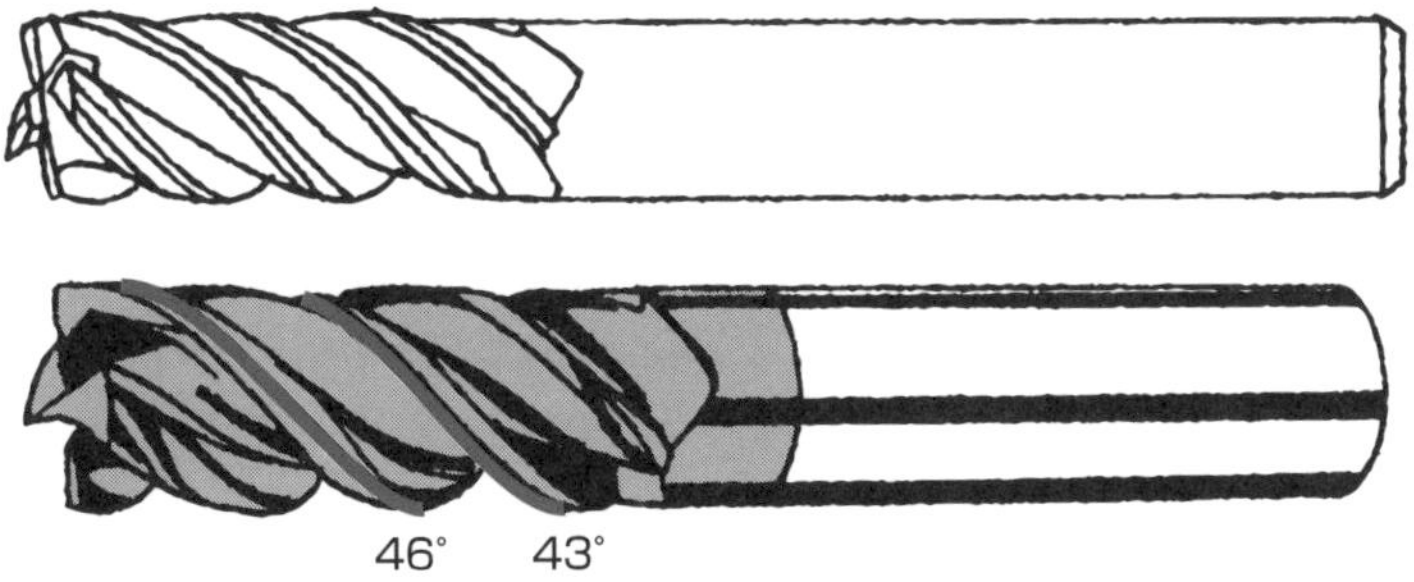

不等リードエンドミルのびびり抑制メカニズム

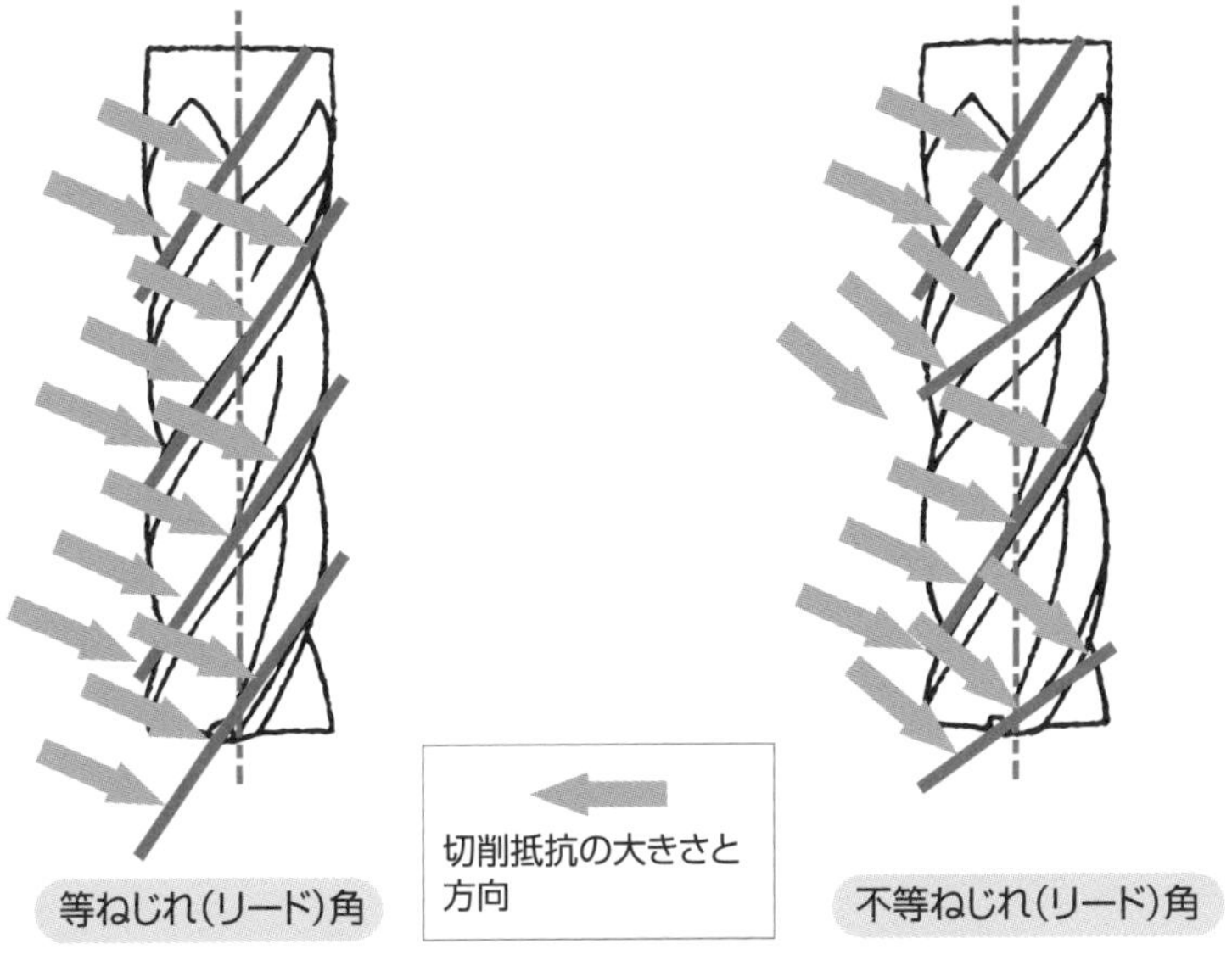

64 真円度向上リーマ

不等分割リーマ

リーマはドリルなどで加工された穴の内面を高い寸法精度、表面粗さ、形状精度（真円度）に加工する穴仕上げ専用の切削工具です。リーマ加工はリーマの回転振れ（振れ回り）によって穴が刃数±1の多角形になる傾向があるため、刃数が多いほど多角形の角数が増加し、真円度が高くなります。回転振れは回転にともなう遠心力によって増幅するため、回転速度が高いほどリーマの突出し長さが長いほど顕著になります。突出し長さをできるだけ短くすることは大前提です。リーマは刃数が多いほどが表面粗さと真円度が向上しますが、刃数が多くなると切削トルク（回転方向の切削抵抗）が大きくなることや、チップポケット（切れ刃と切れ刃の間隔）が小さくなり、切りくずの収容能力が減少するため切りくず詰まりや切りくずの噛み込みなど切りくずに関連するトラブルが生じやすくなります。

そこで、切れ刃の数を増やさずに真円度を向上させられるのが「不等分割リーマ」です。一般的なリーマは隣り合う切れ刃が等角（同じ間隔）に位置しますが、不等分割リーマは切れ刃が不等角（異なった間隔）に位置します。不等分割リーマは切れ刃を不等分割にすることで実際の刃数よりも多い刃数と同等の真円度が得られる傾向にありますが、一部の条件では期待した真円度が得られない場合もあります。また、不等分割リーマでは各々の切れ刃での切取り厚さ（切削量）が異なるため、リーマ本体やホルダの剛性が不足すると加工中の回転振れが大きくなり、穴が拡大したりびびりが発生しやすくなったりします。このため、不等分割リーマを使用する場合は超硬合金製や溝長を短くするなどリーマおよびホルダの保持剛性（たわみにくさや把握力）を高めることが大切です。不等分割リーマはキー溝が施された穴で断続切削になる場合や、薄肉工作物などびびり抑制にも効果が期待されていますが、明確な優位性は不確かです。

要点BOX

- リーマ加工によって穴が刃数±1の多角形になる
- 不等分割リーマは真円度が得られやすい
- 不等分割リーマの防振効果は不確か

リーマ加工での穴の多角形化

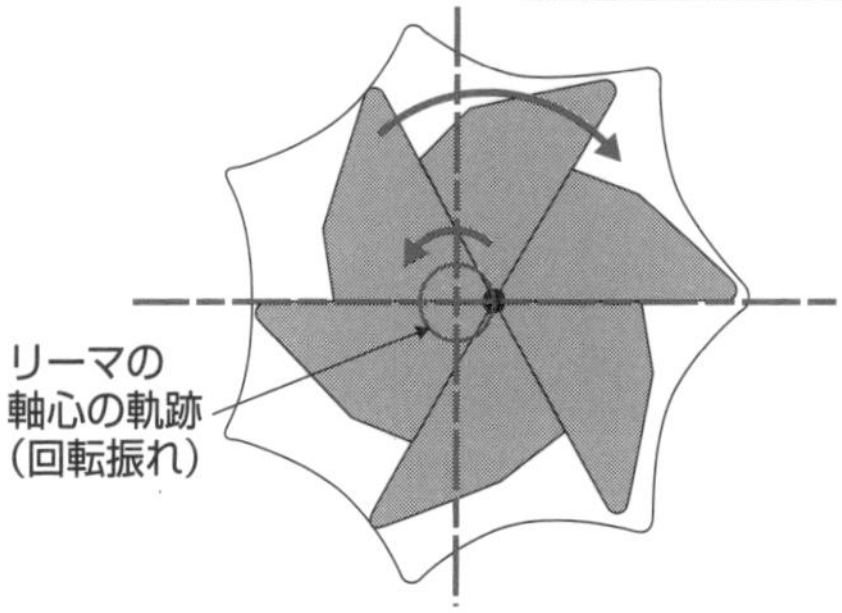

リーマの軸心がリーマの回転と
逆方向に回転運動した場合

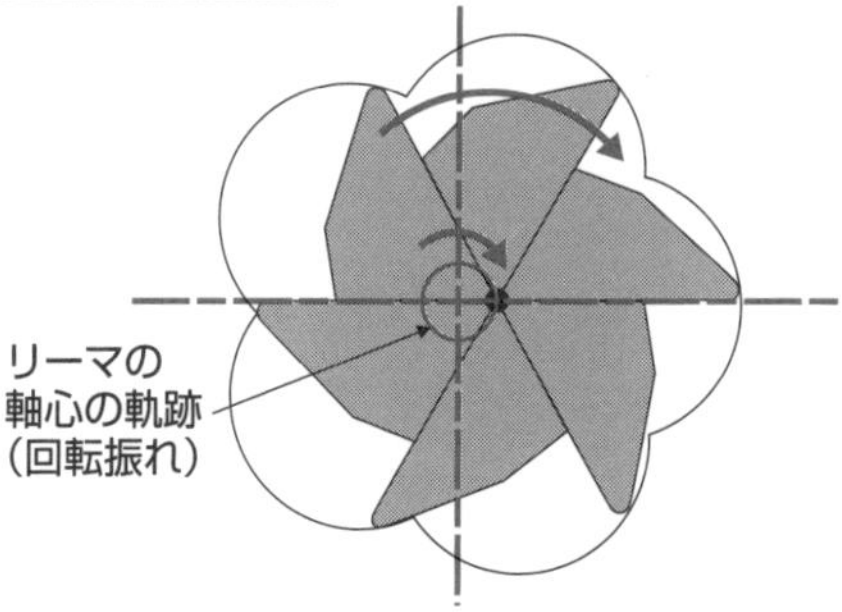

リーマの軸心がリーマの回転と
同じ方向に回転運動した場合

遠心力による振れ回りの増幅

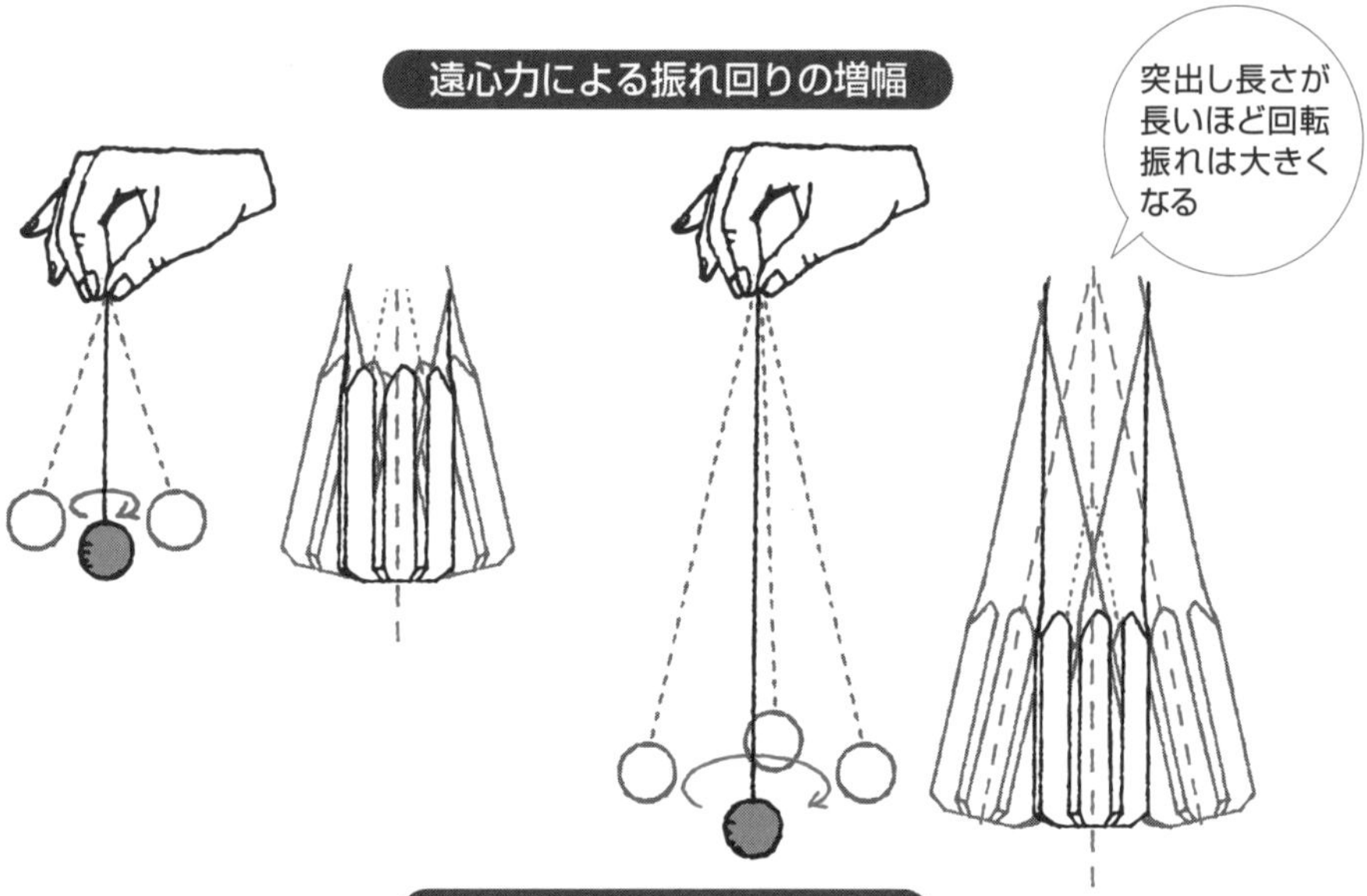

不等分割リーマの仮想刃数

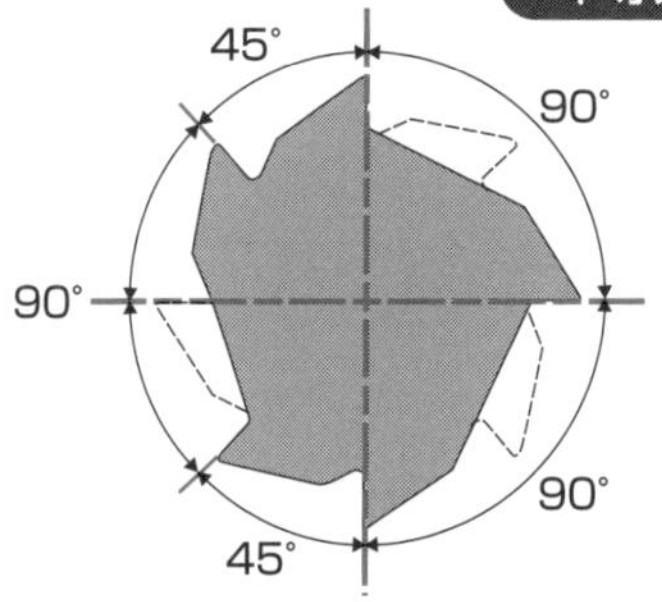

5枚刃不等分割

5 枚刃不等分割は
8 枚刃等分割と同
じ回転軌跡になる

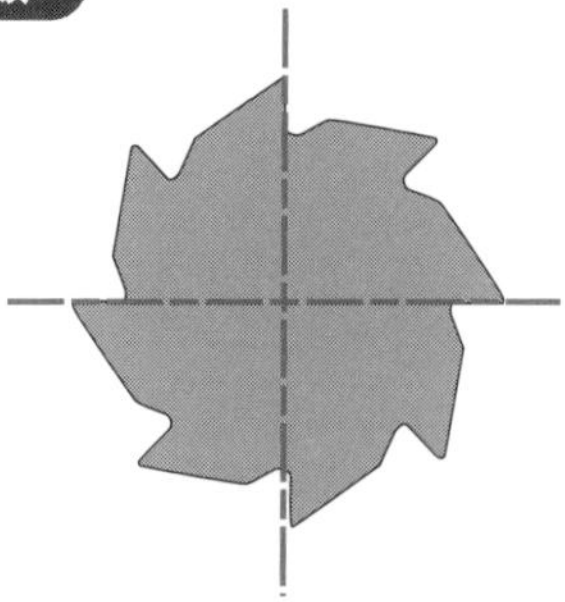

8枚刃不等分割

65 繊維・積層材料用切削工具

FRPはFiber Reinforced Plasticsの略称で、繊維強化樹脂（繊維強化プラスチック）「繊維（Fiber）で強化された（Reinforced）樹脂」、つまり、繊維と樹脂の複合材料です。代表的なものにはCFRP（Carbon Fiber Reinforced Plastics：炭素繊維複合材料）やGFRP（Glass Fiber Reinforced Plastics：ガラス繊維強化樹脂）があります。FRPは軽量で高強度であることから航空機や船舶、自動車をはじめ産業機器などに広く使用されています。しかし、繊維の方向や樹脂の種類によって機械的性質が異なり、工具摩耗が著しく、繊維の毛羽立ちやバリ、抜け、層間剥離（デラミネーション）などの加工不良が課題です。

通常、繊維・積層材料では切れ刃が鋭く、ねじれ角の小さいエンドミルが使用されます。これはスラスト方向（エンドミルの軸方向）の切削抵抗を低減することにより繊維のバリや抜け、層間剥離を抑制できるためです。また、ニック付き（溝付き）エンドミルも切りくずを分断し、切削抵抗および切削熱の抑制効果があるため有効です。工具摩耗の観点ではダイヤモンドコーティングなど耐摩耗性を向上させたコーティング工具が有用ですが、コーティングの膜厚が厚くなると切れ刃の鋭さが失われ、切削抵抗が大きくなるため注意が必要です。

繊維・積層材料用切削工具には右ねじれ刃と左ねじれ刃の両方を持つエンドミルがあり、このエンドミルは工作物の表面の剥離や両表面に発生するバリを抑制する効果があります。エンドミルによく似た工具に「ルータビット」があります。ルータビットは木工や彫刻などに使用する切削です。ルータビットは切れ刃がネガティブのため工作物に食い込まず、手作業工具でも使用できます。切削工具と材料の繊維方向の関係も重要で、繊維方向により加工品質や切削抵抗が異なります。穴加工では、ドリルの先端をろうそく形にしたものや2段にしたものが市販されています。

要点BOX

- ●繊維のバリや抜け、層間剥離が課題
- ●繊維・積層材料の加工は切れ刃の鋭利さが重要
- ●やすりの目を円柱に巻き付けたようなルータビット

右ねじれ刃と左ねじれ刃の両方を持つエンドミル

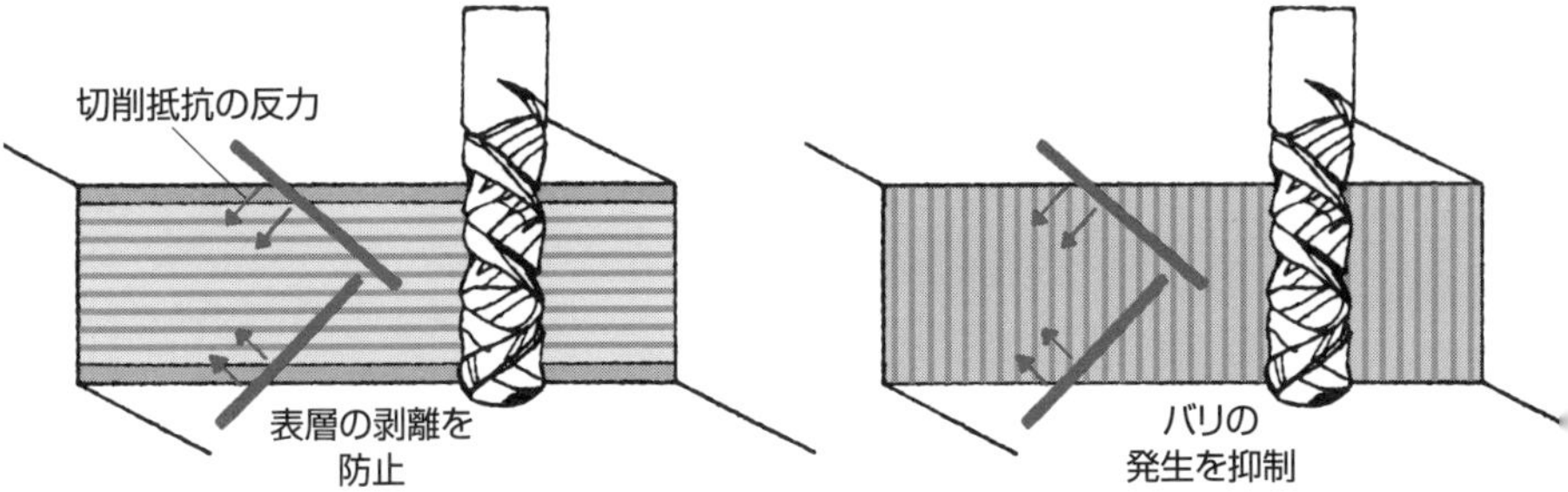

副切れ刃を持つ特殊エンドミル

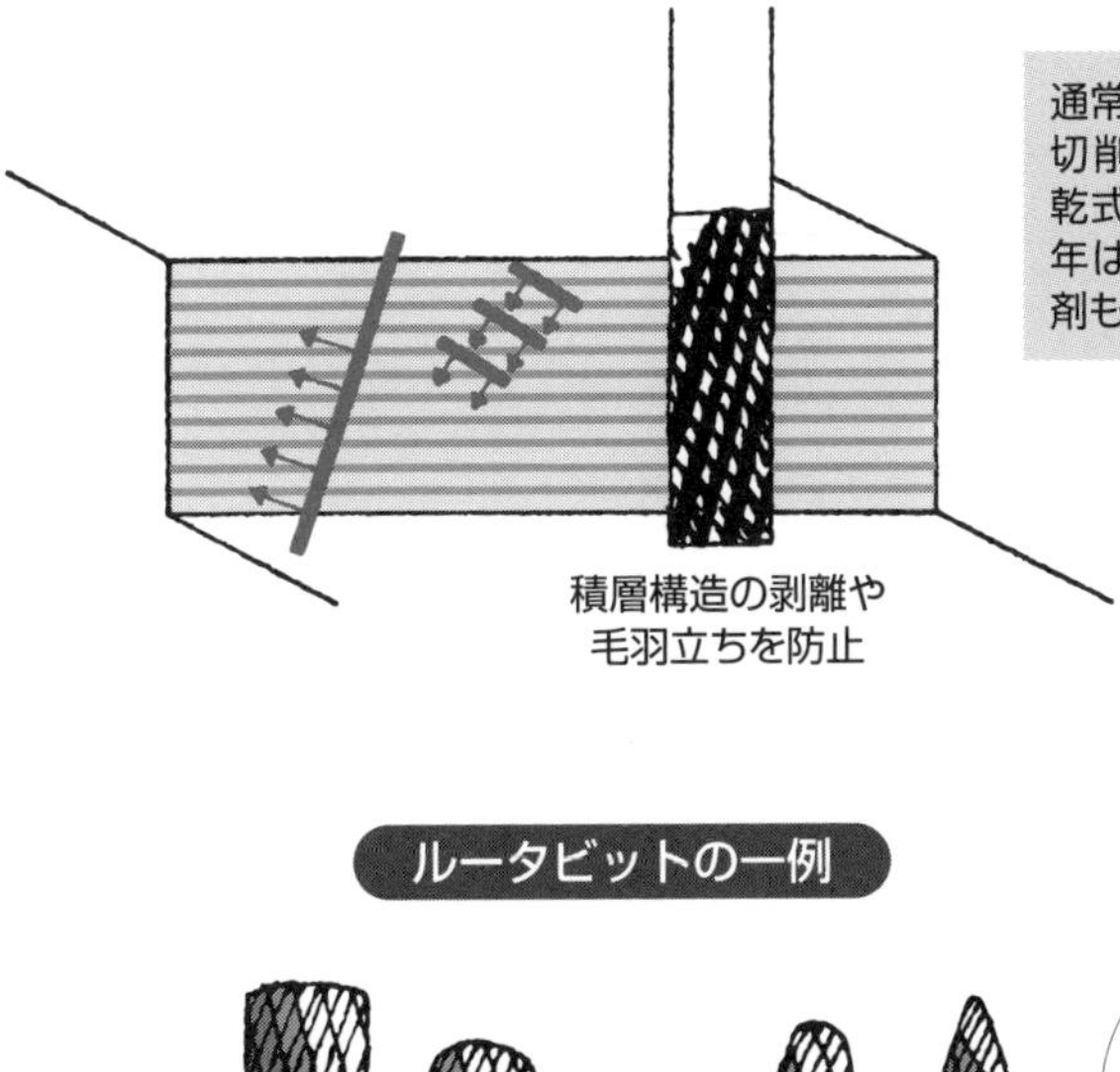

通常、FRPの加工では切削油剤は使用せず乾式で行いますが、近年はFRP用の切削油剤も開発されています

ルータビットの一例

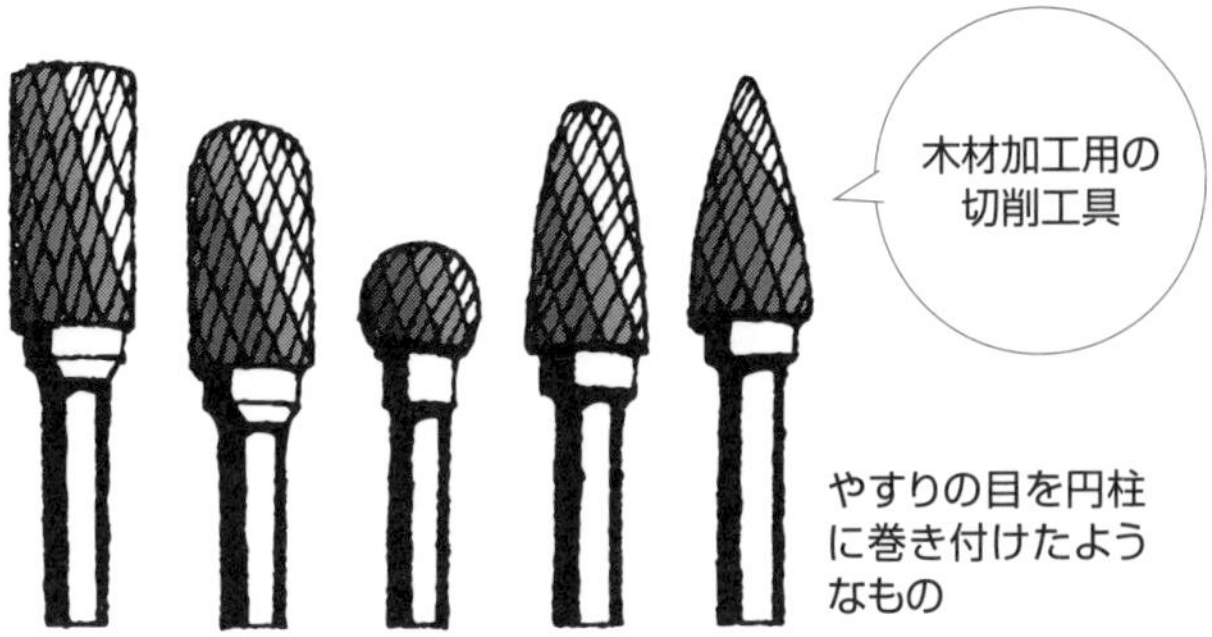

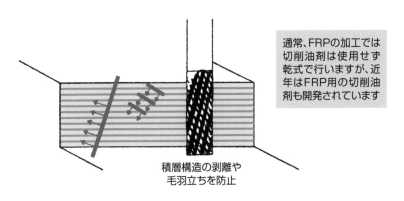

66 金属積層造形で製作した切削工具

切削工具の高性能化に期待

積層造形（3Dプリンタ）は、切削加工のように工作物の不要な部分を除去する「引き算」の製造方法ではなく、3DCADデータに従って材料を積み重ねていく（ソフトクリームに似ている）「足し算」の製造方法です。3Dプリンタは手作業の要素は全くなくデジタルの要素が強いため、デジタルマニュファクチャリングの象徴になっています。海外では「Additive Manufacturing」と呼ばれて急速に技術要素を高め、様々な分野で活用されています。

積層造形は樹脂と金属に大別されます。樹脂は一般家庭でも使用できる汎用的かつ安価なものから産業用まで幅広く展開されています。一方、金属は金属粉末が粒径によっては危険物に分類されることや高熱になること、後工程で熱処理や切削加工が必要なことから産業用が主となります。

近年では金属積層造形で製作した切削工具やチップも実用化されています。金属積層造形で製作することでボデーやホルダの内部を空洞構造にすることができ、トポロジー最適設計を取り入れることで剛性を確保したまま軽量化が可能になります。また、切削油剤をチップ先端から吐出する内部クーラント用の穴の製作も容易で、切削油剤の流速と流量を高めるような穴の形状にも製作可能です。フライス工具では積層造形で製作したボデーは現在流通しているボデイと比較して重量を半分にでき、高速回転（高周速化）に優位です。旋削工具の内径切削用ホルダ（ボーリングバイト）では軽量化することで固有振動数が高くなり、共振を回避することでびびりを抑制できる効果が期待されています。さらに、1個の特殊工具を製作する場合、材料から削り出してつくる通常の製作と比べ金属積層造形で製作すると製作時間が約半分になり、生産コストが大幅に減少するという報告もあります。チップは超硬合金に匹敵する硬さのものが製作され、すでに流通がはじまっています。

要点BOX

- 積層造形は足し算の製造方法
- トポロジー最適設計と組み合わせる
- 軽量化によってびびりが抑制される

金属積層造形で製作された品物の一例

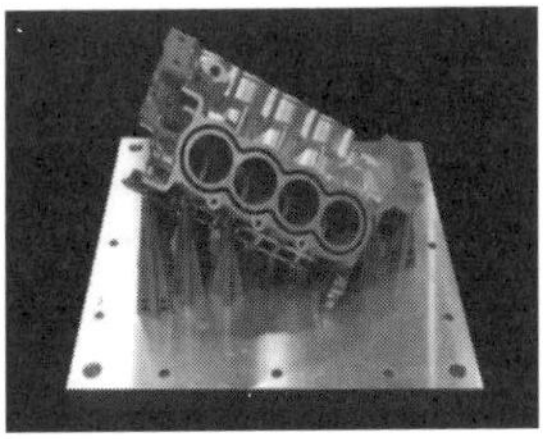

V8エンジンブロック

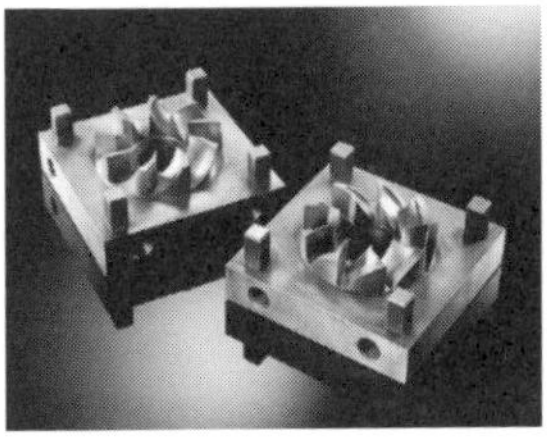

ファン金型（キャビ型、コア型）

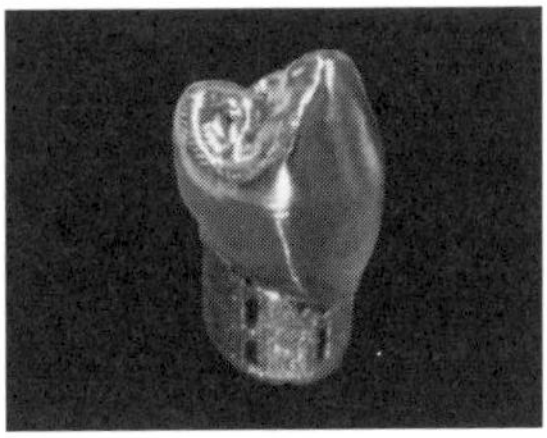

義歯

（株式会社松浦機械製作所）

トポロジー最適設計を活用した旋削用ボーリングバイトの内部構造（一例）

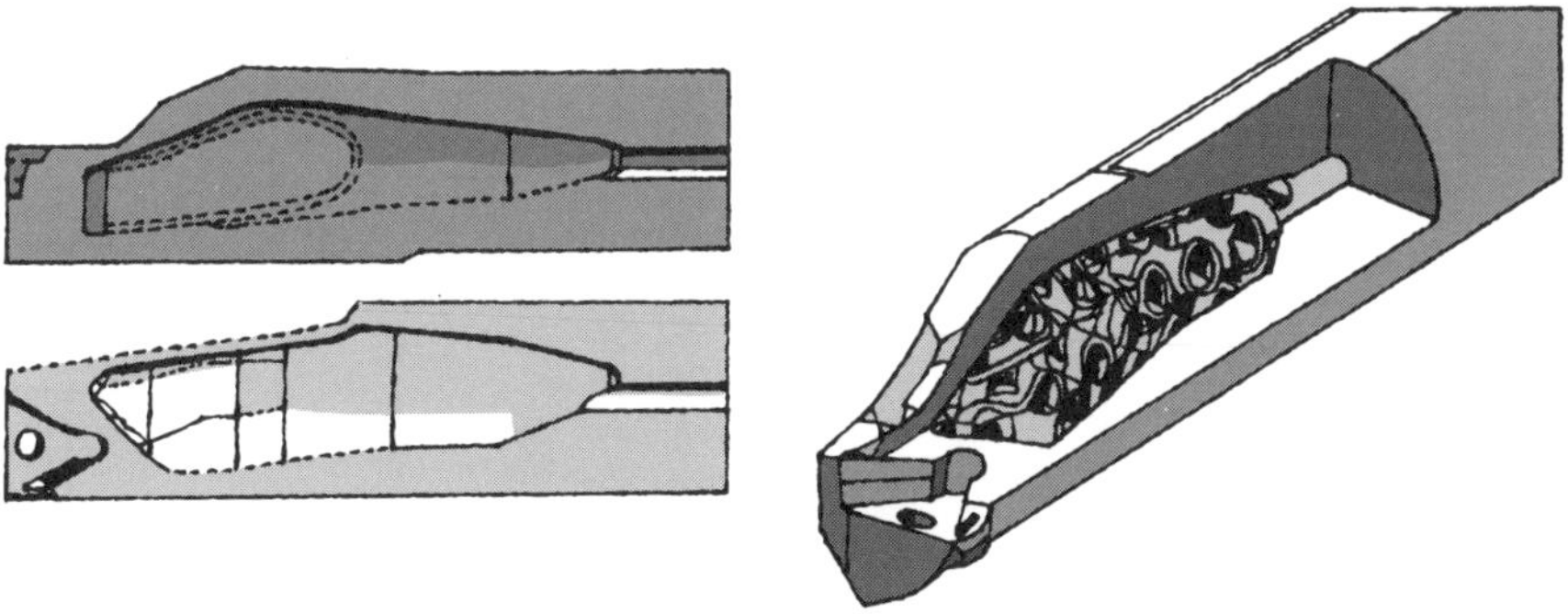

金属積層造形で製作した旋削用ボーリングバイトの一例

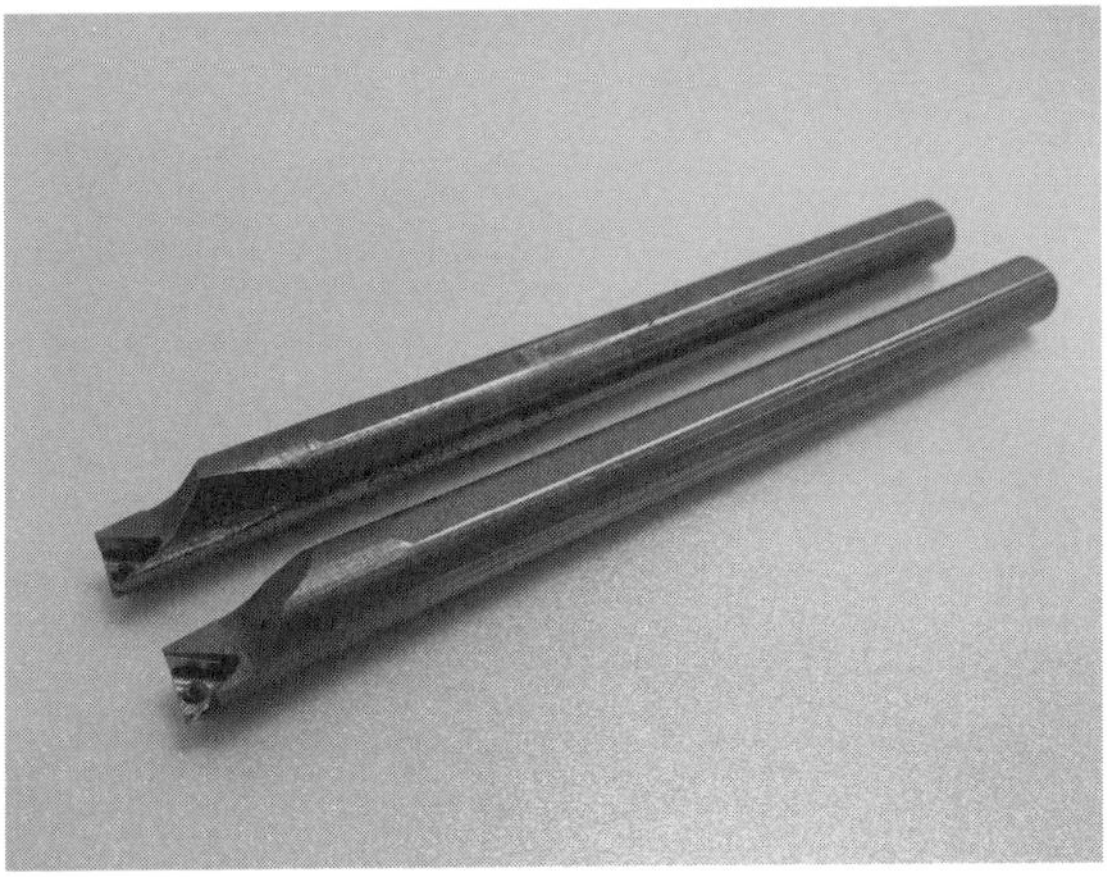

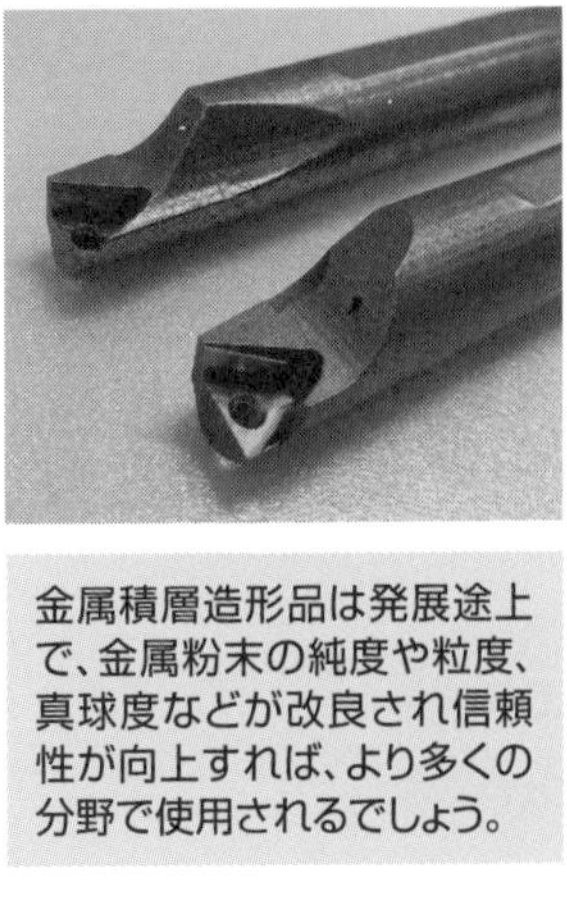

金属積層造形品は発展途上で、金属粉末の純度や粒度、真球度などが改良され信頼性が向上すれば、より多くの分野で使用されるでしょう。

67 ホルダ一体型工具

最も剛性が高いのは一体化

近年、マシニングセンタは省エネルギ化、省スペース化を目的として本体が小型化しています。本体が小型化すると主軸も小さくなるため、主軸自体の曲げ剛性（主軸のベアリング剛性）やホルダのクランプ剛性が低下します。主軸の曲げ剛性低下は切削抵抗によってたわみやすくなり、加工精度不良の主因になります。主軸が小さくなることは不都合のように思いますが、主軸が小さくなっても軸方向の剛性はあまり変わりません。そのため切削抵抗を軸方向（Z方向）に向けるような工夫、たとえば切削工具を軸方向に送るプランジ加工（突き加工）や切込み角を小さくすることによって、高能率で高精度な加工が可能になります。

切削工具はホルダ（ツーリング）を介して主軸に取り付けます。主軸単体では振れがほとんどないにも関わらず、刃先の先端では振れが大きくなることや、切削工具とホルダを装着すると主軸の振動値が大きな値になることはよく知られています。加工後の表面粗さや工具摩耗は主軸単体だけでなく、切削工具やツーリングを含めた全体的な動的特性に影響するため、切削工具とホルダの装着精度、ホルダと主軸の装着精度は極めて重要です。主軸の曲げ剛性を補う方法として、ホルダと切削工具を一体化し、工具自体の剛性を向上させた「ホルダ一体型工具」もあります。ホルダと切削工具の締結剛性は加工精度にとって非常に重要で、締結剛性を高めた様々なホルダが市販されていますが、最も剛性が高いのは一体化です。ホルダ一体型工具は旋盤用のものもあり、心高さ調整が不要で、びびりに強いです。切削工具を再研削するときは、ホルダと一体化した状態で行うことも有効です。主軸が小さくなると曲げ剛性は低くなりますが、軽くなっているためイナーシャ（慣性）が小さく、主軸回転速度の高速化が可能です。したがって、小型マシニングセンタは切込み深さを小さくし、送り速度を速くした高周速切削の加工に向いています。

要点BOX

- ●主軸が小さいと曲げ剛性が低下する
- ●軸方向の剛性はあまり変わらない
- ●一体型工具は心高さ調整が不要、びびりに強い

ツールホルダの断面図（一例）

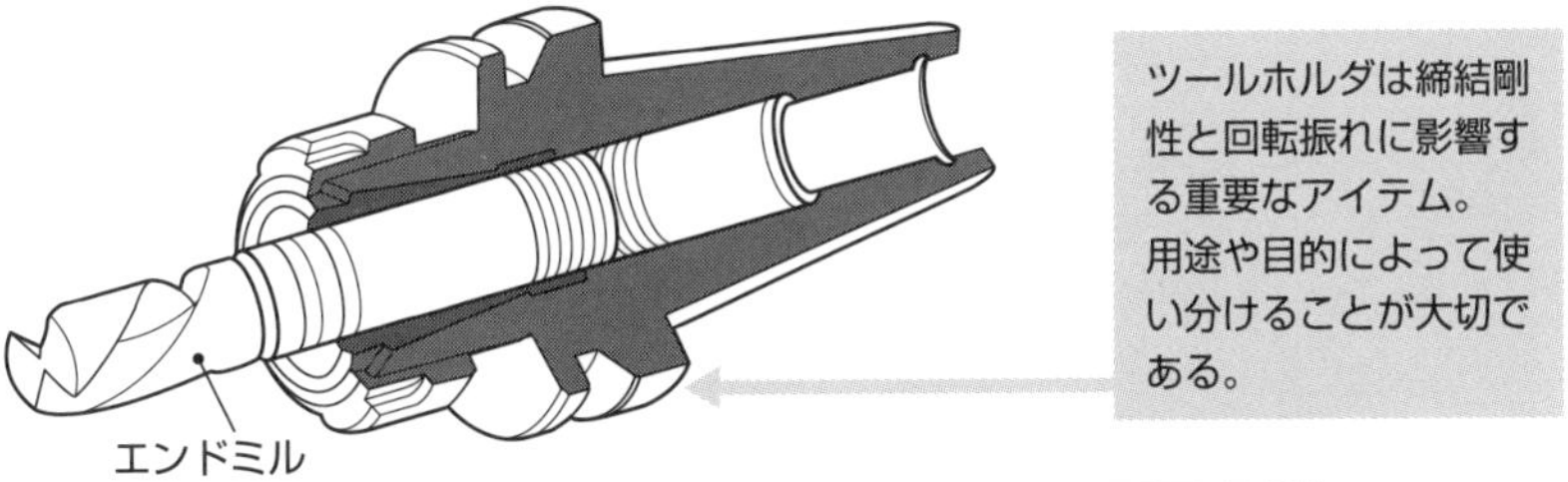
ツールホルダは締結剛性と回転振れに影響する重要なアイテム。
用途や目的によって使い分けることが大切である。
エンドミル

切削工具を軸方向に送るプランジ加工（突き加工）

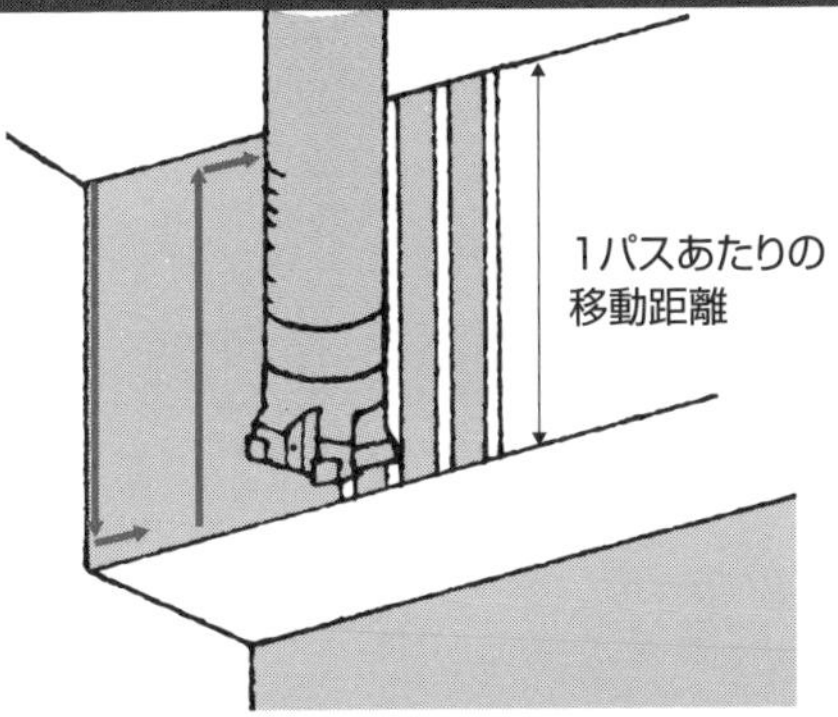
1パスあたりの
移動距離

切込み角によって切削抵抗が作用する方向が違う

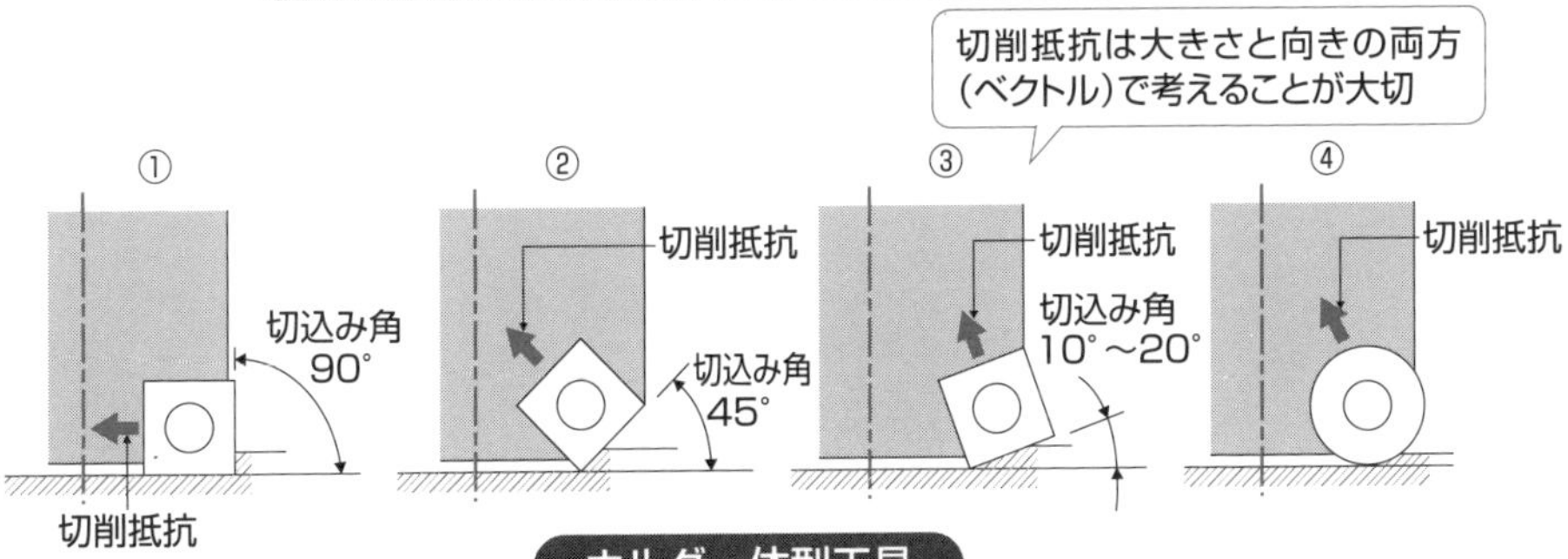
切削抵抗は大きさと向きの両方
（ベクトル）で考えることが大切
①
切込み角
90°
切削抵抗
②
切削抵抗
切込み角
45°
③
切削抵抗
切込み角
10°～20°
④
切削抵抗

ホルダー体型工具

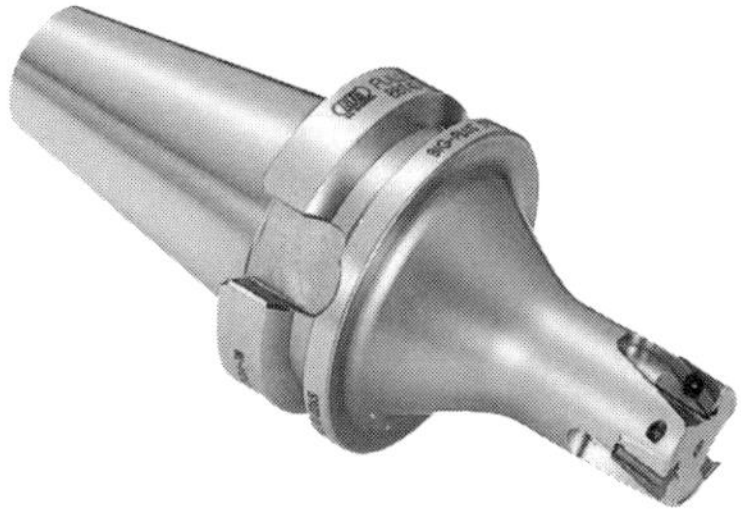

（大昭和精機株式会社）

68 ヘッド交換式工具

用途に合わせて刃先だけ交換する工具

切削工具は刃とボデー（シャンク）が一体型のもの（ソリッド）、刃とボデーが別になっており、刃をボデーと締結する刃先交換式、刃部とボデーが別になっており、刃部をボデーと締結するヘッド交換式の3種類に大別できます。締結する機構はねじやくさびなど色々なものがあり、従来から旋削用工具（バイト）やフライス工具（正面フライス）では刃先交換式のものが多用されていました。近年ではエンドミルやドリルでも刃先交換式、ヘッド交換式が増えてきました。

ヘッド交換式は刃先が摩耗した際、ヘッドだけ交換すればよく経済的なこと（工具の取外しや工具長、回転振れの測定などの時間を減らすことができ、生産性が高いこと）、工作物材質や加工条件（荒加工、仕上げ加工）、加工の種類（正面フライス加工、溝フライス加工、ヘリカル加工、形削り加工、倣いフライス加工、面取り加工など）に適合したヘッドを選択できるので汎用性が高いこと、ボデーを統一できることで工具本数を減らせることなどの利点があります。通常、主軸は時計回りで使用するため、ヘッド交換式エンドミルはヘッドとボデーが逆ねじで締結できるようになっていますので加工中に外れることはありません。

一方、ねじなどの締結方法や取り付け方によって一体型工具と比較すると剛性や加工精度、表面粗さが低下すること、刃長が短いため再研削できる回数が少なくなることなどの欠点もあります。このためヘッド交換式は荒加工や中仕上げ加工の使用に適します。また、ヘッド交換式は多種多様な刃先形状のヘッドを選択して使えること、刃具交換時間（手間）が短縮されることが特徴であるため、試作や多品種少量生産を行う現場で効果を発揮します。ヘッドだけを交換できるため色々なものを試用し、常に適正なものを見つけるという使い方をするとよいでしょう。ドリルでは大径のものになると工具費が高額になるためヘッド交換式や刃先交換式が有効です。

要点BOX

- ●ソリッド、刃先交換式、ヘッド交換式の3種類
- ●ヘッド交換式は荒加工や中仕上げ加工に使用
- ●ヘッド交換式は試作や多品種少量生産で効果を発揮

ヘッド交換式工具と様々な加工に対応する刃先形状

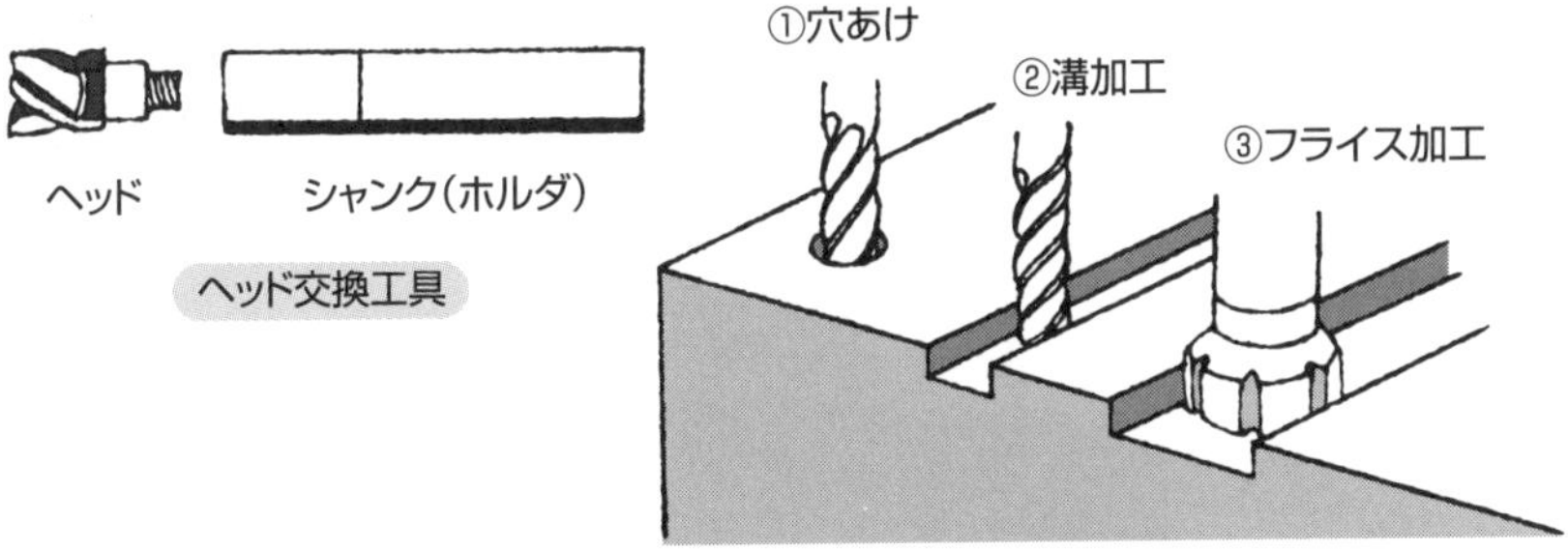

ヘッドとホルダの組み合わせ

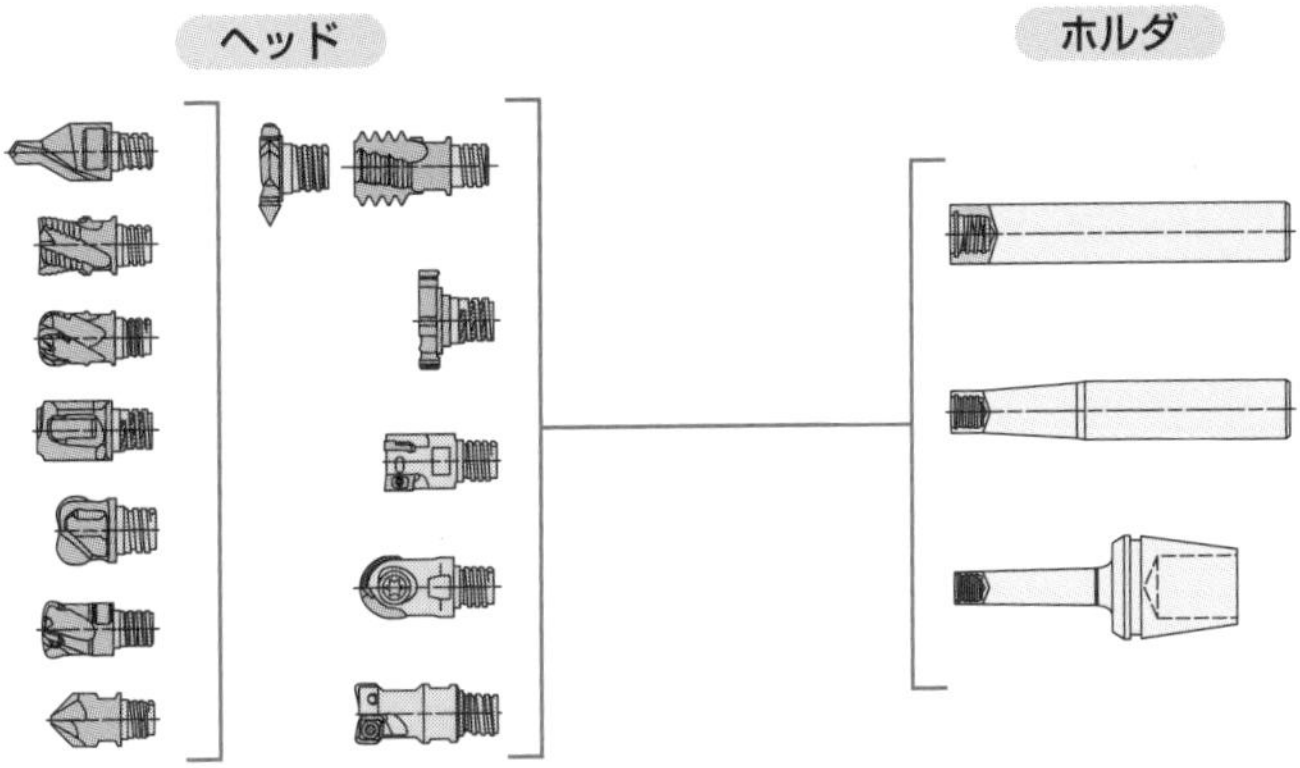

旋盤用のヘッド交換式工具の一例

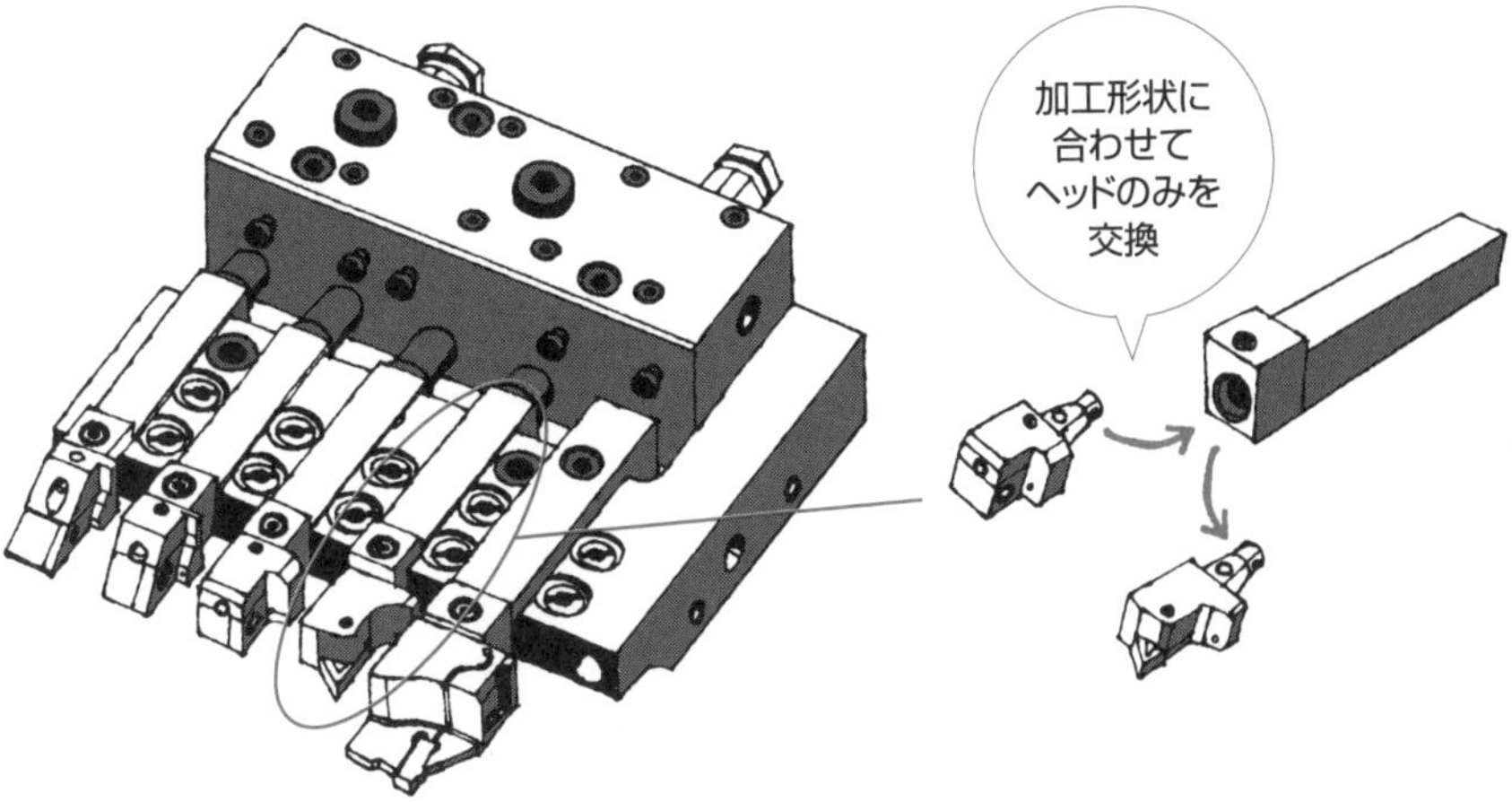

69 チャック機構の種類

切削工具を掴むしくみ

機械加工では切削工具（ホルダを含む）は突出し長さが長くなると切削抵抗によるたわみが生じ、たわみが連続的に発生するとびびりになります。びびりは加工品位を悪化させ、工具寿命が短くなるため、切削工具（ホルダを含む）は「太く、短く」が鉄則です。しかし、実際には工作物の形状や治具との干渉などによって、切削工具の突出し長さは長くせざるを得ない場合もあります。たわみは突出し長さの3乗に比例し、シャンク径の4乗に反比例します。つまり、たわみを抑制するには突出し長さが変更できない場合、太いシャンクを使用するか、できる限り剛性の高いチャック機構（ホルダ）を使用することが大切です。以下では主要なホルダの種類について示します。

①ミーリングチャックはナットを回転させることでニードルローラが軸方向に移動し、圧力を加えることで切削工具を把持します。他のホルダに比べて形状が大きいため、干渉によって使用が制限されることがあります。

②コレットチャックはナットを回転させることで、コレットのテーパ部を押さえ込むことにより、コレットが変形し切削工具を把持します。切削工具のシャンク径に合ったコレットを使用することで様々なシャンク径に対応できるため汎用的に使用されます。

③ハイドロチャック（油圧チャック）はチャック内に油力をかけ、チャック内部のスリーブを弾性変形させて切削工具を把持します。しまり代が他のホルダよりも小さいため、把持する工具のシャンク径は公差が狭くなります。側面の油圧用ねじをレンチで操作して着脱できるため、作業性に優れています。使用環境温度によって保持力が変わることがあります。

④焼きばめチャックはチャック部を加熱し、ホルダ内径の熱膨張・熱収縮によって切削工具を把持します。把持力はホルダの内径と工具シャンクの内径公差に依存します。工具径に合わせてホルダが必要です。

要点BOX

- 切削工具（ホルダ含む）は「太く、短く」が鉄則
- たわみが連続的に発生するとびびりになる
- たわみ対策は太いシャンクか高剛性のホルダ

切削抵抗による切削工具のたわみ量を求める概算式

たわみ量は突出し長さの３乗に比例

$$\delta = \frac{F \times L^3}{3 \times E \times I}$$

たわみ量は
シャンク径の
４乗に反比例

δ：工具のたわみ量（mm）

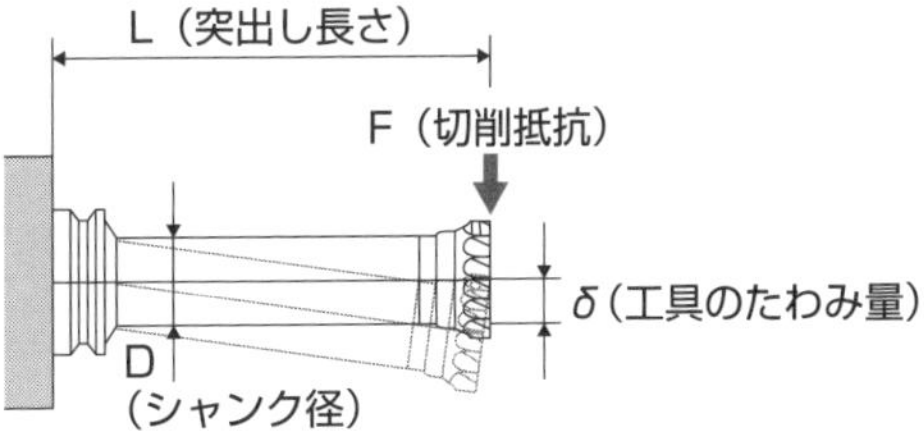

F：切削抵抗（N）　L：突出し長さ（mm）　E：縦断性係数（MPa）
I：断面２次モーメント（$= \pi \cdot D^4/64$）（mm^4）　D：シャンク径（mm）

代表的なチャック機構の種類

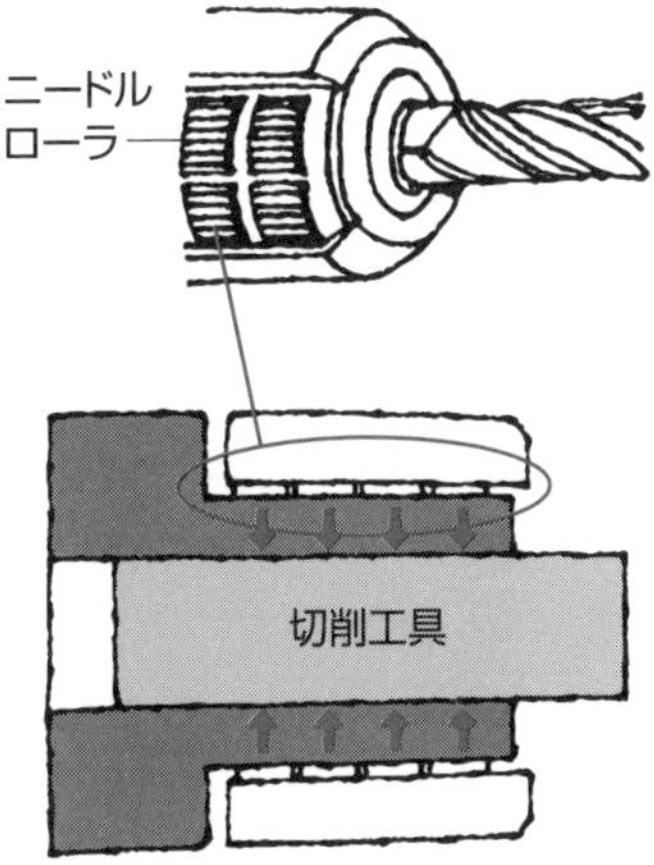

ミーリングチャック

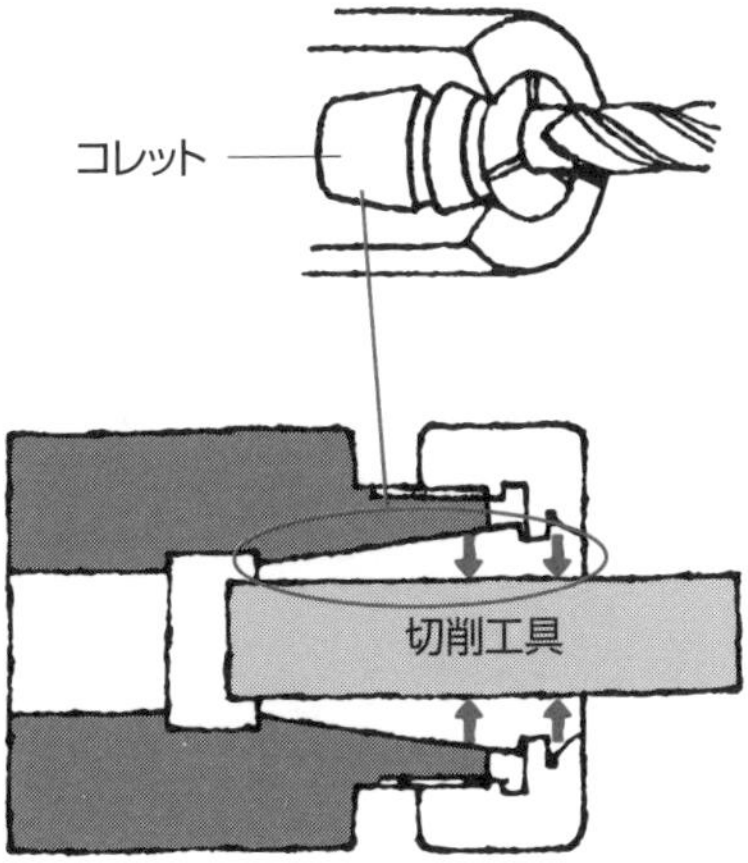

コレットチャック

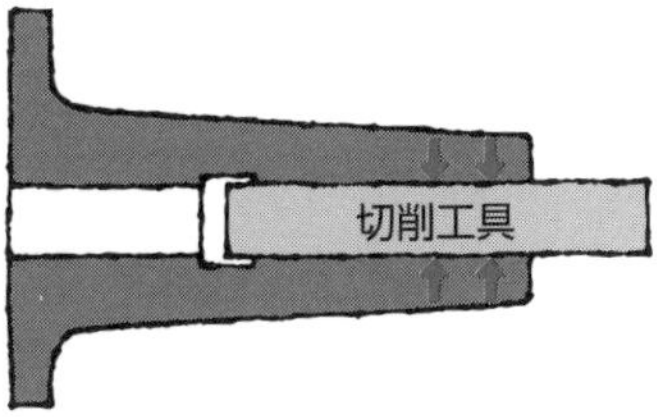

焼きばめチャック

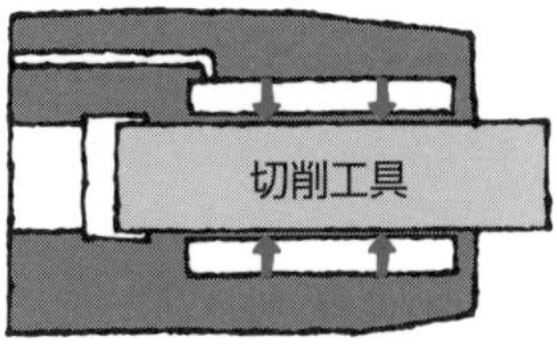

ハイドロチャック

70 チャック機構の特徴

チャッキングが切削性能を左右する

チャックは切削工具とホルダ（主軸）を繋ぐ重要なツールです。目的と用途に適合したチャック機構を使用することで、剛性を最大限に高め、良好な加工を実現できます。一方、適正でないチャック機構を使用すると、加工精度や表面粗さ不良、振動による主軸の故障、工具寿命の短縮、工具折損などの多くの問題が発生します。言い換えれば、適正なチャック機構を使用することで上記のトラブルを抑制でき、ロスコストが低減できます。すべての目的に適合した万能なチャック機構はありませんので、得失を理解して選定する必要があります。

①振れ精度……焼きばめチャック、ハイドロチャックは振れ精度が高く、また工具着脱の繰り返し精度も高いことが特徴です。コレットチャックはナットの締め付け力によって振れ精度にばらつきが生じます。ミーリングチャックは本体自体を大きな力で変形させて把持することから、振れ精度が悪化しやすい傾向にあります。

②曲げ剛性……ホルダ径が太いミーリングチャックが最も高く、重切削に適します。ハイドロチャックは曲げ剛性が強くないため、重切削には向きません。

③把握力……ミーリングチャックはホルダ本体自体を大きく変形させるため把握力が高いです。コレットチャックは小さなナットで締め付け、コレットを変形させるため把持力はそれほど高くはありません。

④工作物や治具との干渉……焼きばめチャックはホルダ径が細いため、偏狭部の加工に優位です。

一例として、大径の工具で荒加工する場合は剛性と把持力が高いミーリングチャックが有効です。一方、小径の工具を使用する場合はいずれのチャック機構でも問題ないですが、仕上げ加工では振れ精度を重視し、焼きばめチャックやハイドロチャックがよいでしょう。使用する切削工具や加工方法によって適正なチャック機構は異なります。適正なものを選定することで生産性向上とコスト削減が可能になります。

要点BOX

●万能なホルダはない
●ホルダは目的と用途によって使い分ける
●ホルダは錆びに注意する

代表的なチャック機構

ミーリングチャック

サイドロックチャック

チャックは使用前には必ず洗浄し、使用後は錆びないよう清潔にして乾燥した状態で保管します。

コレットチャック

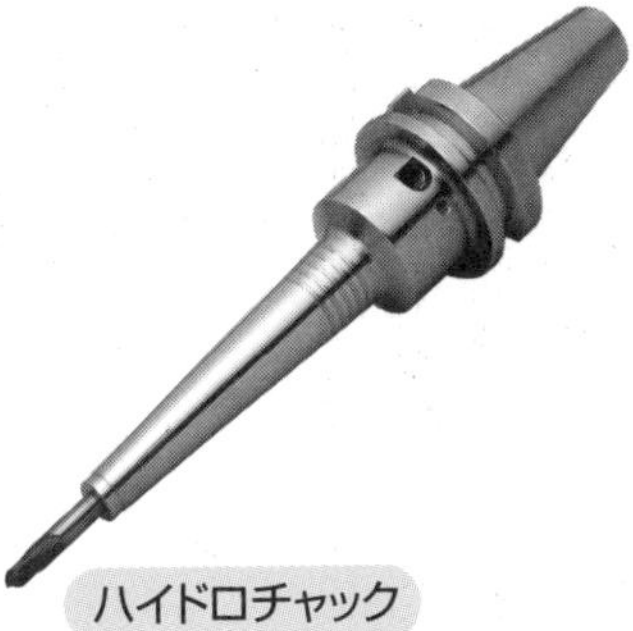

ハイドロチャック

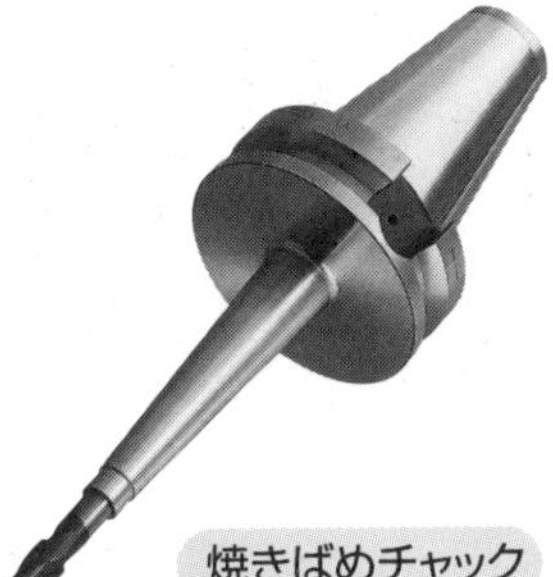

焼きばめチャック

代表的なチャック機構の性能の一例

名称	振れ精度(μm)(4D先端位置)		外径寸法(mm)(ø12把握用)		エンドミルの推奨加工径(mm)	把握可能なシャンク径(mm)
	高精度型	一般型	標準型	スリム型		
コレットチャック	3~5	5~10	35	30	0.5~12	0.25~25
ミーリングチャック	10~25		50	35	12~42	6~42
焼きばめチャック	3以下	5以下	24	18	1~12	6~20
ハイドロチャック	3以下	6以下	32	21	0.1~20	4~32

Column

シロクマと企業の意外な関係

　熊は種類によって体の大きさが異なりますが、生息する地域によっても体の大きさが異なります。たとえば、熱帯付近に生息する熊（マレーグマなど）は体長がおおむね1.5メートル程度ともっとも小さく、日本からアジアの比較的温帯地域に生息する熊（ツキノワグマ、ヒグマ）は大きくても体長2メートル程度、北極など寒帯地域に生息する熊（ホッキョクグマ：通称シロクマ）は体長3メートルに達します。恒温動物は体温を一定に保つため代謝によって生じる熱を発汗によって体外に放出しています。代謝によって発生する熱量は体重（体積）に比例し、発汗による放熱量は体の表面積に比例します。つまり、温暖な地域では体温が温まりやすいため放熱熱を十分に行う必要があり、単位体重あたりの表面積を大きくしなければならず、小型であるほうが都合がよいのです。反面、寒冷な地域では体温が冷えやすいため放熱を抑制する必要があり、単位体重あたりの表面積が小さいほど都合がよく、大型に進化したのです。

　ここで、「単位体積あたりの表面積」に注目すると、企業の規模（組織）が小さいほど規模に対する表面積が広く、一方、企業の規模（組織）が大きいほど規模に対する表面積が狭いということに置き換えられます。組織が小さい場合（中小企業）では、営業、生産、検査、納品まで1人で行うことも多く、顧客と接触する機会が多いです。一方、組織が大きい場合（大企業）では、顧客と接触するのは営業だけで、現場でものをつくる人たちは顧客と接触することはほとんどありません。ものづくりの基本は直接顧客とやりとりをし、顧客が何を考え、どのようなことを望んでいるのか、望んでいるものを納品した時に喜んでもらえることを感じることにあります。つまり、大企業ではものづくりの基本を感じる機会が減ってしまい、ものづくり（仕事）の意義を感じられなくなってしまう傾向にあります。このような現象を私は「大企業病」といっています。

　大企業でも元を辿れば中小企業からはじまっています。初心を忘れないことが大切です。

【参考文献】

「目で見てわかるエンドミルの選び方・使い方」澤武一著、日刊工業新聞社
今日からモノ知りシリーズ「トコトンやさしいマシニングセンタの本」澤武一著、日刊工業新聞社
今日からモノ知りシリーズ「トコトンやさしい旋盤の本」澤武一著、日刊工業新聞社
「絵とき『旋盤加工』基礎のきそ」澤武一著、日刊工業新聞社
「絵とき『フライス加工』基礎のきそ」澤武一著、日刊工業新聞社
「絵とき『続・旋盤加工』基礎のきそ」澤武一著、日刊工業新聞社
「基礎をしっかりマスター『ココからはじめる旋盤加工』澤武一著、日刊工業新聞社

ナ

ハ

マ

ヤ・ラ・ワ

索引

今日からモノ知りシリーズ
トコトンやさしい
切削工具の本　第2版

NDC 532

2015年5月28日　初版1刷発行
2021年4月23日　初版3刷発行
2023年7月28日　第2版1刷発行

©著者　澤　武一
発行者　井水 治博
発行所　日刊工業新聞社
東京都中央区日本橋小網町14-1
(郵便番号103-8548)
電話　書籍編集部　03(5644)7490
販売・管理部　03(5644)7410
FAX　03(5644)7400
振替口座　00190-2-186076
URL　https://pub.nikkan.co.jp/
e-mail　info_shuppan@nikkan.tech
印刷・製本　新日本印刷

●DESIGN STAFF
AD――――――――志岐滋行
表紙イラスト――――黒崎　玄
本文イラスト――――小島サエキチ
ブック・デザイン ――黒田陽子
（志岐デザイン事務所）

●
落丁・乱丁本はお取り替えいたします。
2023 Printed in Japan
ISBN　978-4-526-08285-6

●著者略歴

澤　武一(さわ たけかず)

芝浦工業大学 工学部 機械工学科
臨床機械加工研究室 教授
博士（工学）、ものづくりマイスター（DX）、
1 級技能士（機械加工職種、機械保全職種）

2014年7月 厚生労働省ものづくりマイスター認定
2020年4月 芝浦工業大学　教授
専門分野：固定砥粒加工、臨床機械加工学、
機械造形工学

著書
・今日からモノ知りシリーズ　トコトンやさしいNC旋盤の本
・今日からモノ知りシリーズ　トコトンやさしいマシニングセンタの本
・今日からモノ知りシリーズ　トコトンやさしい旋盤の本
・今日からモノ知りシリーズ　トコトンやさしい工作機械の本　第2版（共著）
・わかる！使える！機械加工入門
・わかる！使える！作業工具・取付具入門
・わかる！使える！マシニングセンタ入門
・目で見てわかる「使いこなす測定工具」―正しい使い方と点検・校正作業―
・目で見てわかるドリルの選び方・使い方
・目で見てわかるスローアウェイチップの選び方・使い方
・目で見てわかるエンドミルの選び方・使い方
・目で見てわかるミニ旋盤の使い方
・目で見てわかる研削盤作業
・目で見てわかるフライス盤作業
・目で見てわかる旋盤作業
・目で見てわかる機械現場のべからず集―研削盤作業編―
・目で見てわかる機械現場のべからず集―フライス盤作業編―
・目で見てわかる機械現場のべからず集―旋盤作業編―
・絵とき「旋盤加工」基礎のきそ
・絵とき「フライス加工」基礎のきそ
・絵とき　続・「旋盤加工」基礎のきそ
・基礎をしっかりマスター「ココからはじめる旋盤加工」
・目で見て合格　技能検定実技試験「普通旋盤作業２級」手順と解説
・目で見て合格　技能検定実技試験「普通旋盤作業３級」手順と解説

……いずれも日刊工業新聞社発行